# 瘦肉型猪
## 高效饲养技术

谢红兵　韩俊伟　魏刚才　主编

化学工业出版社
北京

**图书在版编目（CIP）数据**

瘦肉型猪高效饲养技术 / 谢红兵，韩俊伟，魏刚才
主编. —北京：化学工业出版社，2017.7
ISBN 978-7-122-29732-7

Ⅰ. ①瘦… Ⅱ. ①谢… ②韩… ③魏… Ⅲ. ①肉
用型－猪－饲养管理 Ⅳ. ① S828.9

中国版本图书馆 CIP 数据核字（2017）第 111560 号

---

责任编辑：邵桂林 　　　　　　　文字编辑：李　玥
责任校对：边　涛 　　　　　　　装帧设计：张　辉

---

出版发行：化学工业出版社（北京市东城区青年湖南街 13 号
　　　　　邮政编码 100011）
印　　装：北京云浩印刷有限责任公司
850mm×1168mm　1/32　印张 9¾　字数 283 千字
2017 年 9 月北京第 1 版第 1 次印刷

---

购书咨询：010-64518888（传真：010-64519686）
售后服务：010-64518899
网　　址：http://www.cip.com.cn
凡购买本书，如有缺损质量问题，本社销售中心负责调换。

---

定　　价：36.00 元

瘦肉型猪高效饲养技术

**编写人员名单**

主　　编　谢红兵　韩俊伟　魏刚才

副 主 编　杜海燕　李　乐　李　磊　黄　岩

编 写 人员　（按姓氏笔画排列）

　　　　　　杜海燕（新乡市动物疫病预防控制中心）

　　　　　　李　乐（新乡市动物卫生监督所）

　　　　　　李　磊（新乡市动物卫生监督所）

　　　　　　杨　涛（河南农业职业学院）

　　　　　　张吉昌（南阳市宛城区动物卫生监督所）

　　　　　　陈予朋（滑县动物卫生监督所）

　　　　　　郑丽敏（鹤壁市畜产品质量监测检验中心）

　　　　　　黄　岩（新乡市动物卫生监督所）

　　　　　　韩俊伟（新乡市动物卫生监督所）

　　　　　　谢红兵（河南科技学院）

　　　　　　魏刚才（河南科技学院）

瘦肉型猪高效饲养技术

# 前 言
## FOREWORD

　　随着我国经济条件的改善和人们生活水平的提高，不仅猪肉消费量极大增加，而且猪肉结构发生了根本转变，已由传统的脂肪型猪肉转向瘦肉型猪肉。因为瘦肉型猪瘦肉率高（瘦肉占胴体55%～65%）、脂肪含量低（脂肪占胴体30%左右）、产品品质优，所以市场销售好。同时，瘦肉型猪具有体型大、生长发育快等特点。这些都极大地促进了瘦肉型猪养殖的发展。目前，我国瘦肉型猪的养殖正在向集约化和规模化方向发展，这不仅极大地丰富了猪肉市场，满足了人们的生活需要，而且对于畜牧业产业结构调整和养殖者经济收入的增加也发挥着巨大的作用。

　　虽然我国瘦肉型猪养殖得到较快发展，成为瘦肉型猪生产大国和猪肉消费大国，但从瘦肉型猪养殖水平来看仍然比较落后，存在生猪出栏率低、生产周期长、产肉量少、饲料报酬差和生产成本高以及疾病发生率高、死亡多、环境污染严重等问题，直接影响到瘦肉型猪养殖的发展和养殖效益。因而，推广实用的、配套的瘦肉型猪高效饲养技术，对于推动我国瘦肉型猪生产的稳定持续发展，进一步提高养猪业水平和经济效益具有极为重要的意义。

　　本书立足我国瘦肉型猪养殖的实际，结合生产中的一些成功经验和猪养殖的先进技术，对瘦肉型猪高效饲养技术进行了系统介绍。全书共分8章，分别是瘦肉型猪的品种选择技术、瘦肉型猪的繁殖技术、瘦肉型猪的饲料配制技术、瘦肉型猪猪场的设计技术、瘦肉型猪种猪的饲养管理技术、瘦肉型猪商品肉猪的饲养管理技术、瘦肉型猪的疾病防控技术和瘦肉型猪猪场的经营管理。

本书受河南省产学研项目（无抗生素高效猪配合饲料的开发及产业化，项目号152107000013）资助出版。

由于编写过程仓促，疏漏之处在所难免，敬请读者批评指正。

编　者

**2017.7**

瘦肉型猪高效饲养技术

# 目录
## CONTENTS

## 第六章　瘦肉型猪商品肉猪的饲养管理技术

## 第七章　瘦肉型猪的疾病防控技术

# 第八章 瘦肉型猪猪场的经营管理

# 第一章

# 瘦肉型猪的品种选择技术

## 第一节　常见瘦肉型猪的品种

猪按照经济用途可以分为脂肪型、瘦肉型和兼肉型三种。脂肪型猪胴体脂肪多，一般脂肪占胴体的55％～60％，瘦肉占40％左右，整个外形呈方砖形，体躯短而宽深，下颌重，垂肉多，肋骨圆拱，背腰短宽，臀部丰满，四肢细而结实，体长与胸围基本相等；瘦肉型与脂肪型相反，该型猪瘦肉占胴体的55％～65％，脂肪占30％左右，体躯长浅，整个身体呈流线形，前躯轻后躯重，头颈小，背腰特长，胸肋中满，背线与腹线平直，后躯丰满，四肢高长，粗壮结实，皮薄毛稀，习性活泼，产仔率高，生长发育快，但对饲料要求较高；兼肉型肉脂品质优良，风味可口，产肉和产脂肪能力均较强，胴体中肥瘦肉各占一半左右，体型中等，背腰宽阔，中躯短粗，后躯丰满，体质结实，性情温顺，适应性强。目前瘦肉型猪的数量在养猪生产中占有绝大比例。品种是高效生产的基础，瘦肉型猪的品种也多种多样，有国外引进的，也有国内培育的，其表现和适应性也有较大差异，需要根据不同地区、不同气候条件和不同技术水平选择适宜的品种，并充分利用猪的优良基因进行品种杂交，以获得最佳的饲养效果。

## 一、国内培育的瘦肉型猪品种

为了满足人们对猪瘦肉的需求量，近几十年来，我国畜牧科技工作者培育了几十个猪的品种。普遍饲养的培育猪品种有下面几个。

### （一）三江白猪

三江白猪是由长白猪和东北民猪杂交培育而成的我国第一个瘦肉型猪种。三江白猪具有生长快、省料、抗寒、胴体瘦肉多、肉质良好等特点。

【产地分布】产于东北三江平原。

【外貌特征】头轻嘴直，耳下垂。背腰宽平，腿臀丰满，四肢粗壮，蹄坚实。被毛全白，毛丛稍密。具有瘦肉型猪的体躯结构。

【生产性能】成年公猪体重250～300千克，母猪体重200～250千克。性成熟较早，初情期约在4月龄，发情征兆明显，配种受胎率高，极少发生繁殖疾患。初产母猪产仔数9～10头，经产母猪产仔数11～13头。60日龄断奶仔猪窝重160千克。6月龄育肥猪体重可达90千克，每千克增重消耗配合饲料3.5千克。在农场条件下饲养，190日龄体重可达85千克。体重达90千克屠宰，胴体瘦肉率58％。眼肌面积为28～30平方厘米，腿臀比例29％～30％。

【杂交利用】与哈白猪、苏白猪或大约克猪正反交，日增重提高。用杜洛克猪作父本与三江白猪母猪杂交，子代日增重为650克。体重达90千克屠宰，胴体瘦肉率62％左右。

### （二）湖北白猪

湖北白猪是由大白猪、长白猪与本地通城猪、监利猪和荣昌猪杂交培育而成的瘦肉型猪品种。胴体瘦肉率高，肉质好，生长发育较快，繁殖性能优良，能耐受长江中游地区夏季高温、冬季湿冷等气候条件。

【产地分布】产于湖北省武汉市及华中地区。

【外貌特征】全身被毛白色。头稍轻直长，两耳前倾稍下垂。背腰平直，中躯较长，腹小，腿臀丰满，肢、胯结实。

【生产性能】成年公猪体重250～300千克，母猪体重200～250千克。小公猪3月龄、体重40千克时出现性行为。小母猪初情期在3～3.5月龄，性成熟期在4～4.5月龄，初配的适宜年龄7.5～8月龄。母猪发情周期20天左右，发情持续期3～5天。初产母猪产仔数9.5～10.5头，3胎以上经产母猪产仔数12头以上。

在良好的饲养条件下，6月龄体重可达90千克。体重达90千克屠宰，屠宰率75%。腿臀比例30%～33%，胴体瘦肉率58%～62%。

【杂交利用】用杜洛克猪、汉普夏猪、大约克夏猪和长白猪作父本，分别与湖北白猪母猪进行杂交，其一代杂种猪体重20～90千克阶段，日增重分别为611克、605克、596克和546克，胴体瘦肉率分别为64%、63%、62%和60%。杂交效果以杜×湖一代杂种猪最好。

（三）上海白猪

上海白猪由约克夏猪、苏白猪和太湖猪杂交培育而成。主要特点是生长较快，产仔较多，适应性强和胴体瘦肉率较高。

【产地分布】培育于上海地区，现有生产母猪2万头左右，主要分布在上海市郊的闵行区和宝山区。

【外貌特征】体型中等偏大，体质结实。头面平直或微凹，耳中等大小略向前倾。背宽，腹稍大，腿臀较丰满。全身被毛为白色。

【生产性能】成年公猪平均体重250千克，平均体长167厘米；母猪平均体重177千克，平均体长150厘米。公猪多在8～9月龄、体重100千克以上开始配种。母猪初情期为6～7月龄，发情周期19～23天，发情持续期2～3天。母猪多在8～9月龄配种。初产母猪产仔数9头左右，3胎及3胎以上母猪产仔数11～13头。

上海白猪体重在20～90千克阶段，日增重615克左右；体重达90千克屠宰，平均屠宰率70％。眼肌面积26平方厘米，腿臀比例27％，胴体瘦肉率平均52.5％。

【杂交利用】用杜洛克猪或大约克夏猪作父本与上海白猪母猪杂交，一代杂种日增重为700～750克；杂种猪体重达90千克屠宰，胴体瘦肉率60％以上。

（四）湘白1系猪

湘白1系猪由大约克夏猪、长白猪、苏白猪和大围子猪杂交培育而成。湘白1系猪遗传性能稳定，适应性强，繁殖力高，生长发育快。以湘白1系猪的母猪与杜洛克猪的公猪杂交生产商品猪，其杂种猪生长快，省饲料，好饲养。

【产地分布】培育于湖南。

【外貌特征】头中等大小，鼻嘴平圆，耳中等大、直立、稍向前倾。背腰结合良好且平直，臀部较丰满，腹线不下垂。全身被毛呈白色。成年公猪平均体重170千克，成年母猪平均体重155千克。

【生产性能】公母猪适宜配种为7～8月龄、体重70～85千克。初配母猪发情周期19.8天，发情持续期3～5天；经产母猪发情持续期3～4天。初产母猪产仔数10头左右，产活仔数9头左右；经产母猪产仔数12头以上。

湘白1系猪生后176～184日龄体重达90千克，育肥期平均日增重604～671克；体重达90千克屠宰，屠宰率72％，胴体瘦肉率59％。

【杂交利用】用杜洛克猪作父本与湘白1系猪母猪杂交，其杂种猪生后146～165日龄体重达90千克，日增重691～798克，胴体瘦肉率62％～63.7％；用汉普夏猪作父本与湘白1系猪母猪杂交，其杂种猪生后153～163日龄体重达90千克，日增重685～749克，胴体瘦肉率62.8％～62.1％；用长白猪作父本与湘白1系猪母猪杂交，其杂种猪生后163～187日龄体重达90千克，日增重585～694克，胴体瘦肉率60.7%～61.8%；用大约克夏猪作父本与湘白1系猪母猪杂交，其杂种猪生后172～192日龄体重达90千克，日增重563～703克，胴体瘦肉率59.9%～60.9%。

（五）浙江中白猪

浙江中白猪主要是由长白猪、约克夏猪和金华猪杂交培育而成的瘦肉型品种。具有体质健壮，繁殖力较高，杂交利用效果显著和对高温、高湿气候条件有较好适应能力等良好特性，是生产商品瘦肉型猪的良好母本。

【产地分布】培育于浙江省。

【外貌特征】体型中等，头颈较轻，面部平直或微凹，耳中等大呈前倾或稍下垂。背腰较长，腹线较平直，腿臀肌肉丰满。全身被毛白色。

【生产性能】青年母猪初情期5.5～6月龄，8月龄可配种。初产母猪平均产仔9头，经产母猪平均产仔12头。生长育肥期平均日增重520～600克，190日龄左右体重达90千克。体重达90千克时屠宰，屠宰率73%，胴体瘦肉率57%。

【杂交利用】用杜洛克猪作父本，与浙江中白猪母猪杂交，一代杂种猪175日龄体重达90千克，体重20～90千克阶段，平均日增重700克。体重达90千克时屠宰，胴体瘦肉率61.5%。

（六）甘肃白猪

甘肃白猪是用长白猪和前苏联大白猪为父本，用八眉猪与河西猪为母本，通过育成杂交的方法培育而成的。甘肃白猪具有遗传性稳定，生长发育快，适应性强，肉质品质优良等特点。

【产地分布】培育于甘肃省。

【外貌特征】头中等大小，脸面平直，耳中等大略向前倾。背平直，体躯较长，体质结实。后躯较丰满，四肢坚实。全身被毛呈白色。

【生产性能】成年公猪平均体重242千克，平均体长155厘米；

成年母猪平均体重176千克，平均体长146厘米。公猪、母猪适宜配种为7～8月龄、平均体重85千克，发情周期17～25天，发情持续期2～5天。平均产仔数9.59头，产活仔数8.84头。

体重20～90千克期间，平均日增重648克。体重达90千克屠宰，屠宰率74%，胴体瘦肉率52.5%。

【杂交利用】作为母系与引入瘦肉型猪种公猪杂交，其杂种猪生长快，省饲料。如用甘肃白猪为母本与杜洛克猪和汉普夏猪为父本进行杂交，日增重分别为718克和761克，胴体瘦肉率分别为57.3%和57.4%。

### （七）广西白猪

广西白猪是用长白猪、大约克夏猪的公猪与当地陆川猪、东山猪的母猪杂交培育而成的。广西白猪的体型比当地猪高、长，肌肉丰满，繁殖力好，生长发育快，饲料利用率好。作为母系与杜洛克公猪杂交，其杂种猪生长发育快，省饲料，杂种优势率明显。

【产地分布】培育于广西。

【外貌特征】头中等长，面侧微凹，耳向前伸。肩宽胸深，背腰平直稍弓，身躯中等长。胸部及腹部肌肉较少。全身被毛呈白色。

【生产性能】成年公猪平均体重270千克，平均体长174厘米；成年母猪平均体重223千克，平均体长155厘米。据统计，经产母猪215窝，平均产仔数11头左右，初生窝重13.3千克，20日龄窝重44.1千克，60日龄窝重103.2千克。生后173～184日龄体重达90千克。体重25～90千克育肥期，日增重675克以上。体重达95千克屠宰，屠宰率75%以上，胴体瘦肉率55%以上。

【杂交利用】作为母系与杜洛克公猪杂交，其杂种猪生长发育快，省饲料，杂种优势率明显。用广西白猪母猪先与长白猪公猪杂交，再用杜洛克猪为终端父本杂交，其三品种杂种猪日增重平均为646克。体重达90千克屠宰，屠宰率76%，胴体瘦肉率56%以上。

## 二、国外引进的瘦肉型猪品种

近几十年来，为了改良我国的品种杂交和新品种的培育，先后从国外引入了大批的瘦肉型猪品种，如长白猪、大约克夏猪（大白猪）、杜洛克猪、汉普夏猪、皮特兰猪等。这些品种的共同特点是生长速度快，胴体瘦肉率高。一般体重达90千克的猪，屠宰后胴体瘦肉率在60%以上。

### （一）长白猪

长白猪原名兰德瑞斯猪，按引入先后，长白猪可分为英瑞系（即老三系）和丹麦系（新三系）。英瑞系长白猪适应性较强，体质较粗壮，产仔数较多，但胴体瘦肉率较低。丹麦系长白猪适应性较差，体质较弱，产仔数不如英瑞系，但胴体瘦肉率较高；其主要特点是产仔数较多，生长发育较快，省饲料，胴体瘦肉率高，但抗逆性差，对饲料营养要求较高。

【产地分布】产于丹麦，是丹麦本地猪与英国大约克夏猪杂交后经长期选育而成的。现在长白猪已分布于我国各地。

【外貌特征】头小、清秀，颜面平直。耳向前倾、平伸、略下耷。大腿和整个后躯肌肉丰满，体躯前窄后宽呈流线型。体躯长，有16对肋骨，乳头6～7对，全身被毛白色。

【生产性能】成年公猪体重400～500千克，母猪平均体重300千克。成熟较晚，公猪一般在生后6月龄时性成熟，8月龄时开始配种。母猪发情周期为21～23天，发情持续期2～3天，妊娠期为112～116天。初产母猪产仔数8～10头，经产母猪产仔数9～13头。在良好的饲养条件下，长白猪生长发育迅速，6月龄体重可达90千克以上，日增重500～800克。体重达90千克时屠宰，屠宰率为69%～75%，胴体瘦肉率为53%～65%。

【杂交利用】长白猪作为父本进行经济杂交，一代杂种猪可得到较高的生长速度、饲料利用率以及较多瘦肉。如与我国地方品种或培育品种杂交的后代日增重可以达到550～600克，胴体瘦肉率47%～55%。

## （二）大约克夏猪（大白猪）

大约克夏猪是世界上著名的瘦肉型猪品种。主要优点是生长快，饲料利用率高，产仔较多，胴体瘦肉率高。

【产地分布】18世纪在英国育成，是世界上著名的瘦肉型猪品种。引入我国后，经过多年培育驯化，已经有了较好的适应性。目前，我国已经引入了英系（英国）、法系（法国）、加系（加拿大）和美系（美国）等大约克夏猪。

【外貌特征】毛色全白，头颈较长，面宽微凹，耳中等大，直立，体躯长，胸深广，背平直稍呈弓形，四肢和后躯较高。

【生产性能】成年公猪体重250～300千克，成年母猪体重230～250千克。性成熟较晚，生后5月龄的母猪出现第1次发情，发情周期18～22天，发情持续期3～4天。母猪妊娠期平均115天。初产母猪产仔数9～10头，经产母猪产仔数10～12头，产活仔数10头左右。生后6月龄体重可达100千克左右。消化能13.4兆焦/千克、粗蛋白质16%，自由采食时，从断奶至90千克阶段日增重为700克左右，每千克增重消耗配合饲料3千克左右。体重达90千克时屠宰，屠宰率71%～73%。眼肌面积30～37平方厘米，胴体瘦肉率60%～65%。

【杂交利用】作为父本与地方品种和培育品种杂交，增重率和胴体瘦肉率都有很大提高。在与外来品种猪杂交中常作为母本利用。

## （三）杜洛克猪

杜洛克猪俗称红毛猪。其特点是体质健壮，抗逆性强，饲养条件比其他瘦肉型猪要求低。生长速度快，饲料利用率高，胴体瘦肉率高，肉质较好。在杂交利用中一般作为父本。

【产地分布】原产于美国东北部的新泽西州等地，前些年从美国、匈牙利和日本等国引入我国，现已遍布全国。

【外貌特征】被毛红色，从金黄色到暗棕色深浅不一。都是纯种，耳中等大小前倾，面微凹，体躯深广，背平直或略呈弓形，后躯发育好，腿部肌肉丰满，四肢长。

【生产性能】性成熟较晚，母猪一般在6～7月龄、体重90～110千克开始第1次发情，发情周期21天左右，发情持续期2～3天，妊娠期115天左右。初产母猪产仔数9头左右，经产母猪产仔数10头左右。

在良好的饲养条件下，180日龄体重达90千克。在体重25～100千克阶段，平均日增重650克，在体重达100千克屠宰，屠宰率75%，胴体瘦肉率63%～64%。背膘厚2.65厘米，眼肌面积37平方厘米，肌肉内脂肪含量3.1%，肉色良好。

【杂交利用】用杜洛克公猪与地方猪（如荣昌猪）进行杂交，一代杂种猪日增重可达500～600克，胴体瘦肉率50%左右。与培育品种母猪（如上海白猪）杂交，一代杂种猪日增重可达600克以上，胴体瘦肉率56%～62%。在杂交利用中一般作为父本。

（四）汉普夏猪

汉普夏猪主要特点是生长发育较快，抗逆性较强，饲料利用率较高，胴体瘦肉率较高，肉质较好，但产仔数量较少。

【产地分布】汉普夏猪产于美国肯塔基州的布奥尼地区，是用薄皮猪和白肩猪杂交选育而成的，它和杜洛克猪是目前在美国分布最广的肉用型品种。20世纪70年代引入我国，其数量和利用不如长白猪、大白猪和杜洛克猪。

【外貌特征】被毛黑色，在肩颈结合处有一条白带，肩和前肢也是白色的，但其他部位不再有白色。嘴较长而直，耳直立中等大小，体躯较长，肌肉发达，肉质好。

【生产性能】成年公猪320～410千克，母猪250～340千克。性成熟较晚，母猪一般在6～7月龄、体重90～110千克时开始发情，发情周期19～22天，发情持续期2～3天，妊娠期112～116天。初产母猪产仔数7～8头，经产母猪产仔数8～9头。

在良好的饲养条件下，180日龄体重可达90千克。日增重600～700克。体重达90千克屠宰，其屠宰率71%～75%。眼肌面积30平方厘米以上，胴体瘦肉率60%以上。

【杂交利用】因汉普夏猪具有生长快、瘦肉率高和肉质好等优点，在杂交利用中一般作为父本。汉普夏猪公猪与长×太（长白猪公猪配太湖猪母猪）杂种猪母猪杂交生产的三品种杂交猪体重20～90千克阶段，饲养期需110～116天，日增重600克以上，每千克增重消耗配合饲料3.5～3.7千克，胴体瘦肉率50%以上。

（五）皮特兰猪

皮特兰猪比其他瘦肉型猪品种形成较晚。主要特点是瘦肉率高，后躯和双肩肌肉丰满。但瘦肉的肌纤维比较粗，应激症比较严重（对外界环境非常敏感，在运动、运输、角斗时，有时会突然死亡）。这种猪的肉质很差，多为灰白水样肉，即瘦肉呈灰白颜色，肉质松软，渗水。研究表明，瘦肉率越高的品种，应激症发生越严重。因此在瘦肉型猪的品种选育中，不能片面追求瘦肉率越高越好。

【产地分布】原产于比利时，是由法国的贝叶杂交猪与英国的巴克夏猪进行回交，然后再与英国大白猪杂交育成的。

【外貌特征】毛色呈灰白色并带有不规则的深黑色斑点，偶尔出现少量棕色毛。头部清秀，颜面平直，嘴大且直，双耳略微向前。体躯呈圆柱形，腹部平行于背部，肩部肌肉丰满，背直而宽大。体长1.5～1.6米。

【生产性能】公猪一旦达到性成熟就有较强的性欲，采精调教一般一次就会成功，射精量250～300毫升，精子数每毫升达3亿个。母猪母性不亚于我国地方猪品种，仔猪育成率在92%～98%。母猪的初情期一般在190日龄，发情周期18～21天。产仔数10头左右，产活仔数9头左右。

生长速度快，6月龄体重可达90～100千克，日增重750克左右，每千克增重消耗配合饲料2.5～2.6千克，屠宰率76%，瘦肉率可高达70%。

【杂交利用】由于皮特兰猪产肉性能高，多用作父本进行二元或三元杂交。如用皮特兰猪公猪配上海白猪母猪，其杂种猪育肥期的日增重可达650克。体重达90千克屠宰，其胴体瘦肉率达65%。

用皮特兰猪公猪配长白猪与上海白猪的杂交母猪，获得三元杂种猪育肥期日增重为730克左右，料肉比为2.99∶1，胴体瘦肉率65%左右。

（六）波中猪

原先的波中猪是美国著名的脂肪型品种，近十年来经过几次类型上的大杂交已育成瘦肉型品种。

【产地分布】1950年左右在美国俄亥俄州的西南部育成。

【外貌特征】被毛黑色，"六点白"即四肢下端、嘴和尾尖有白毛，体躯宽深而长，四肢结实，肌肉特别发达，瘦肉比例高，是国外大型猪种之一。

【生产性能】成年公猪重390～450千克，母猪重300～400千克。

（七）PIC配套系猪

该种猪采用分子数量遗传学原理，应用分子标记辅助选择技术、BLUP（最佳线性无偏预测）技术、胚胎移植和人工授精技术培育出具有不同特点的专门化父、母本品系。

【产地分布】是英国种猪改良公司培育的配套系猪种。

【外貌特征】外貌相似于长白猪，后腿、臀部肌肉发达。

【生产性能】父系突出生长速度、饲料利用率和产肉性状的选择，母系突出哺乳力、年产胎次、窝产仔数、优良肉质和适应性的选择，充分利用杂种优势和性状互补原理，进行五系优化配套，达到当今世界养猪生产的最高水平。母猪年产胎次2.2～2.4胎，窝均产活仔数10.5～12头；商品猪达90～100千克体重日龄155天；料耗（2.6～2.8）∶1；商品猪屠宰率78%以上，商品猪胴体瘦肉率66%以上，腿臀丰满，结构匀称，体型紧凑，一致性好，适应国内外不同市场需求。

（八）拉康伯猪

【产地分布】这种猪是在加拿大拉康伯地区的一个试验场，于1942年开始用巴克夏与柴斯特白杂交后，再与长白猪杂交选育而成的肉用型新品种。

【外貌特征】毛色全白，体躯长，头、耳、嘴与长白猪相似。

【生产性能】长得快，肉猪育肥期短。目前拉康伯猪已成为加拿大主要品种之一，它的良种登记头数仅次于约克夏猪、汉普夏猪和长白猪，而居第四位。

（九）迪卡种猪

【产地分布】迪卡配套系种猪简称迪卡（DEKALB），是美国迪卡公司在20世纪70年代开始培育的品种。迪卡配套种猪包括曾祖代（GGP）、祖代（GP）、父母代（PS）和商品杂优代（MK）。1991年5月，我国从美国引进迪卡配套系曾祖代种猪，由五个系组成，这五个系分别称为A、B、C、E、F。这五个系均为纯种猪，可利用其进行商品肉猪生产，充分发挥专门化品系的遗传潜力，获得最大杂种优势。

【外貌特征】任何代次的迪卡猪均具有典型方砖体型、背腰平直、肌肉发达、腿臀丰满、结构匀称、四肢粗壮、体质结实、生长速度快、饲料转化率高、屠宰率高及群体整齐的特征。A、B系公猪黑毛色或黑毛白肩带，头型不大，嘴筒短直，耳大小适中直立，四肢粗壮，体型大；C、D系母猪白毛色，头中等大小，嘴筒短，耳前倾或直立，体长，四肢粗壮，体型大。

【生产性能】迪卡猪具有产仔数多、生长速度快、饲料转化率高、胴体瘦肉率高等突出特性，除此之外，还具有体质结实、群体整齐、采食能力强、肉质好、抗应激等一系列优点。产仔数初产母猪11.7头，经产母猪12.5头。150日龄体重达90千克，料肉比2.8：1，胴体瘦肉率60%，屠宰率74%。该猪种易于饲养管理，具有良好的推广前景。

## 第二节　　种猪的选择和引进

种猪质量不仅影响肉猪的生长速度和饲料转化率，而且还影响肉猪的品质。只有选择具有高产潜力、体型良好、健康无病的优质种猪，并进行良好的饲养管理，才能获得优质的商品仔猪，才能为快速育肥奠定一个坚实的基础。

# 一、种猪选择

## （一）品种选择

根据生产目的和要求确定杂交模式，选择需要的优良品种。如生产中，为提高肉猪的生长速度和胴体瘦肉率，人们常用引进品种进行杂交生产三元杂交商品猪。因为引进品种生长速度快，饲料利用率高，胴体瘦肉率高，屠宰率较高，并且经过多年的改良，它们的平均窝产仔数也有所提高，而且肉猪市场价格高。如我国近年引进数量较多、分布较广的有长白猪、大约克夏猪、杜洛克猪、皮特兰猪等（见表1-1）。

表1-1　几种主要引进瘦肉型品种猪的比较

| 品种名称 | 原产地 | 外貌特征 | 突出特点 | 缺　陷 |
|---|---|---|---|---|
| 长白猪 | 丹麦 | 毛色纯白，耳长且前倾，头狭长清秀，体长 | 母性较好，产仔多，瘦肉率高，生长快，是优良的杂交母本 | 饲养条件要求高，易患肢蹄病 |
| 大约克夏猪（大白猪） | 美国 | 毛色纯白，耳直立，体大头长，颜面微凹 | 繁殖性能好，产仔多，作母本较好 | 眼肌面积小，后腿比例小 |
| 杜洛克猪 | 美国 | 被毛棕红色，耳中等大小，略向前倾，颜面微凹，四肢粗壮 | 瘦肉率高，生长快，饲料利用率高，是理想的杂交终端父本 | 胴体短，眼肌面积小 |
| 皮特兰猪 | 比利时 | 毛色灰白夹有黑色斑点，有的部分杂有红色，耳中等大小 | 后腿和腰特别丰满，瘦肉率极高 | 生长速度较慢，易产生劣质肉 |

（二）体型外貌选择

好的种猪要体型匀称、膘情适中、胸宽体健、腿臀肌肉发达、肢蹄发育良好、个体性征明显、具有种用价值且无任何遗传患疾。另外，种公猪还要求睾丸发育良好、轮廓明显、左右大小均一，不允许有单睾、隐睾或阴囊疝，包皮积尿不明显。种母猪还要求外生殖器发育正常，乳房形质良好、排列整齐均匀，无瞎乳头、翻乳头或无效乳头，大小适中且不少于12个。

（三）种猪场选择

要尽可能从规模较大、历史较长、信誉度较高的大型良种猪场购进良种猪；种猪场应能满足客户的要求，设专用销售观察室供客户挑选，确保种猪质量和维护顾客利益；要求供种场提供该场免疫程序及所购买的种猪免疫接种情况，并注明各种疫苗的注射日期。种公猪最好能经测定后出售，并附测定资料和种猪三代系谱；购猪时要注意查看或索取种猪卡片及种猪系谱档案，确保其为优良品种的后裔并具有较高的生产水平。

（四）种猪选择

种猪要求健康、无任何临床病症和遗传疾患（如脐疝、瞎乳头等），营养状况良好，发育正常，四肢要求结合合理、强健有力，体型外貌符合品种特征和本场自身要求，耳号清晰，纯种猪应打上耳牌，以便标示。种公猪要求活泼好动，睾丸发育匀称，包皮没有较多积液，成年公猪最好选择见到母猪能主动爬跨、猪嘴含有大量白沫、性欲旺盛的公猪。种母猪生殖器官要求发育正常，阴户不能过小和上翘，应选择阴户较大且松弛下垂的个体，有效乳头应不少于6对，分布均匀对称，四肢要求有力且结构良好。种猪必须经本场兽医临床检查无猪瘟（HC）、萎缩性鼻炎（AR）、布氏杆菌病等病症，并由兽医检疫部门出具检疫合格证。

## 二、种猪引进

为提高猪群总体质量和保持较高的生产水平，达到优质、高产、高效的目的，猪场和养殖户都经常要向质量较好的种猪场引进种猪，引种工作直接影响到种猪的质量。

### （一）做好引种准备工作

#### 1. 制订引种计划

猪场和养殖户应结合自身的实际情况，根据种群更新计划确定所需品种和数量，有选择性地购进能提高本场种猪某种性能、满足自身要求，并与自己的猪群健康状况相同的优良个体；如果是加入核心群进行育种的，则应购买经过生产性能测定的种公猪或种母猪。新建场应从所建场的生产规模、产品市场和猪场未来发展方向等方面进行计划，确定所引进种猪的数量、品种和级别，是外来品种（如大约克、杜洛克或长白）还是地方品种，是原种、祖代还是父母代。根据引种计划，选择质量高、信誉好的大型种猪场引种。

#### 2. 应了解的具体问题

（1）疫病情况　调查各地疫病流行情况和各种种猪质量情况，必须从没有危害严重的疫病流行的地区，并经过详细了解的健康种猪场引进，同时了解该种猪场和免疫程序及其具体措施。

（2）种猪场种猪选育标准　公猪须了解其生长速度（日增重）、饲料转化率（料比）、背膘厚（瘦肉率）等指标，母猪要了解其繁殖性能（如产子数、受胎率、初配月龄等）。种猪场引种最好能结合种猪综合选择指数进行选种，特别是从国外引种时更应重视该项工作。

#### 3. 隔离舍的准备工作

猪场应设隔离舍，要求距离生产区最好有300米以上距离，在种猪到场前的30天（至少7天），应对隔离栏及其用具进行严格消毒，可选择质量好的消毒剂，如中山"腾俊"有机氯消毒剂，进行多次严格消毒。

### （二）种猪的运输

#### 1. 车辆消毒

最好不使用运输商品猪的外来车辆装运种猪。在运载种猪前24

小时开始，应使用高效的消毒剂对车辆和用具进行2次以上的严格消毒，最好能空置1天后装猪，在装猪前再用刺激性较小的消毒剂（如中山"腾俊"双链季铵盐络合碘）彻底消毒1次，并开具消毒证。

**2. 避免应激和损伤**

长途运输的车辆，车厢最好能铺上垫料，冬天可铺上稻草、稻壳、木屑，夏天铺上细沙，以降低种猪肢蹄损伤的可能性；供种场提前2～3小时对准备运输的种猪停止投喂饲料。赶猪上车时不能赶得太急，注意保护种猪的肢蹄，装猪结束后应固定好车门。

所装载猪只的数量不要过多，装得太密会引起挤压而导致种猪死亡。运载种猪的车厢面积应为猪只纵向表面积的1.5倍；最好将车厢隔成若干个隔栏，安排4～6头猪为一个隔栏，隔栏最好用光滑的水管制成，避免刮伤种猪，达到性成熟的公猪应单独隔开，并喷洒带有较浓气味的消毒药（如复合酚），以免公猪间相互打架。

长途运输的种猪，应对每头种猪按1毫升/10千克注射长效抗生素（如辉瑞"得米先"或腾俊"爱富达"），以防止猪群途中感染细菌性疾病；对临床表现特别兴奋的种猪，可注射适量氯丙嗪等镇静剂。

**3. 保持适宜的环境**

冬季要注意保暖，夏天要重视降温防暑，尽量避免在酷暑期装运种猪。夏天运种猪应避免在炎热的中午装猪，可在早晨和傍晚装运；途中应注意经常供给充足的饮水（长途运输时可先配置一些电解质溶液，用时加上奶粉，在路上供种猪饮用），有条件时可准备西瓜供种猪采食，防止种猪中暑，并寻找可靠的水源为种猪淋水降温，一般日淋水3～6次。

运猪车辆应备有汽车帆布，若遇到烈日或暴雨时，应将帆布遮于车顶上面，防止烈日直射和暴风雨袭击种猪，车厢两边的帆布应挂起，以便通风散热；冬季帆布应挂在车厢前上方以便挡风取暖。

**4. 运输平稳快速**

长途运输的运猪车应尽量行驶高速公路，避免堵车，每辆车应配备两名驾驶员交替开车，行驶过程中应尽量避免急刹车；途中应注意选择没有停放其他运载动物车辆的地点就餐，绝不能与其他装运猪只的车辆一起停放；随车应准备一些必要的工具和药品，如绳子、铁丝、钳子、抗生素、镇痛退热以及镇静剂等。

### 5. 注意检查观察

运输途中要适时检查观察猪群，如出现呼吸急促、体温升高等异常情况，应及时采取有效的措施，可注射抗生素和镇痛退热针剂，并用温度较低的清水冲洗猪身降温，必要时可采用耳尖放血疗法。大量运输时最好能准备一辆备用车，以免运输途中出现故障、停留时间太长而造成不必要的损失。

## （三）种猪到场后的管理

### 1. 消毒和分群

种猪到场后，立即对卸猪台、车辆、猪体及卸车周围地面进行消毒，然后将种猪卸下，按大小、公母进行分群饲养，有损伤、脱肛等情况的种猪应立即隔开单栏饲养，并及时治疗处理。

### 2. 饮水和饲喂

先给种猪提供饮水，休息6～12小时后方可供给少量饮料，第2天开始可逐渐增加饲喂量，5天后才能恢复正常饲喂量。种猪到场后的前2周，由于疲劳加上环境的变化，机体对疫病的抵抗力会降低，饲养管理上应注意尽量减少应激，可在饲料中添加抗生素（可用泰妙菌素50毫克/千克，金霉素150毫克/千克）和多种维生素，使种猪尽快恢复正常状态。

### 3. 隔离与观察

种猪到场后必须在隔离舍隔离饲养30～45天，严格检疫，特别是对布氏杆菌、伪狂犬等疫病要特别重视，须采血经有关兽医检疫部门检测，确认没有细菌感染阳性和病毒野毒感染，并检测猪瘟、口蹄疫等抗体情况。

### 4. 疾病预防

种猪到场1周开始，应按本场的免疫程序接种猪瘟等各类疫苗，7月龄的后备猪在此期间可做一些引起繁殖障碍疾病的防疫注射，如细小病毒、乙型脑炎疫苗等；种猪在隔离期内，接种各种疫苗后，应进行1次全面驱虫，可使用多拉菌素或长效伊维菌素等广谱驱虫剂按1毫克/33千克体重皮下注射进行驱虫，使其能充分发挥生长潜能。隔离期结束后，对该批种猪进行体表消毒，再转入生产区投入生产。

## 第三节　猪的经济杂交利用

经济杂交可以最大限度地挖掘猪种的遗传基因，有效地提高养猪的经济效益。杂种猪集中了双亲的优点，表现出生活力强、繁殖力高、体质健壮、生长快、饲料利用率高、抗病力强等特点。用杂种猪育肥，可以增加产肉量，节约饲料，降低成本，提高养猪的经济效益。目前，大部分商品育肥猪也是杂种猪。

### 一、猪的经济杂交原理

经济杂交的基本原理是利用杂种优势。猪的不同品种、品系或其他种用类群杂交后所产的后代在生产力、生活力等方面优于其纯种亲本，这种现象称为杂种优势。

杂种优势的产生，主要是由于优良显性基因的互补和群体中杂合频率的增加，从而抑制或减弱了更多不良基因的作用，提高了整个群体的平均显性效应和上位效应。杂交的遗传效应是使后代群体基因型杂合化。群体基因型杂合有两方面含义：一方面群体内的个体间在基因型杂合的基础上趋于一致，即个体间的遗传结构相同。由于个体的性能表现是由基因型和环境共同作用的结果，即表现型=基因型+环境条件，所以，将这样的杂种群饲养在相同的环境条件下，可以有相同的表现型，其生产习性能表现一致。另一方面，由杂交生产的杂种后代在生活力抗逆性、生长势等方面优于纯种亲本，在主要经济性状上，能超过父、母双亲同一性状的平均值，从而表现出比纯种更优的生产性能。

但是，并非所有的"杂种"都有"优势"。如果亲本间缺乏优良基因，或亲本间的纯度很差，或两亲本群体在主要经济性状上基因频率没有太大的差异，或在主要性状上两亲本群体所具有的基因的显性与上位效应都很小，或杂种缺乏充分发挥杂种优势的环境条件，这样都不能表现出理想的杂种优势。

## 二、猪的经济杂交方式

### （一）亲本选择

猪的经济杂交目的是通过杂交提高母猪的繁殖成绩、商品肉猪的生长速度和饲料利用率等经济性状，这就要求亲本种群在这几项性能上具有良好的表现。但是，作为杂交的父本、母本由于各自担任的角色不同，因而在性状选择方面的要求亦有差异。

#### 1. 父本品种的选择

父本品种群直接影响杂种后代的生产性能，因而要求父本种群生长速度快、饲料利用率高、胴体品质好、性成熟早、精液品质好、性欲强；能适应当地环境条件；符合市场对商品肉猪的要求。在我国推广的"二元杂交"中，根据各地配合力测定结果，引入的长白猪、大约克夏猪、杜洛克猪、皮特兰猪等品种，均可供作父本选择的对象。在"三元杂交"中，除母本种群外，还涉及两个父本种群，由于在第二次杂交中所用的母本为$F_1$代种母猪，为使$F_1$代种母猪具有较好的繁殖性能，因此在第一父本选择时，应选用与纯种母本在生长育肥和胴体品质上能够互补的，而且繁殖性能较好的引入品种。第二父本亦应着重从生长速度、饲料利用率和胴体品质等性能上选择。研究表明，在三元杂交中以引入的大约克夏猪、长白猪等品种作第一父本较好，而第二父本宜选用杜洛克猪、汉普夏猪、皮特兰猪等。

#### 2. 母本品种的选择

由于母本需要的数量多，应选择在当地分布广、适应性强的本地猪种、培育猪种或现有的杂种猪作母本，猪源易解决，便于在本地区推广。同时注意所选母本应具有繁殖力强、母性好、泌乳力高等优点，体格不要太大。我国绝大多数地方猪种和培育猪种都具备作为母本品种的条件。

（二）杂交方式

生产中，杂交的方式多种多样。比较简便实用的方式主要有二元杂交、三元杂交和双杂交。

### 1. 二元杂交

二元杂交是利用两个不同品种（品系）的公、母猪进行固定不变的杂交，利用一代杂种的杂种优势生产商品育肥猪。如用长白猪公猪与太湖猪母猪交配，生产的长太二元杂种猪作为商品育肥猪；用杜洛克猪公猪与湖北白猪母猪交配，生产的杜湖杂种猪作为商品育肥猪。这是生产中最简单、应用最广泛的一种杂交方式，杂交后能获得最高的后代杂种优势率。其杂交模式如下。

杜洛克猪（♂）×湖北白猪（♀）

↓

杜湖二元杂交猪（商品生产）

### 2. 三元杂交

三元杂交是从两品种杂交的杂种一代母猪中选留优良的个体，再用第三品种交配，所生后代全部作为商品育肥猪。进行2次杂交，可望得到更高的杂种优势，所以三品种杂交的总杂种优势要超过两品种。目前生产中使用较为广泛。其杂交模式如下。

长白猪（♂）×大约克夏猪（♀）

↓

杜洛克猪（♂）×长大杂交猪（♀）

↓

杜长大三元杂交猪（商品生产）

### 3. 双杂交

双杂交是以两个二元杂交为基础，由其中一个二元杂交后代中的公猪作父本，另一个二元杂交后代中的母猪作母本，再进行1次简单杂交，所得的四元杂交猪作为商品育肥猪。这种方式杂种优势更明显，但程序复杂，需要较高的物质和技术条件。杂交模式如下。

甲品种猪（♂）×乙品种猪（♀）　　丙品种猪（♂）×丁品种猪（♀）

甲乙杂交猪（♂）　　×　　丙丁杂交猪（♀）

四元杂交猪（供育肥用）

### 4. 猪的不同杂交组合模式

生产中常见的猪的不同杂交组合模式见表1-2。

表1-2　猪的不同杂交组合模式

| 杂交方式 | 组合模式 | 举例 |
|---|---|---|
| 二元杂交 | 引进品种（♂）×培育品种（♀） | 杜洛克猪作父本与浙中白猪杂交 |
| | 引进品种（♂）×引进品种（♀） | 长白公猪与大约克夏母猪杂交 |
| 三元杂交 | 引进品种（♂）×[引进品种（♂）×培育品种（♀）]（♀） | 三江白猪、上海白猪、浙中白猪等为母本，以国外大约克夏猪、长白猪为第一、二父本生产长大本三元杂交猪 |
| | 引进品种（♂）×[引进品种（♂）×引进品种（♀）]（♀） | 杜洛克猪、长白猪、大约克夏猪三品种杂交生产杜长大三元杂交猪 |
| 四元杂交 | [引进品种（♂）×引进品种（♀）]×[引进品种（♂）×引进品种（♀）] | 用杜洛克猪、长白猪、大约克夏猪、皮特兰猪四品系杂交生产四元杂交猪 |
| | [引进品种（♂）×引进品种（♀）]×[引进品种（♂）×培育品种（♀）] | 长白猪与大约克夏猪生产父本猪，杜洛克猪和甘肃白猪生产母本猪，然后再进行双杂交 |

### 三、猪的良种繁育体系

商品猪的良种繁育体系是将纯种选育、良种扩繁和商品肉猪生产有机结合形成一套体系。在体系中，将育种工作和杂交扩繁任务划分给相对独立而又密切配合的育种场和各级猪场来完成，使各个环节专门化，是现代化养猪业的系统工程。原种猪群、种猪群、商品猪繁殖群和肥猪群分别由原种场、纯种繁殖场、商品猪繁殖场和育肥场饲养，父母代不应自繁，商品代不应留种，这样才能保证整个生产系统的稳产、高产和高效益。

（一）良种繁育体系的作用

良种繁育体系建立后，不仅可以集中资源尽快培育出优良品种，最快地推广应用，以较少的投入获得较多的优质商品瘦肉型猪，而且可以从源头控制猪的污染，保持各个代次猪的洁净，减少疫病的发生和对生产性能的危害。

（二）良种繁育体系的结构

良种繁育体系结构见图1-1。

**图1-1** 年生产10万头商品猪杂交繁育体系图

（三）良种繁育体系中各场的地位和作用

**1. 原种猪场（群）**

指经过高度选育的种猪群，包括基础母猪的原种群和杂交父本选育群。原种猪场的任务主要是强化原种猪品种，不断提高原种猪生产性能，为下一级种猪群提供高质量的更新猪。

猪群必须健康无病，每头猪的各项生产指标均应有详细记录，技术档案齐全。饲养条件要相对稳定，定期进行疫病检疫和监测，定期进行环境卫生消毒等。原种猪场一般配有种猪性能测定站和种公猪站，测定规模应依原种猪头数而定。种猪性能测定站可以和种猪生产相结合，如果性能测定站是多个原种场共用的，则这种公共测定站不能与原种场建在一起，以防疫病传播。为了充分利用这些优良种公猪，可以通过建立种公猪站，以人工授精的形式提高利用效率，减少种公猪的饲养数量。

**2. 种猪场**

种猪场的主要任务是扩大繁殖种母猪，同时研究适宜的饲养管理方法和良好的繁殖技术，提高母猪的活仔率和健仔率。

**3. 杂种母猪繁育场**

在三元及多元杂交体系中，以基础母猪与第一父本猪杂交生产杂种母猪，是杂种母猪繁育场的根本任务。杂种母猪应进行严格选育，选择重点应放在繁育性能上，注意猪群年龄结构，合理组成猪群，注意猪群的更新，以提高猪群的生产力。

**4. 商品猪场**

商品猪场的任务是进行肥猪生产，重点放在提高猪群的生长速度和改进育肥技术上。提高饲养管理水平，降低育肥成本，达到提高生产量之目的。

在一个完整的繁育体系中，上述各个猪场应比例适宜，层次分明，结构合理。各场分工明确，重点任务突出，将猪的育种、制种和商品生产集合于一体，真正从整体上提高养猪的生产效益。

# 第二章

## 瘦肉型猪的繁殖技术

### 第一节　猪的繁殖生理

#### 一、公猪的生殖生理

（一）公猪的生殖器官及其功能

公猪的生殖器官包括睾丸（性腺）、附睾、阴囊、输精管、副性腺、尿生殖道、阴茎和包皮。

**1. 睾丸**

睾丸是公猪产生精子和分泌雄性激素的器官，左右两个对称，分居于阴囊的两个腔内。睾丸由外到内有紧密粘在一起的固有鞘膜和白膜两层，白膜分出许多小梁伸向睾丸实质，将睾丸分成多锥体状小叶，并在睾丸纵轴上汇合成一个纵隔。每一小叶中有3～5条曲精细管，曲精细管的生精细胞可直接生成精子，精子形成所需要的时间为44～45天，公猪每克睾丸组织每日可产生精子100万～3100万个。曲精细管间的间质细胞可产生雄激素。每一小叶内的曲精细管先汇合成直精细管，然后汇合成睾丸网，从睾丸网再分出6～23条睾丸输出小管，构成附睾头的一部分。

### 2. 附睾

附睾是精子发育成熟和储存的器官，也是精子的输出管道。附睾由附睾头、体、尾三部分组成，左右各一个，附着于睾丸的前上方外侧，位于阴囊腔内。附睾头主要由睾丸输出小管构成，它们再汇合成附睾管构成附睾体和尾，附睾尾过渡为输精管。附睾管内环境偏酸，缺少果糖，精子不活动，耗能也很少，精子通过附睾管时主要靠附睾管肌和上皮细胞纤毛的波动，精子从附睾头到附睾尾的时间一般为9～12天。在这段时间里精子的原生质滴向精子尾部移行而成熟；包裹磷脂与蛋白质以提高抗逆性；获得电荷以防止凝集；精液在此经脱水、浓缩而增加密度，以便于储存，公猪附睾内可储存精子2000亿个，其中70％在附睾尾，储存60天仍有受精能力，但如储存过久，则活力降低，死亡精子数增加，因此，生产上应注意公猪的采精间隔，不可过长或过短。

### 3. 阴囊

阴囊从外向内由皮肤、内膜、睾外提肌、筋膜及壁层鞘膜构成，并由一纵隔分为两腔，两个睾丸及附睾分别位于一个腔中。阴囊的主要作用是容纳和保护睾丸及附睾，调节囊内温度，有利于精子的发育和生存。

### 4. 副性腺

副性腺包括精囊腺、前列腺和尿道球腺。其分泌物参与精液组成，有稀释、营养精子，冲洗尿生殖道，改善阴道环境等作用。尿道球腺还可分泌浅白色黏稠胶状物，在自然交配时有防止精液倒流的作用。

### 5. 输精管与尿生殖道

输精管是连接附睾管与尿生殖道之间的管道，其管壁的平滑肌发达，交配时收缩力较强，能将精子迅速排送入尿生殖道内。尿生殖道是兼有排尿和排精双重功能的管道，尿生殖道的骨盆部有副性腺导管的开口。

### 6.阴茎与包皮

阴茎是交配器官，较细，为纤维型，海绵体不发达，不勃起时也是硬的，在阴囊前形成"乙"状弯曲，勃起时伸直，阴茎呈螺旋状。

包皮是皮肤折转而成的管状鞘，有容纳和保护阴茎头的作用，在包皮腔前部背侧有一盲囊，常积有腐败的余尿、脱落的上皮和包皮腺的分泌物。有特殊的腥臭味，与公猪的强烈性气味有关。

### （二）公猪的初情期与性成熟

公猪的初情期是指公猪第1次射出成熟精子的年龄（有人认为应在精液精子活率10％以上、有效精子总数在5000万个时的年龄）。猪的初情期一般为3～6月龄。初情期公猪的生殖器官及其机能还未发育完全，一般不宜此时参加配种，否则将降低受胎率与产仔数，并影响公猪生殖器官的正常生长发育。

公猪的性成熟是指生殖器官及其机能已发育完全，具备正常繁殖能力的年龄。一般在5～8月龄。适宜的配种年龄一般稍晚于性成熟的年龄，以提高繁殖力。

公猪达到初情期后，在神经和激素的支配和作用下，表现性欲冲动、求偶和交配三方面的反射，统称为性行为。

### （三）公猪的射精量与精液组成

公猪的射精量大，一般为150～500毫升，平均250毫升。公猪精液由精子和精清两部分组成，在不同的射精阶段两部分的比例不同，第一阶段射出的是精子前液，主要由凝胶和液体构成，只有极少不会活动的精子，占射精总量的10％～20％；第二阶段射出的是富含精子的部分，颜色从乳白色到奶油色，占射精总量的30％～40％；第三阶段射出的是精子后液，由凝胶和水样液构成，几乎不含精子，占射精总量的40％～60％。据测定，在附睾内精子储备达到稳定之后（每周3次连续6周采精，以最后6周采得的精液算出），射精持续时间一般为5～10分钟，平均8分钟。除了第一和第二阶段之间有一短暂间歇外，射精一般都是连续进行的。

## 二、母猪的生殖生理

### （一）母猪的生殖器官及其功能

母猪的生殖器官包括卵巢、输卵管、子宫、阴道和外生殖器。

#### 1. 卵巢

卵巢位于腹腔内肾脏的后方，左右各一个，固定在子宫扩韧带的前缘上。母猪发情时能排出多个卵子，故卵巢上同时存在多个卵泡或黄体，使卵巢呈葡萄丛状。卵巢的功能是产生卵子；卵泡在发育过程中可以产生雌激素，它是导致母猪发情的直接因素；当母猪排卵后，在原位形成黄体，黄体能分泌孕酮，是母猪维持妊娠的必需激素之一。

#### 2. 输卵管

输卵管位于输卵管系膜内，是卵子受精和卵子进入子宫的必然通道，具有承接、运送和营养卵子、精子和合子的作用。输卵管由漏斗、壶腹和峡部组成。漏斗部靠近卵巢，接纳由卵巢排出的卵子。壶腹是输卵管的膨大部，位于输卵管靠近卵巢的1/3处，是卵子受精的部位。其余部分较细，称为峡部。输卵管与子宫连接处有输卵管子宫口，与子宫角相通。卵巢中成熟的卵泡破裂后，排出的卵子由输卵管漏斗接纳，并向子宫方向运送，到达输卵管壶腹，与逆行而上的精子相遇并受精，形成的合子一边发育一边向子宫方向运行，一般经2～6天到达子宫。

#### 3. 子宫

子宫是胚胎生长发育的地方，也是运送精子的通道，并具有营养精子与扶植胚胎的作用，子宫内膜可形成母体胎盘，与胎儿胎盘结合成胎儿与母体交换营养和排泄物的器官。在妊娠期，母体胎盘还可分泌雌激素、孕激素和松弛素等，对于维持妊娠具有重要作用。子宫也可分泌前列腺素，具有刺激子宫收缩、破坏黄体，使母猪再发情的作用，对于发动分娩具有重要作用。子宫由子宫角、子宫体和子宫颈三部分组成。母猪子宫角有两个，长而弯曲，很像小肠，一般长1～1.5米，直径1.5～3.0厘米。两子宫角向后汇合成短的子宫体，长3～5厘米。子宫体后方为管径变细的子宫颈，长10～18厘米，内壁上有左右两排彼此交错的半圆形突起，中部的较大，越靠近两端越小，子宫颈后端过渡为阴道，没有明显的阴道部，发情时，子宫颈管开放，所以给猪输精时不用阴道扩张器，即可将输精管穿过子宫颈而插入子宫体内。

### 4. 阴道

阴道长约10厘米，是母猪的交配器官，也是胎儿产出的通道。发情时阴道内壁增厚，而且有黏液排出。

### 5. 外生殖器

外生殖器由尿生殖前庭和阴门组成，尿生殖前庭为从阴瓣到阴门裂的短管，长5～8厘米，是生殖道和尿道共同的管道，前庭前端底部中线上有尿道外口，前庭分布有前庭腺，发情时分泌黏液有利于公猪交配。阴门是母猪的交配器官，母猪发情时外阴部充血肿胀。

### （二）母猪的初情期与性成熟

母猪的初情期是指母猪初次发情排卵的年龄。一般在3～6月龄，此时的生殖器官及其机能还未发育完全，发情周期往往也不正常，一般不宜参加配种，否则使受胎率与产仔数降低，并影响生殖器官的正常生长发育。

母猪的性成熟是指生殖器官及其机能已发育完全，具备正常生殖能力的年龄。一般在5～8月龄。适宜的配种年龄一般稍晚于性成熟的年龄，以提高繁殖力。

### （三）母猪的发情周期

青年母猪初情期后每隔一定时间重复出现1次发情，一般把从上次发情开始到下次发情开始的间隔时间称为发情周期。母猪全年发情，不受季节限制，发情周期一般为18～23天，平均21天。在发情周期中，母猪的生殖器官发生一系列有规律的形态和生理的变化，母猪精神状态与性欲也发生相应的变化。根据这些变化，将发情周期分为4个阶段，即发情前期、发情期、发情后期和间情期。

### 1. 发情前期

此时卵巢中上一个发情周期所产生的黄体逐渐萎缩，新的卵泡开始生长。生殖道轻微充血肿胀，上皮增生，腺体活动增强。对周围环境开始敏感，表现不安，但尚无性欲表现，不接受公猪爬跨。

### 2. 发情期

母猪的发情期一般为2～4天，此时的卵泡迅速发育，并在发情末期排卵。表现子宫充血，肌层活动加强，腺体分泌活动增加，阴门充血肿胀，并有黏液从阴门流出。母猪兴奋不安，性欲表现充分，寻找公猪，接受公猪爬跨并允许交配，若用手按压腰部，母猪呆立不动。

### 3. 发情后期

此时卵泡破裂排卵后开始形成黄体。子宫颈管道逐渐收缩闭合，腺体分泌活动渐减，黏液分泌量少而黏稠，子宫内膜增厚，腺体逐渐发育。母猪性欲减退，逐渐转入安静状态，不让公猪接近。

### 4. 间情期（休情期）

此时卵巢中的黄体已发育完全。间情期前期子宫内膜增厚，腺体增长，分泌活动增加。如果受孕，则继续发育，如果未受孕，间情期后期子宫膜回缩，腺体变小，分泌活动停止。母猪的性欲表现完全消失，精神状态恢复正常。持续一定时间后，进入下一发情周期的发情前期。

## 第二节 母猪的发情及发情鉴定

## 一、母猪的发情

### （一）母猪发情的调节

母猪发情周期得以循环是下丘脑–垂体–卵巢轴所分泌的激素之间互相作用的结果。在发情季节，下丘脑的某些神经纤维分泌促性腺激素释放激素(GnRH)，沿着垂体门脉循环系统到脑下垂体前叶调节促性腺激素的分泌，垂体前叶分泌促卵泡素（FSH）进入血液运输到卵巢，刺激卵泡发育，同时黄体生成素（LH）也由垂体前叶分泌到血液中，与FSH协同作用，促进卵泡进一步生长并分泌雌激素。雌激素又与FSH发生协同作用，从而使卵泡颗粒细胞的FSH和LH的受体增加，于是加大了卵巢对于这两种激素的结合性，因而加速了卵泡的生长，并增加了雌激素的分泌量。这些雌激素就由血液循环到中枢神经系统，引起母猪发情。在这里，只有在少量孕酮的作用下，中枢神经系统才能接受雌激素的刺激，母猪才会出现外部表现和交配欲，否则卵泡虽发育，也无发情的外部表现，初情期第1次排卵但不伴随发情表现，就是这个原因。由此可见，母猪的发情受雌激素和孕酮调节，当孕酮达最低量的24小时后发情。

雌激素通过正、负反馈的作用来调节下丘脑和垂体分泌促性腺释放激素和促性腺激素。正反馈是作用于下丘脑前区的视交叉，刺激促性腺激素于排卵前释放，其负反馈作用于下丘脑的弓形核、腹中核和正中隆起，以降低促性腺激素持续释放。当雌激素大量分泌时，一方面通过负反馈作用，抑制垂体前叶分泌FSH；另一方面又通过正反馈作用，促进垂体前叶分泌LH，LH在排卵前浓度达到最高峰，故又称排卵前LH峰。由于LH的作用，引起卵泡的成熟破裂而排卵。垂体前叶分泌LH是呈脉冲式的，脉冲频率和振幅的变化情况与发情周期有密切关系。在卵泡期，孕酮骤降，LH的释放脉冲频率增加，因而使LH不断增加以至于排卵前出现LH峰，引起卵泡破裂排卵。在黄体期，由于孕酮增加，对垂体前叶起负反馈作用，LH脉冲频率就减少，当黄体退化时，LH脉冲频率又显著增加，这是由于黄体退化孕酮减少和雌激素不断增加的混合影响。因此发情周期中LH分泌的调节显然是雌激素和孕酮复杂的互相作用的结果。

排卵后，LH分泌量不多，但可促进卵泡的颗粒层细胞转变为分泌孕酮的黄体细胞而形成黄体。同时当雌激素分泌量高时，它会降低下丘脑促乳素抑制激素（PIH）的释放量，使促乳素的分泌量增加，与LH一起对促进和维持黄体分泌孕酮起协同作用。当孕酮达到一定量时，通过对下丘脑和垂体的负反馈作用，抑制垂体前叶分泌FSH，使卵泡停止发育，母猪就不再发情。这就是母猪受孕后不发情的原因。当母猪发情配种未孕、未配种、流产后、断乳后经过一定时期，子宫内膜产生$PGF_{2\alpha}$，使黄体逐渐萎缩至完全退化，孕酮分泌量逐渐降低至全无，垂体不再受孕酮的抑制而大量分泌FSH，刺激卵泡继续发育，母猪又再次出现发情征兆。

### （二）初情期

初情期是指青年母猪初次发情和排卵的时期，是性成熟的初级阶段，也是具有繁殖能力的开始。此时生殖器官同身体一起仍在继续生长发育。这个时期的最大特点是母猪的下丘脑-垂体-性腺轴的正、负反馈机制基本建立。接近初情期时，卵泡生长加剧，卵泡的内膜细胞大量合成并分泌雌激素。通过正反馈作用，引起下丘脑分泌GnRH并作用于垂体，使垂体前叶分泌大量的促黄体素（LH），形成排卵所需要的LH峰。同时，雌激素与孕酮协同作用，使母猪表现出发情行为。有的母猪第1次发情，特别是引入的外国品种，易出现安静发情，即只排卵而没有发情征状。这可能是由于初次发情，卵巢中没有黄体的存在，因而没有孕酮的分泌，不能使中枢神经系统适应雌激素的刺激而引起发情。

母猪的初情期一般为5～8月龄，平均为7月龄。我国的地方猪种可以早到3月龄（如太湖猪）。母猪在初情期时已具备了繁殖力，但此时母猪的下丘脑-垂体-性腺轴还不稳定，身体尚处在发育和生长的阶段，体重一般为成年体重的60%～70%，此时配种易造成仔数少、初生体重小、存活率低、母猪负担过重等不良影响，因此不应配种，以免影响以后的繁殖性能。

### （三）排卵

#### 1. 排卵的机理

母猪排卵时，首先降低卵泡内压，在排卵前1～2小时，卵泡膜在酶的作用下，引起靠近卵泡顶部细胞层的溶解，同时使卵泡膜上的平滑肌活性降低，卵泡膜被软化松弛，这样卵泡液排出并同时排出卵子，部分液体留在卵泡腔中。这整个过程都是由于雌激素对下丘脑产生正反馈，引起GnRH释放增加，刺激垂体前叶释放LH，使LH达排卵高峰，LH、FSH与卵泡膜上的受体结合而引起的。

### 2. 排卵时间

母猪排卵一般在LH峰出现后40～42小时，由于母猪是多胎动物，在一个情期中多次排卵，排卵最多时是在母猪接受公猪交配后30～36小时，从外阴唇红肿算起，在发情38～40小时之后。

### 3. 排卵数

猪的排卵数有一定变化幅度，一般国外种猪的排卵数最少为8个，最多21个，平均14个。不同年龄之间有差异，经产平均为16.8个，初产及二胎平均为12.7个。我国地方猪初产的排卵数平均为15.52个，经产22.62个，最多的是二花脸猪，平均为初产20.0个、经产28.0个。

## 二、发情鉴定

### 1. 母猪发情症状

（1）神经症状　母猪发情时对外周环境敏感，东张西望，一有动静马上抬头，竖耳静听。平时吃饱后爱睡觉的母猪，发情后常在圈内来回走动，或常站在圈门口。常常发出哼哼声，食欲不振，急躁不安，耳朵直立，咬圈栏杆，咬临栏母猪，愿意接近公猪或爬跨其他母猪。

（2）外阴部变化　母猪发情初期阴门潮红肿胀，后备母猪肿胀程度明显，经产母猪肿胀程度不明显。阴道逐渐流出稀薄、白色的黏液，经产母猪明显。阴道黏膜颜色由浅红变深红再变浅红。

（3）接受公猪爬跨　母猪发情中期，接受公猪爬跨。

（4）压背反射　配种员用手按压母猪背腰部，发情母猪经常两后腿叉开，呆立不动，尾巴上翘，大白母猪耳尖向后背，长白猪耳根轻微上翘，杜洛克猪耳朵轻微向上翘。经产母猪的这些表现将持续2～3天，后备母猪的这些表现将持续1～2天。

## 2. 检查发情的方法

（1）外部观察法　母猪发情时极为敏感，有明显的神经症状。阴唇松弛，闭合不严，中缝弯曲，阴唇颜色变深，黏液量较多，即可判断为发情。

（2）试情法

① 公猪试情法。把公猪赶到母猪圈内，如母猪拒绝公猪爬跨，证明母猪未发情；如主动接近公猪，接受公猪爬跨，证明母猪正在发情。

② 母猪试情法。把其他母猪或育肥猪赶到母猪舍内，如果母猪爬跨其他猪，说明正在发情；如果不爬跨其他母猪或拒绝其他猪入圈，则没有发情。

③ 人工试情法。通常未发情母猪会躲避人的接近和用手或器械触摸其阴部。如果母猪不躲避人的接近，用手按压母猪后躯时，表现静立不动并用力支撑，用手或器械接触其外阴部也不躲闪，说明母猪正在发情，应及时配种。

## 3. 检查发情的注意事项

一是检查母猪发情在饲喂后半小时和天黑前；二是背部按压检查时，发情的母猪在5分钟内将做出反应，那些没有反应的母猪需要12～24小时后重新检查发情；三是如让成年公猪短时间接触发情母猪会使母猪站立发情的征兆更明显；四是用那些可流出许多唾液的老公猪查情，如在栏内检查发情，一定要用木板等辅助，让公猪在几头母猪前运动，接触时间需要5～10分钟；五是当公猪接触母猪时，检查人员应在母猪栏后注意观察母猪的行为和表现，并现场记录；六是当对母猪实施压背时，争取让公猪面对面刺激母猪；七是当用压背的方法来确定站立发情时，应限定3～4头母猪为一组，如赶动母猪，最好有5分钟的时间让母猪安定下来；八是配种员所有工作时间的1/3应放在母猪发情鉴定上；九是每天进行2次发情鉴定，上、下午各1次，检查采用人工查情与公猪试情相结合的方法；十是仔细观察站立发情的征兆。

# 第三节 母猪的配种

## 一、配种的适宜时间

　　母猪交配时间是否适当，是决定能否受胎与产仔数多少的关键一环。要做到适时配种，首先要掌握母猪发情排卵规律，并根据两性生殖细胞在母猪生殖道内存活时间加以全面考虑。受胎是精子和卵子在输卵管内结合成受精卵，以后受精卵在子宫内着床发育的过程。所以配种必须在最佳时间，使精子和卵子结合，才能达到最佳的受胎效果。在养猪生产中，配种员须掌握每头猪的特性，适时对发情母猪配种。

　　影响配种最佳时间的因素。一是精子在母猪生殖器官内的受精能力。在自然交配后的30分钟内，部分精子可达输卵管内。交配数小时后，大部分精子存在于子宫体、子宫角内，经15.6小时，大部分精子可在输卵管及子宫角的前端出现。精子在母猪生殖器官内最长存活时间是42小时，实际上精子受精力一般在交配后的25～30小时。二是卵子的受精力。卵子保持受精力的时间很短，一般为几小时，最长时间可达15.5小时。较确切的配种时间是在配种后，精子刚达到输卵管时排卵为最佳时间。但在生产中，这一时间较难掌握。配种时，按以下规律进行：饲养员按压母猪背部，若开始出现静立反射，则在12小时以后及时配种；若母猪发情征状明显，轻轻按压母猪背部即出现静立反射，则已到发情盛期，须立即配种。配种次数应在2次以上，第1次配种后8～12小时再配种1次，以确保较好的受胎率。据报道，母猪在开始接受公猪爬跨后25小时以内配种，受胎率良好，特别是在10～25.5小时可达100%。在以后的时间里配种效果较差。

　　为达到适时配种的目的，在生产实践中要认真观察母猪发情开始的时间，并做到因猪而异。每天应定时检查母猪是否发情，可采用观察法、双手压背法或公猪试情法进行检查。母猪发情时表现精神不安，呼叫，外阴部充血红肿，食欲减退或废绝，阴门有浓稠样黏液分泌物流出，并出现静立反射，即母猪站立不动，接受公猪爬跨，用双手按压其背部仍静立不动。有此现象后再过半天，即可进行配种或输精。

一般老母猪发情时间短，配种时间要适当提前；小母猪发情时间长，配种时间可适当推迟；引入的培育品种小母猪发情时间短，应酌情确定配种时间。一般说"老配早，小配晚，不老不小配中间"，就生动反映了我国猪种发情排卵的规律。就猪种来说，培育品种早配，本地猪种晚配，杂种猪居中间。

我国群众根据母猪发情的外部表现和行动，掌握适时配种时间是符合发情排卵规律的。母猪阴户红肿到开始消退和呆立不动时，正是介于排卵和刚排卵子之间。我国群众根据母猪发情的外部表现，总结了"嘴啃木栏常排尿，乱跑乱叫不安定，见了公猪走不动"。本地猪一般发情明显，外国猪则不明显，但只要认真观察也不难发现。为了使发情不明显的母猪不致漏配，可利用试情公猪在配种期内，每日早、午、晚进行3次试情。

断奶后的空怀母猪可饲养在大圈内，加强运动和公猪诱情。一般母猪断奶后3～7天，即开始发情并可配种，流产后第1次发情不予配种，生殖道有炎症的母猪治疗后配种，配种宜在早晚进行，每个发情期应配2～3次，第1次配种用生产性能好、受胎率高的主配公猪，第2次配种可用稍次公猪。每天2次检查母猪发情，本交以母猪有压背反射后半天进行第1次配种，间隔12～18小时后进行第2次配种，定期补充后备母猪到配种舍。配种后21天未发情者，可初步确认为妊娠，可将之转入怀孕舍饲养。

## 二、配种方式

按照母猪在一个情期内的配种次数，配种方式有单次配、重复配、双重配和多次配。

## （一）单次配

在一个发情期内，只用1头公猪（或精液）交配1次。这种方式应在有经验的饲养人员掌握下，抓住配种适期，可能获得较高的受胎率，并能减轻公猪的负担，提高公猪的利用率。缺点是一旦适宜配种时间没掌握好，受胎率和产仔率都将受到影响。

## （二）重复配

在一个发情期内，用1头公猪（或精液）先后配种2次，即在第1次交配后，间隔8～24小时再用同一头公猪配第2次。这种方式比单次配种受胎率和产仔数都高。因为这种方式使先后排出的卵子都能受精。在生产中，对经产母猪都是采取这种方式。

## （三）双重配

在一个发情期内，用同一品种或不同品种的2头公猪（或精液），先后间隔10～15分钟各配1次。这种方式可提高受胎率、产仔数以及仔猪整齐度和健壮程度。生产商品肉猪场可采用这种方式，专门生产纯种猪场不宜采用这种方式，以免造成血统混乱。

## （四）多次配

在一个发情期内，用同一头公猪交配3次或3次以上。3次配适合于初配母猪或某些刚引入的国外品种。实验证明，在母猪的一个发情期内配种1～3次，产仔数随配种次数的增加而增加；配种4次，产仔数开始下降；配种5次以上，产仔数急剧下降，因为配种次数过多，造成公猪、母猪过于劳累，从而影响性欲和精液品质（精液变稀、精子发育不成熟、精子活力差）。

总之，在生产中，初配母猪在一个发情期内配种3次，经产母猪配种2次，受胎率和产仔数较高。

# 三、配种方法

配种方法有自然交配（本交）和人工授精两种。

（一）本交

本交又可分为自由交配和人工辅助交配。

**1. 自由交配**

自由交配的方法是让公猪和发情的母猪同关在一圈内，让其自由交配。自由交配的方法省事，但不能控制交配的次数，不能充分利用优秀公猪个体，同时很容易传播生殖道疾病，本法不宜推广使用。

**2. 人工辅助交配**

人工辅助交配是在人工辅助下，让公猪完成交配。人工辅助配种交配场所应选择离公猪、母猪猪圈较远、安静而平坦的地方。交配应在公猪、母猪饲喂前后2小时进行。配种时先把母猪赶入交配地点，用毛巾蘸0.1%的高锰酸钾溶液，擦母猪臀部、肛门和阴户，然后赶入公猪。当公猪爬上母猪背部后，用毛巾蘸上述消毒液擦公猪的包皮周围和阴茎，然后把母猪的尾巴拉向一侧，使阴茎顺利插入母猪阴道中，必要时可用手握住公猪包皮引导阴茎插入母猪阴道。母猪配种后要立即赶回原圈休息，但不要驱赶过急，以防精液倒流。交配完毕，忌让公猪立即下水洗澡或卧在阴湿地方。遇风雨天交配宜在室内进行，夏天宜在早晚凉爽时进行。如果公猪、母猪体格大小相差较大，交配场地可选择一斜坡或使用配种架。

（二）人工授精

人工授精（AI）技术的优点：一是提高优秀种公猪的利用率，加快猪种遗传改良的速度，提高商品猪质量；二是克服公猪、母猪因体格大小差异所造成的配种困难，提高配种妊娠率及分娩率；三是减少由于配种所带来的疾病传播；四是确保配种环节中的公猪精液质量，有利于母猪配种妊娠率的提高，克服时间和区域的差异，适时配种；五是减少种公猪饲养数量，节省公猪饲养费用，提高经济效益。人工授精是目前规模养猪场降低成本、提高效益的主要措施之一，逐渐得到普及应用。

### 1. 采精

（1）采精前的准备及采精次数

① 公猪的选择。采精用的公猪应满7月龄，体重在110～120千克的健康的优秀公猪（经性能测定后再选更佳）。种公猪一般每7天采精1次；满12月龄后，每周可增加到2次；成年后每周采精2～3次。采精用的公猪一般使用2～3年后即淘汰，也可以根据猪种改良的实际需要，及时用更优秀的公猪进行更新。

② 所需器械。采精杯（保温杯亦可），用前应预热并保持37℃（可在40℃左右热水中预热），将消毒纱布或滤纸固定（用橡皮筋）在杯口，并微向内凹；乳胶手套一副；假台猪一个。

③ 准备一个采精的地方，该处要防止积水地滑。

④ 采精用的公猪要先进行采精训练，使之适应假台猪采精，要事先清理采精公猪的腹部及包皮部，除去脏物和剪掉包皮毛。

（2）采精方法　通常采用徒手采精法，此种方法由于不需要特别设备，操作简便易行。采精员戴上消毒手套，蹲在假台猪左侧，等公猪爬上后，用0.1％的高锰酸钾溶液将公猪包皮附近洗净消毒，当公猪阴茎伸出时，导入空拳掌心内，让其转动片刻，用手指由轻至紧，握紧阴茎龟头不让其转动，待阴茎充分勃起时，顺势向前牵引，手指有弹性、有节奏地调节压力，公猪即可射精。另一只手持带有过滤纱布采精杯收集精液，公猪第1次射精完成，按原姿势稍等不动，即可进行第2次或第3次、第4次射精，直至完全射完为止，采集的精液应迅速放入30℃的保温瓶中，由于猪精子对低温十分敏感，特别是当新鲜精液在短时间内剧烈降温至10℃以下，精子将产生不可逆的损伤，这种损伤称为冷休克。因此在冬季采精时应注意精液的保温，以避免精子受到冷休克的打击不利于保存。采精杯应该经过严格消毒、干燥，最好为棕色，以减少光线直接照射精液而使精子受损。由于公猪射精时总精子数不受爬跨时间、次数的影响，因此没有必要在采精前让公猪反复爬跨母猪或假台猪提高其性兴奋程度。

（3）精液质量检查

① 精液的一般性状检查。

射精量：一次采精时公猪射出精液的数量为150～500毫升。公猪射精过多或过少，应分析原因。过少可能采精次数过多，或公猪生殖机能衰退，或日常管理不当，或采精技术不熟练；过多则可能有水分混入，或是由于副性腺分泌过多，或混入尿液等。此外，精液中不应有毛发、尘土或其他污染物，含有凝固和成块物质（不同于胶状物质）的精液，表明生殖系统有炎症，这种精液不能使用。

色泽：正常精液为淡白色或淡灰白色。如精液呈现淡绿色是混有脓液，呈淡红色是混有血液，呈黄色是混有尿液，均不能使用。

气味：一般正常精液无味或微带有腥味，带臭味或尿味的精液不正常，不能作输精用。

pH值：精液为弱碱性，pH值为7.5左右。可以用比色纸测定。

② 精子活率（活力）检查。精子活率是指在公猪精液中具有直线前进运动的精子在总数中所占的百分率。它与精子受精能力密切相关，是评定精液品质的重要指标。一般每次采精，精液稀释后、输精前均应进行活率检查。

悬滴检查法：在盖玻片上滴一滴精液，然后将盖玻片翻转覆盖在凹玻片的中间，制成悬滴标本。使用带有加热板的显微镜（或将显微镜置于37～38℃的保温箱中）检查，放大200～400倍观察精子呈直线运动的状况，按十级评分法评定。如视野中有10%的精子呈直线前进运动，评定为0.1级，有20%的精子呈直线前进运动，评定为0.2级，依此类推。活率不低于0.7级才可进行稀释配制，若为冷冻精液，解冻后不应低于0.3级，才可用作精液。

③ 精子密度检查。精子密度是指1毫升精液中精子的数量，这也是评定精液品质的一个重要指标，同时也是确定输精的依据。估测是检查精子密度常用的一种方法，要与精子活力检查同时进行。用玻璃棒取原精液一滴于载玻片上，加盖玻片做成压片，在显微镜下放大400～600倍检查，根据视野中精子分布情况分为密、中、稀三个等级（见表2-1）。

表2-1 不同等级精子分布状态

| 等级 | 分布状态 |
| --- | --- |
| 密 | 整个视野中布满精子，精子之间的空隙小于1个精子长度，看不清各个精子的活动，每毫升精液含有精子约10亿个以上 |
| 中 | 视野中精子较多，看见各个精子活动，精子之间的间隙在1～2个精子长度，每毫升精液含有精子约2亿～8亿个 |
| 稀 | 视野中精子很稀少，精子之间的间隙在2个精子长度以上，每毫升精液含有精子约2亿个以下 |

在生产实践中，活力与密度结合评定。要求公猪精液达到"中"级密度，"稀"级密度活力在80％以上，才可用于输精。

还可用类似血细胞计数法测定精子密度，较费工时，可在全面检查公猪精液品质时采用。此外，还可用光学仪器，如分光光度计、光电比色计等测定，测定准确迅速。

④精子形态学检查。主要检查精子畸形率，即畸形精子占精子总数的百分率，要求畸形率不超过18％～20％，否则不能作输精用。畸形精子种类很多，如头部畸形包括头部巨大、瘦小、细长、圆形、双头等，颈部畸形如颈部膨大、纤细、曲折、不全、带有原生质滴、不鲜明、双颈等，中段畸形包括弯曲、曲折、双体等，主段畸形包括弯曲、螺旋形、回旋、短小、长大、双尾等。畸形精子产生的原因有公猪利用过度或饲养管理不良，或长期未配种，采精操作不当，睾丸和附睾疾病等。

（4）精液稀释和分装

①精液采集后应尽快稀释，原精储存不超过30分钟。

②未经品质检查或检查不合格（活力0.7以下）的精液不能稀释。

③稀释液与精液要求等温稀释，两者温差不超过1℃，即稀释液应加热至33～37℃，以精液温度为标准，来调节稀释液的温度，绝不能反过来操作。

④稀释时，将稀释液沿盛精液的杯(瓶)壁缓慢加入到精液中，然后轻轻摇动或用消毒玻璃棒搅拌，使之混合均匀。如作高倍稀释时，应进行低倍稀释［1:（1～2）］，稍待片刻后再将余下的稀释液

沿壁缓慢加入，以防造成"稀释打击"。

⑤ 稀释倍数的确定。活率≥0.7的精液，一般按每个输精剂量含40亿个总精子，输精量为80～90毫升确定稀释倍数。例如，某头公猪一次采精量是200毫升，活力为0.8，密度为2亿个/毫升，要求每个输精剂量含40亿个精子，输精量为80毫升，则总精子数为200毫升×2亿个/毫升=400亿个，输精份数为400亿个÷40亿个=10份，加入稀释液的量为10份×80毫升-200毫升=600毫升。

⑥ 稀释后要求静置片刻再做精子活力检查，如果稀释前、后活力一样，即可进行分装与保存，如果活力下降，说明稀释液的配制或稀释操作有问题，不宜使用，并应查明原因加以改进。

⑦ 稀释后的精液应分装在30～40毫升（一个输精剂量）的小瓶内保存。要装满瓶，瓶内不留空气，瓶口要封严。保存的环境温度为15℃左右（10～20℃）。通常有效保存时间为48小时左右，如原精液品质好，稀释得当可达72小时左右。按以上要求保存的精液可直接运输，在运输过程中要避免振荡，保持温度10～20℃。

⑧ 不准随便更改各种稀释液配方的成分及其相互比例，也不准几种不同配方稀释液随意混合使用。

⑨ 稀释液的配方见表2-2。

表2-2　稀释液的配方

| 配方名称 | 配方组成 |
| --- | --- |
| Kiev | 葡萄糖6克，EDTA（乙二胺四乙酸）0.37克，二水柠檬酸钠0.37克，碳酸氢钠0.12克，蒸馏水100毫升 |
| IVT | 二水柠檬酸钠2克，无水碳酸氢钠0.21克，氯化钾0.04克，葡萄糖0.3克，氨苯磺胺0.3克，蒸馏水100毫升，混合后加热使之充分溶解，冷却后通入$CO_2$约20分钟，使pH值达6.5。此配方欧洲应用较广 |
| 奶粉-葡萄糖液（日本） | 脱脂奶粉3克，葡萄糖9克，碳酸氢钠0.24克，α-氨基对甲苯磺酰胺盐酸盐0.2克，磺胺甲基嘧啶钠0.4克，灭菌蒸馏水200毫升 |
| 我国常用配方 | 葡萄糖5～6克，柠檬酸钠0.3～0.5克，EDTA 0.1克，抗生素（目前常使用庆大霉素、林肯霉素、壮观霉素、新霉素、黏菌素等）10万国际单位，蒸馏水加至100毫升 |

⑩ 注意事项。一是分装后的精液如果要保存备用，则不可立即放入17℃左右的恒温冰箱内，应先留在冰箱外1小时左右，让其温度下降，以免因温度下降过快刺激精子，造成死精子等增多；二是从放入冰箱开始，每隔12小时，要摇匀1次精液，因精子放置时间长，会大部分沉淀，每次摇动时，动作要轻缓均匀，同时观察精液的色泽状况，并做好记录，发现异常及时处理；三是保存过程中，要切实注意冰箱内温度的变化（通过温度计的显示），以免因意想不到的原因而造成电压不稳而导致温度升高或降低；四是远距离购买精液时，运输是关键的环节，高温的夏天，一定要在双层泡沫保温箱中放入冰块（17℃恒温），再放精液进行运输，以防止天气过热，死精太多，严寒的季度，要采取保温措施，防止精液因寒冷使精子死亡。

**2. 输精**

（1）适时输精　精液随着保存时间的延长，精子活力逐渐变弱，死精子数增多，母猪受胎率偏低。适时输精的时间可以这样掌握，上午发现有呆立反应的母猪，下午输精1次，第2天下午再进行第2次输精；下午发现有呆立反应的母猪，第2天上午输精1次，第3天上午进行第2次输精。最成功的输精应在呆立反应开始后18～30小时进行。

（2）输精的准备　输精前，精液要进行显微镜检查，检查精子密度、活力、死精率等。死精率超过20%的精液不能使用。输精使用的输精管，要严格清洗、消毒并使之干燥，用前最好用精液冲一下。要清洗待输母猪的外阴部，并用一次性消毒纸巾擦拭，预防将病原微生物等带入母猪阴道。

（3）输精管的选择

① 一次性输精管多具有海绵头结构，其后连一直径约5毫米的塑料细管，长度约50厘米。根据海绵头大小分成两种：一种海绵头较小，适用于后备母猪输精；另一种海绵头较大的，适用于经产母猪输精。海绵头一般用质地柔软的海绵制成，通过特制胶与塑料细管粘在一起，很适合生产中使用。

选择海绵头输精管时：一应注意海绵头粘得牢不牢，不牢固的则容易脱落到母猪子宫内；二应注意海绵头内塑料细管的长度，一般以0.5厘米为好，若塑料细管在海绵头内偏长，则海绵头太硬，容易损伤母猪阴道和子宫颈口黏膜，若偏短则海绵头太软而不易插入或难于输精。一次性输精管使用方便，不用清洗，但成本较高，大型集约化猪场一般使用一次性输精管。

② 多次性输精管是用特制无毒橡胶制成的类似公猪阴茎的胶管，因其具有一定的弹性和韧度，适用于母猪的人工授精，又因其成本较低和可重复使用较受欢迎，但因头部无膨大部，输精时可出现倒流，并且每次使用后均应清洗、消毒、干燥等，若保管不好还会变形，因此使用受到一定的限制。

（4）输精方法及步骤

① 输精时，先在输精管海绵头上涂些精液或消毒的液体石蜡，以利于输精管插入时的润滑，并赶一头试情公猪在母猪栏外，刺激母猪性欲提高，促使精液吸入到母猪的子宫内。

② 清洗并擦干母猪的外阴部后，将输精管沿着稍斜向上方的角度慢慢插入阴道内，当插入25～30厘米时，会感到有些阻力，此时，输精管基本顶到了子宫颈口皱襞处，用力再将输精管左右旋转，稍一用力，输精管的海绵头就可进入子宫颈第2～3皱褶处，发情母猪受此刺激，子宫颈口括约肌收缩，将输精管锁定，再回拉则感到有一定的阻力，此时可进行输精。

③ 用瓶装精液输精时，当插入输精管后，用剪刀把精液瓶盖的顶端剪去，插到输精管尾部就可输精；用袋装精液输精时，只要将输精管尾部插入精液袋入口即可。为了便于精液吸入到母猪的子宫内，可在输精瓶底部开一个口，利用空气压力促使精液吸入。输精时输精人员同时要对母猪腹肋部进行按摩，实践证明，这种按摩更能增加母猪的性欲。输精人员倒骑在母猪背上，并进行按摩，操作方便，输精效果也很好。正常的输精时间应和自然交配一样，一般为3～10分钟，时间太短，不利于精液的吸入，太长则不利于工作的进行。为了防止精液倒流，输完精不要急于拔出输精管，将精液

瓶或袋取下，将输精管尾部系个扣，这样既可防止空气的进入，又能防止精液倒流。每头母猪每次输精都应使用一条新的一次性输精管，防止子宫炎发生。经产母猪用一次性海绵头输精管，输精前检查海绵头是否松动；后备母猪用一次性螺旋头输精管。

（5）输精时的问题处理

① 如果在插入输精管时，母猪排尿，就应将这支输精管丢弃（多次性输精管应带回重新消毒处理）。

② 如果在输精时，精液倒流，应将精液袋放低，使生殖道内的精液流回精液袋中，再略微提高精液袋，使精液缓慢流入生殖道，同时注意压迫母猪的背部或对母猪的侧腹部及乳房进行按摩，以促进子宫收缩。

③ 如果以上方法仍然不能解决问题，继续倒流或不下，可前后移动输精管，或抽出输精管，重新插入锁定后，继续输精。

## 第四节　猪的妊娠与分娩

### 一、妊娠诊断

母猪配种后，尽早进行妊娠诊断，对于保胎、减少空怀、提高母猪繁殖力是十分必要的。经过妊娠检查，确定已怀孕时，就要按妊娠母猪对待，加强饲养管理；如确定未怀孕，可及时找出原因，采用适当方法加以补配。

（一）观察法

观察法是一种常用而简易的妊娠诊断方法。母猪配种后，经一个发情周期（1～23天）未发现母猪出现发情表现，且有食欲旺盛、性情温顺、动作稳重嗜睡、皮毛发亮、尾巴下垂、阴户收缩等外部表现，可以认为是已经妊娠。但这种方法并不十分准确。因为配种后不再发情的母猪不一定都妊娠，如有的母猪发情周期不正常，有的母猪卵子受精后胚胎在发育中早期死亡被吸收而造成不发情。

（二）直肠检查法

一般是指体型较大的经产母猪，通过直肠用手触摸子宫动脉，如果有明显波动则认为妊娠，一般妊娠后30天可以检出。但由于该方法只适用于体型较大的母猪，有一定的局限性，所以使用不多。

（三）激素测定法

测定母猪血浆中孕酮或胎膜中硫酸雌酮的浓度来判断母猪是否妊娠，一般血样可在19～23天采集测定，如果测定的值较低则说明没有妊娠，如果明显高，则说明已经妊娠。

（四）诱导发情检查法

取健康公猪精液1～2毫升，用3～4倍冷开水稀释，用注射器注入母猪鼻孔少量，或用小喷雾器向母猪鼻孔喷雾，未孕母猪一般4～6小时即可发情，12小时即达发情高潮，孕猪则无反应。但采用此法，时间必须准确，尤其不能过早。

（五）超声波测定法

利用超声波感应效果测定动物胎儿心跳数，从而进行早期妊娠诊断。实验证明，配种后20～29天诊断的准确率约为80%，40天以后的准确率为100%。将探触器贴在猪腹部（右侧倒数第二个乳头）体表发射超声波，根据胎儿心跳动感应信号，或脐带多普勒信号而判断母猪是否妊娠。

上述方法准确率一般为80%～95%。此外，还有阴道剖解法、玫瑰花环实验等方法。

# 二、分娩

（一）妊娠期及预产期的推算

猪的妊娠期一般为111～119天，平均为114天，不同的品种可能略有差异。一般一胎怀仔较多的母猪，妊娠期较短，反之较长。根据妊娠期，可以推算预产期，预产期可以按配种月份加4、日期减6、再减大月数、过2月份加2天的方法推算。利用速查表可以直接查出预产期。

（二）分娩征兆

在分娩前3周，母猪腹部急剧膨大而下垂，乳房亦迅速发育，从后至前依次逐渐膨胀。至产前3天，乳房潮红加深，两侧乳房膨胀而外张。产前3天左右，可以在中部两对乳头挤出少量清亮液体；产前1天，可以挤出1～2滴初乳；产前半天，可以从前部乳头挤出1～2滴初乳。如果能从后部乳头挤出1～2滴初乳，而能在中、前部挤出更多的初乳，则表示在6小时左右即将分娩。

分娩前3～5天，母猪外阴部开始发生变化，其阴唇逐渐柔软、肿胀增大、皱褶逐渐消失，阴户充血而发红，骨盆韧带松弛变软，有的母猪尾根两侧塌陷。临产前，子宫栓塞软化，从阴道流出。在行为上母猪表现出不安静，时起时卧，在圈内来回走动，但其行动谨慎缓慢，待到出现衔草做窝、起卧频繁、频频排尿等行为时，分娩即将在数小时内发生。

（三）分娩过程

分娩过程分为3期，一般在第1期和第2期之间没有明显的界限。在助产之中，重要的是应该掌握住在正常分娩情况下第1期和第2期母猪的表现和两期各所需的时间，以便确定是否发生难产。一般来说，在分娩未超过正常所需时间之前，不需采取助产措施，但在超过正常分娩所需时间之后，则需采取助产措施，帮助母猪将胎儿排出。

第1期，开口期。本期从子宫开始收缩起，至子宫颈完全张开。母猪喜在安静处时起时卧，稍有不安，尾根举起常做排尿状，衔草做窝。

在开口期母猪子宫开始出现阵缩，初期阵缩持续时间短，间歇时间长，一般间隔15分钟左右出现1次，每次持续约30秒。随着开口期的后移，阵缩的间歇期缩短，持续期延长，而且阵缩的力量加强，至最后间隔数分钟出现1次阵缩。子宫的收缩呈波浪式进行，开口期所需时间为3～4小时。

第2期，胎儿娩出期。本期从子宫颈完全张开至胎儿全部娩出。在本期母猪表现起卧不安，前蹄刨地，低声呻吟，呼吸、脉搏增快，最后侧卧，四肢伸直，强烈努责，迫使胎儿通过产道排出。

在开口期间，子宫继续收缩，力量比前期加强，次数增加，持续延长，间歇期缩短，同时腹壁发生收缩。阵缩和努责迫使胎儿从产道娩出。当第1个胎儿娩出后，阵缩和努责暂停，一般间隔5～10分钟后，阵缩和努责再次开始，迫使第2个胎儿娩出。如此反复，直至最后一个胎儿娩出为止。胎儿娩出期的时间为1～4小时。

第3期，胎衣排出期。本期从胎儿完全排出至胎衣完全排出。当母猪产仔完毕后，表现为安静，阵缩和努责停止。休息片刻之后，母猪开始闻嗅仔猪。不久阵缩和努责又起，但力量较前期减弱，间歇期延长。最后排出胎衣，母猪恢复安静。胎衣排出期的时间为0.5～1小时。

（四）接产

### 1. 产前准备

结合母猪的预产期和临产征状综合预测产期，在产前3～5天做好准备工作。首先准备好产房，将待产母猪移入产房内待产。产房要求宽敞，清洁干燥，光线充足，冬暖夏凉，安静无噪声。产房内温度以22～25℃为宜，相对湿度在65%～75%。产房打扫干净后，用3%～5%的石炭酸、2%～5%的来苏尔或3%的火碱水消毒，围墙用20%石灰乳粉刷，地面铺以垫草。在寒冷地区，冬季和早春做好防风保暖工作。产房内准备好接生时所需药品、器械及用品，如来苏尔、酒精、碘酊、剪刀、秤、耳号钳，以及灯、仔猪保姆箱（窝）、火炉等。母猪进入产房前，将其腹部、乳房及阴户附近的污泥清洗干净，再用2%～5%来苏尔溶液消毒，然后清洗干净进入产房待产。产房内昼夜均应有专人值班，防止意外事故发生。

## 2. 接产

初生仔猪的体重只占母猪的百分之一,一般情况下都不会难产,不论头先露或臀先露都能顺利产出。母猪整个分娩过程为2～5小时,个别长的可达十几个小时。每5～30分钟产一个仔猪。仔猪全部产出后约10～30分钟后排出两串胎衣,分娩过程结束。

母猪一般是侧卧分娩,少数为伏卧或站立分娩。仔猪娩出时,正生和倒生均属正常,一般无需帮助,让其自然娩出。当仔猪娩出时,接产人员用一手捏住仔猪肩部,另一手迅速将仔猪口鼻腔内的黏液掏出,并用毛巾擦净,以免仔猪呼吸时黏液阻塞呼吸道或进入气管和肺,引起病变。再用毛巾将仔猪全身黏液擦净,然后在距离仔猪腹部4厘米处用手指掐断脐带,或用剪刀剪断,在脐带断端用5%碘酊消毒。如果断脐后流血较多,可以用手指捏住断端,直至不流血为止,或用线结扎断端,之后称重,打耳号,把仔猪放到护仔箱里,以免在母猪继续分娩的过程中被踩伤或压死。当做完上述处理后,将新生仔猪放入保姆窝内。每产一仔,重复上述处理,直至产仔结束。在母猪产仔结束时,体力耗损很大,这时可以用麦麸、米糠之类粉状饲料用温热水调制成稀薄粥状料,内加少许食盐,喂给母猪,可以帮助母猪恢复体力。

母猪分娩时间较长,可以在分娩间歇中把小仔猪从护仔箱里拿来吃奶,保证仔猪在生后1小时吃到初乳。仔猪吮奶的刺激不但不会妨碍母猪分娩,而且有利于子宫收缩。

猪是两侧子宫角妊娠的,产出全部仔猪之后,先后有两串胎衣排出。接产员应检查胎衣是否全部排出,如果在胎衣的最后端形成堵头,或胎衣上的脐带数与产仔头数一致,表示胎衣已经排尽。将胎衣和脏的垫草一起清除出去,防止母猪吞食胎衣形成恶癖。

## 3. 假死仔猪的处理

假死仔猪指新生仔猪中已停止呼吸,但仍有心跳的个体。对假死仔猪施以急救措施,可以恢复其生命,减少损失。急救可以采取以下措施。

① 用手捏住假死仔猪两后肢,将其倒提起来,用手掌拍打假死

仔猪后背，直至恢复呼吸。

② 用酒精刺激假死仔猪鼻部或针刺其人中穴，或采用向假死仔猪鼻端吹气等方法，促使其呼吸恢复。

③ 人工呼吸。接产人员左、右手分别托住假死仔猪肩部和臀部，将其腹部朝上。然后两手向腹中心方向回折，并迅速复位，反复进行，手指同时按压胸肋。一般经过几个来回，可以听到仔猪猛然发出声音，表示肺脏开始呼吸。再徐徐重做，直至呼吸正常为止。

④ 在紧急情况时，可以注射尼可刹米或用0.1％肾上腺素1毫升，直接注入假死仔猪心脏急救。

（五）仔猪称重、编号和登记

在新生仔猪第1次哺乳之前称量仔猪初生重，全窝仔猪初生重的总和为初生窝重。对初生仔猪编号，便于记载和鉴定。将称得的初生重、初生窝重以及仔猪个体特征等进行登记。

（六）母猪产后的护理

母猪在分娩过程中和产后的一段时期内，机体的消耗很大，抵抗力降低，而且生殖器官经2～8天才能恢复正常，在3～8天阴道内排出恶露，容易因饲养管理不当招致疾病。产后对母猪精心护理，可使母猪尽快恢复正常。在母猪分娩结束时，结合第1次哺乳，对母猪乳房、后躯和外阴清洗，尤其是尾根和外阴周围应清洗干净。圈内勤打扫，做到清洁卫生，舍内通风良好、冷暖适宜、安静无干扰。在饲养和日粮结构上，给予适当照顾，逐步过渡到哺乳期的饲养。母猪产后可能出现一些病理现象，如胎衣不下、子宫或阴道脱出、产道感染、缺乳少乳、瘫痪、乳腺炎等病变。因此，在产后头几天的日常管理中，注意观察母猪状况，一旦出现异常，应立即采取相应措施加以解决。

第三章

# 瘦肉型猪的饲料配制技术

chapter three

饲料营养是保证猪快速生长的物质基础，只有选择优质的饲料，提供全面、平衡和充足的营养，才能保证猪快速生长潜力的发挥。

## 第一节　瘦肉型猪的营养需要

### 一、需要的营养物质

瘦肉型猪需要的营养物质，概括起来主要有蛋白质、碳水化合物、脂肪、无机盐、维生素和水。这些营养物质对于维持猪的生命活动、生长发育、繁殖具有重要作用。只有保证这些营养物质在数量、质量及比例上均能满足猪的需要时，才能保持猪体健康，充分发挥其生长潜力。

### （一）蛋白质

蛋白质是构成猪体的基本物质，是猪体内的一切组织和器官如肌肉、神经、皮肤、血液、内脏甚至骨骼等的主要成分，而且在猪的生命活动中，各组织需要不断地利用蛋白质来增长、修补和更新。新陈代谢过程中所需的酶、激素、色素和抗体等也都由蛋白质来构成。所以蛋白质是猪体最重要的营养物质。饲料中蛋白质进入猪的消化道，经过消化和各种酶的作用，将其分解成氨基酸之后被吸收，成为构成猪体蛋白质的基础物质。因此，动物对蛋白质的需要实质上是对氨基酸的需要。日粮中如果缺少蛋白质，会影响猪的生长、生产和健康，甚至引起死亡。相反，日粮中蛋白质过多也是不利的，不仅造成浪费，而且会引起猪体代谢紊乱，出现中毒等，所以饲粮中蛋白质含量必须适宜。

目前已知，蛋白质是由20多种氨基酸组成的，氨基酸分为必需氨基酸与非必需氨基酸。所谓必需氨基酸，即在猪体内不能合成或合成的速度及数量不满足正常生长需要，必须由饲料供给的氨基酸。所谓非必需氨基酸，即在猪体内合成较多，或需要量较少，无需由饲料供给也能保持猪的正常生长的。研究证明，生长猪需要10种必需氨基酸（赖氨酸、蛋氨酸、色氨酸、组氨酸、异亮氨酸、亮氨酸、苯丙氨酸、缬氨酸、苏氨酸和精氨酸）。生长猪能合成机体所需精氨酸的60%～70%，成年猪则可合成足够需要的精氨酸。蛋氨酸需要量的50%可用胱氨酸代替，苯丙氨酸需要量的30%可由谷氨酸代替。所以，称胱氨酸和苯丙氨酸等为半必需氨基酸。由此可见，饲料中提供足够的必需氨基酸和非蛋白氮合成非必需氨基酸的能力决定了饲料的蛋白质营养水平。

饲料蛋白质中某一种或某些氨基酸不足，就会限制其他氨基酸的利用，称该氨基酸为限制性氨基酸。猪饲料中的限制性氨基酸为赖氨酸、蛋氨酸、色氨酸、苏氨酸和异亮氨酸，其中赖氨酸为第一限制性氨基酸，饲料中容易缺乏，所以适当添加赖氨酸能有效地提高饲料中蛋白质的利用率。

配合日粮时，要采用多种蛋白质饲料搭配，使它们间的氨基酸互相弥补。如动物性蛋白质的氨基酸组成较完善，尤其是赖氨酸、蛋氨酸含量高。植物性蛋白质所含必需氨基酸种类少，赖氨酸、蛋氨酸含量较低，将动物性饲料与植物性饲料配合使用，可以提高氨基酸的平衡性。另外，也可通过添加合成氨基酸以满足猪的必需氨基酸的需要。不同饲料原料氨基酸的利用率差异较大，要根据不同阶段猪的生理特点，合理地选择饲料原料。

猪食入的蛋白质进入消化道后，在胃蛋白酶、十二指肠胰蛋白酶和糜蛋白酶的作用下，蛋白质降解为多肽。小肠中多肽在羧基肽酶和氨基肽酶作用下变为游离氨基酸和寡肽，寡肽能被吸收入肠激膜经二肽酶水解为氨基酸。由小肠吸收的游离氨基酸通过血脉进入肝脏。猪小肠可将短肽直接吸收入血液，而且这些短肽的吸收率比游离的氨基酸还高，其顺序为三肽＞二肽＞游离氨基酸。肽在黏膜细胞内也被分解为氨基酸。新生仔猪可以吸收母乳中少量完整蛋白质，如能直接吸收免疫球蛋白，所以给新生仔猪吃上初乳并获得抗体是非常重要的。

### （二）碳水化合物、脂肪等能量物质

碳水化合物、脂肪等能量物质对猪具有重要的营养作用，猪一生中的全部生理过程(呼吸、血液循环、消化吸收、排泄、神经活动、体温调节、生殖和运动)都离不开这些能量物质。能量物质不足就会影响猪的生长和繁殖，没有能量猪就无法生存。猪在进行物质代谢的同时，也伴随着能量的代谢和转换。动物体所需的能量主要来源于采食的饲料。在饲料有机物中都蕴藏着化学能，在猪体内代谢过程中逐步释放能量提供其各种需要。

饲料中各种营养物质的热能总值称为饲料总能。饲料中各种营养物质在猪的消化道内不能被全部消化吸收，不能消化的物质随粪便排出，粪中也含有能量，食入饲料的总能量减去粪中的能量，才是被猪消化吸收的能量，这种能量称为消化能。故猪饲料中的能量都以消化能来表示，单位是兆焦/千克或千焦/千克。

猪对能量的需要包括本身的代谢维持需要和生产需要。影响能量需要的因素很多，如环境温度、猪的类型、品种、不同生长阶段及生理状况和生产水平等。日粮的能量值在一定范围，猪每天的采食量多少可由日粮的能量值而定，所以饲料中不仅要有一个适宜的能量值，而且与其他营养物质比例要合理，使猪摄入的能量与各营

养素之间保持平衡，提高饲料的利用率和饲养效果。

猪的能量来源于饲料中的碳水化合物、脂肪和蛋白质分解。碳水化合物是来源最广泛，而且在饲粮中占比例最大的营养物质，是猪主要的能量来源。其主要成分包括单糖、双糖、多糖以及粗纤维。在谷实类饲料中含可溶性单糖和双糖很少，主要是淀粉，所以它是猪的主要能量来源。2～3周龄前的仔猪，由于消化道中胰腺分泌胰淀粉酶不足，故饲喂大量淀粉饲料的仔猪生长较差。在7日龄之前，饲喂葡萄糖和乳糖仔猪能有效利用；饲料粗纤维中一般含有纤维素、半纤维素和木质素，其组成比例不稳定，纤维素和半纤维素为多聚糖，木质素是苯丙烷衍生物的聚合物。猪小肠中无消化粗纤维的酶，故不能消化纤维素和半纤维素，但粗纤维到大肠中经微生物的发酵作用，其消化的主要产物为挥发性脂肪酸，由它供给的能量约为维持能量需要的5%～28%。粗纤维消化率高低受纤维来源、木质化程度、口粮中含量和加工程度影响，因而变异较大。粗纤维的利用受饲粮的物理与化学成分、日粮营养水平、动物日龄等影响，猪对粗纤维消化率变化很大。生长育肥猪口粮中粗纤维水平没有恒定的数字，一般认为20千克体重左右的生长猪，饲粮粗纤维水平为6%，也有人认为猪饲粮中低木质素的中性洗涤纤维水平应小于或等于5%。日粮中粗纤维水平过高，则降低饲料有机物质消化率和能量消化率。口粮中提高1%粗纤维，则大概降低总能消化率3.5%。在育肥后期日粮中，可利用较高水平的粗纤维，限制采食量，可减少体脂肪的沉积，提高胴体品质，日粮中增加1%的粗纤维含量，背膘厚度约减少0.5毫米。

饲料中一般均含有脂肪约5%，脂肪含热能高，其热能是碳水化合物或蛋白质的2.25倍。猪体内沉积大量脂肪，主要在体组织合成脂肪酸。合成脂肪酸的主要原料是乙酸辅酶A，它主要来自葡萄糖，脂肪和某些氨基酸也可以产生乙酰辅酶A，由乙酰辅酶A生成甘油三酯。但猪不能合成某些脂肪酸，必须由日粮供给或通过体内特定先体物合成，对机体正常机能和健康具有重要保护作用的脂肪酸称必需脂肪酸。必需脂肪酸有亚油酸和花生四烯酸，这两个必需脂肪酸可由日粮直接供给，也可以通过供给足量的亚油酸由体内进行分子转化而合成。必需脂肪酸缺乏症表现为皮肤损害，出现角质鳞片，毛细血管变得脆弱，免疫力下降，生长受阻，幼龄、生长迅速的动物反应更敏感。猪能从饲料中获得所需的必需脂肪酸，在常用饲料中必需脂肪酸含量比较丰富，一般不会缺乏。一般说来猪亚油酸需要量占饲料饲粮的0.1%。用常规饲料配合猪的饲料，一般不会发生脂肪缺乏症，除哺乳期和早期断乳仔猪配合饲粮中添加脂肪外，其他类别饲粮一般无须添加。

蛋白质是猪体能量的来源之一，当猪日粮中的碳水化合物、脂肪含量不能满足机体需要的热能时，体内的蛋白质可以分解氧化产生热能。但蛋白质供能不仅不经济，而且容易加重机体的代谢负担。

（三）矿物质

矿物质元素是动物营养中的一大类无机营养素，它虽不含能量，但却是组成猪体的重要成分之一。矿物质元素在体内有着确切的生理功能和代谢作用，它们具有调节血液和其他液体的浓度、酸碱度及渗透压，保持平衡，促进消化神经活动、肌肉活动和内分泌活动的作用。猪需要的矿物质元素有钙、磷、钠、钾、氯、镁、硫、铁、铜、钴、碘、锰、锌、硒等，其中前7种是常量元素（占体重0.01%以上），后几种是微量元素。

钙、磷是猪体内含量最多的元素，主要构成骨骼和牙齿生长需要的元素，此外还对维持神经、肌肉等正常生理活动起重要作用。缺乏会导致猪食欲减退，体质消瘦，异食癖，幼猪出现佝偻病，妊娠母猪死胎、畸形和弱仔多，泌乳母猪泌乳减少，跛行和奶瘫。公猪缺钙、磷时，精子发育不正常，影响配种工作。过量的钙能与磷相结合成不易溶解的三磷酸钙，猪不能吸收。日粮中的钙与磷应当保持适当的比例。一般猪日粮中钙、磷比例为（1.1～1.5):1。一般说来，青绿多汁饲料中含钙、磷较多，且比例合适。谷物与糠麸中所含的磷，有半数或半数以上是猪不能利用的植酸磷，以精饲料为主的日粮，补加含有钙和磷的骨粉或磷酸氢钙，补加量一般可按混合精料的1％来搭配。

氯、钠、钾对维持机体渗透压、酸碱平衡与水的代谢有重要作用。缺钠会使猪对养分的利用率下降，且影响母猪的繁殖。缺氯则导致猪生长受阻。钾缺乏时，肌肉弹性和收缩力降低，肠道膨胀，在热应激条件下，易发生低血钾症。食盐既是营养物质又是调味剂。它能增进猪的食欲，促进消化，提高饲料利用率，是猪不可缺少的矿物质饲料。一般食盐以占日粮精料中的0.3％～0.5％来供应足够。如果用含盐多的饲料，如泔水、酱油渣与咸鱼粉来喂猪，则日粮中的食盐量必须减少，甚至不喂，以免引起食盐中毒。食盐过量中毒，一次喂入125～250克食盐，就发生中毒死亡。

铁为形成血红蛋白、肌红蛋白等必需的元素。猪体内65％的铁存在于血液中，它与血液中氧的运输、细胞内的生物氧化过程关系密切。铜虽不是血红素的组成成分，但它在血红素红细胞的形成过程中起催化作用。铜还与骨骼发育、中枢神经系统的正常代谢有关，也是肌体内各种酶的组成成分与活化剂。锌是猪体多种代谢所必需的营养物质，参与维持上皮细胞和被毛的正常形态、生长和健康以及维持激素正常作用。锰是几种重要生物催化剂（酶系）的组成部分，与激素关系十分密切。对发情、排卵、胚胎、乳房及骨骼发育、泌乳及生长都有影响。碘是合成甲状腺素的主要成分，对营养物质代谢起调节作用。硒是猪生命活动必需的元素之一，其作用与维生素E的作用相似。补硒可降低猪对维生素E的需要量，并减轻维生素E的缺乏给猪带来的损害。

（四）维生素

维生素是一组化学结构不同，营养作用、生理功能各异的低分子有机化合物，猪对其需要量虽然很少，但生物作用很大，主要以辅酶和催化剂的形式广泛参与体内代谢的多种化学作用，从而保证机体组织器官的细胞结构功能正常，调控物质代谢，以维持猪体健康和各种生产活动。缺乏时，可影响正常的代谢，出现代谢紊乱，危害猪体健康和正常生产。在集约化、高密度饲养条件下，猪的生产性能较高，同时猪的正常生理特性和行为表现被限制，环境条件被恶化，对维生素的需要量大幅增加，加之缺乏青饲料的供应和阳光的照射，容易发生维生素缺乏症，必须注意添加各种维生素来满足生存、生长、生产和抗病需要。维生素的种类很多，但归纳起来分为两大类：一类是脂溶性维生素，包括维生素A、维生素D、维生素E及维生素K等；另一类维生素是水溶性维生素，主要包括B族维生素和维生素C。

（五）水

水不仅是猪体的主要组成部分，也是重要的营养素，是猪体生命活动过程不可缺少的。在猪体内，各种营养物质的消化、吸收、代谢废物的排出、血液循环、体温调节等都离不开水。猪失去所有的脂肪和一半蛋白质仍能活着，但失去体内1/10的水分则多数会死亡。所以，在日常饲养管理中必须把水分作为重要的营养物质对待，经常供给清洁而充足的饮水。

猪各阶段饮水量的建议标准见表3-1。

表3-1　猪各阶段饮水量的建议标准

| 种类 | 体重/千克 | 饮水量/（升/天） |
|---|---|---|
| 仔猪 | 5 | 0.7 |
| | 10 | 1 |
| | 15 | 2.8 |
| 育肥猪 | 20～25 | 3～4 |
| | 50～60 | 5～8 |
| | 80～100 | 8～10 |
| 母猪 | 初产母猪 | 8～12 |
| | 妊娠母猪 | 10～15 |
| | 分娩母猪 | 15+1.5×仔猪数 |
| 种公猪 | — | 10～15 |

## 二、营养标准（饲养标准）

猪的生活和生产过程实质是对各种营养物质的消耗过程，只有了解猪对各种营养物质的确切需要量，才能有的放矢地给予提供，既能最大限度满足猪的需要，又不会造成营养浪费。

饲养标准是以猪的营养需要（猪在生长发育、繁殖、生产等生理活动中每天对能量、蛋白质、维生素和矿物质的需要量）为基础的，经过多次实验和反复验证后对某一类猪在特定环境和生理状态下的营养需要得出的一个在生产中应用的估计值。在饲养标准中，详细地规定了猪在不同生长时期和生产阶段，每千克饲粮中应含有的能量、粗蛋白质、各种必需氨基酸、矿物质及维生素含量或每天需要的各种营养物质的数量。有了饲养标准，就可以按照饲养标准来设计日粮配方，进行日粮配制，避免实际饲养中的盲目性。但是，猪的营养需要受到猪的品种、生产性能、饲料条件、环境条件等多种因素影响，选择标准应该因猪制宜、因地制宜。

## 第二节　瘦肉型猪的日粮配制

## 一、日粮配制的原料种类

猪的饲料原料种类很多，按其性质一般分为能量饲料、蛋白质饲料、青绿多汁饲料、粗饲料、糟渣类饲料、矿物质饲料和饲料添加剂。

### （一）能量饲料

能量饲料是指干物质中粗纤维含量在18％以下、粗蛋白质在20％以下的饲料。这类饲料主要包括禾本科的谷实饲料和它们加工后的副产品、动植物油脂和糖蜜等，是猪饲料的主要成分，用量占日粮的60％～70％。常用的能量饲料见表3-2。

表3-2　常用的能量饲料

| 饲料 | 特点 | 用量 |
|---|---|---|
| 玉米 | 玉米含能量高（代谢能达14.27兆焦/千克），纤维少，适口性好，价格适中，是主要的能量饲料，一般在饲料中占50%～70%。但玉米蛋白质含量较低，一般占饲料8.6%，蛋白质中的几种必需氨基酸含量少，特别是赖氨酸和色氨酸。玉米含钙少，磷也偏低，饲喂时必须注意补钙。玉米易发生霉变，用带霉菌的玉米喂猪，适口性差，增重少，公猪性欲低，母猪易不孕和流产。现在培育的高蛋白质玉米、高赖氨酸玉米等饲料用玉米，营养价值更高，饲喂效果更好 | 玉米用量可占到猪日粮的20%～80% |
| 高粱 | 高粱含能量和玉米相近，蛋白质含量高于玉米，但单宁（鞣酸）含量较多，使味道发涩，适口性差 | 夏季占日粮10%～15%，冬季以15%～20%为宜 |
| 小麦 | 小麦含能量与玉米相近，含粗蛋白10%～12%，且氨基酸比其他谷实类完全，B族维生素丰富。缺点是缺乏维生素A、维生素D，小麦内含有较多的非淀粉多糖，黏性大，粉料中用量过大粘嘴，降低适口性。目前在我国，小麦主要作为人类食品，用其喂猪，不一定经济 | 用量为10%～30%。如果饲料中添加$\beta$-葡聚糖酶和木聚糖酶等酶制剂，用量可占30%～40% |
| 大麦 | 大麦有带壳的"皮大麦"（草大麦）和不带壳的"裸大麦"（青稞）两种，通常饲用的是皮大麦。大麦粗蛋白质含量高于玉米，蛋白品质比玉米好，其赖氨酸是谷实中含量较高者（0.42%～0.44%）。大麦粗脂肪含量低 | 饲料中用量不宜超过25% |
| 稻谷、糙米和碎米 | 稻谷主要用于加工成大米后作为人的粮食，产稻区已有将稻谷作为饲料的倾向，尤其是早熟稻。稻谷因含有坚实的外壳，故粗纤维含量高（8.5%左右），是玉米的4倍多；可利用消化能值低（11.29～11.70兆焦/千克）；粗蛋白质含量较玉米低，粗蛋白质中赖氨酸、蛋氨酸和色氨酸与玉米近似；稻谷钙少、磷多，含锰、硒较玉米高，含锌较玉米低。总之，稻谷适口性差，饲用价值不高，仅为玉米的80%～85%，限制了其在配合饲料中的使用量。稻谷去壳后称糙米，其代谢能值高（13.94兆焦/千克），蛋白质含量为8.8%，氨基酸组成与玉米相近。糙米的粗纤维含量低（0.7%），且维生素比碎米更丰富。因此，以磨碎糙米的形式作为饲料，是一种较为科学、经济地利用稻谷的好方法。糙米用于猪饲料可完全取代玉米，不会影响猪的增重，饲料利用效率还很高，肉猪食后体脂肪比喂玉米的硬 | 饲料中用量不宜超过10% |

续表

| 饲料 | 特点 | 用量 |
|---|---|---|
| 麦麸 | 包括小麦麸和大麦麸。麦麸含能量低，但蛋白质含量较高，各种成分比较均匀，且适口性好，是猪的常用饲料，麦麸的容积大，质地疏松，有轻泻作用，可用于调节营养浓度；麦麸适口性好，含有较多的B族维生素，对母猪具有调养消化道的功能，是种猪的优良饲料；对育肥猪可提高肉质，使胴体脂肪色白而硬，但是喂量过多会影响增重 | 商品瘦肉型猪的用量不超过5%；妊娠母猪和哺乳母猪饲粮中麦麸的使用量不超过30% |
| 米糠 | 米糠又有全脂米糠、脱脂米糠之分，通常说的米糠是指全脂米糠。米糠的粗蛋白质含量比麸皮低，比玉米高，品质也比玉米好，赖氨酸含量高达0.55%。米糠的粉脂肪含量很高，可达15%，因而能值也位于糠麸类饲料之首。其脂肪酸的组成多属不饱和脂肪酸，油酸和亚油酸占79.2%，脂肪中还含有2%～5%的天然维生素E，B族维生素含量也很高，但缺乏维生素A、维生素D、维生素C，米糠粗灰分含量高，钙、磷比例极不平衡，磷含量高，但所含磷约86%属植酸磷，利用率低且影响其他元素的吸收利用。米糠在储存中极易氧化、发热、霉变和酸败，最好用鲜米糠或脱脂米糠饼（粕）喂猪。新鲜米糠对猪的适口性好 | 喂量过多，会产生软脂肪，降低胴体品质。喂肉猪不得超过20%。仔猪应避免使用，因易引起下痢，但经加热破坏其胰蛋白酶抑制因子后可增加用量 |
| 高粱糠 | 主要是高粱籽实的外皮。脂肪含量较高，粗纤维含量较低，代谢能略高于其他糠麸，蛋白质含量10%左右。有些高粱糠含单宁较高，适口性差，易致便秘 | 肉猪不得超过8% |
| 次粉（四号粉） | 次粉是面粉工业加工副产品。营养价值高，适口性好。但和小麦相同，多喂时也会产生粘嘴现象，制作颗粒料时则无此问题 | 以占日粮的10%为宜 |
| 油脂饲料 | 这类饲料油脂含量高，其发热量为碳水化合物或蛋白质的2.25倍。油脂饲料包括各种油脂，如动物油脂、豆油、玉米油、菜籽油、棕榈油等，以及脂肪含量高的原料，如膨化大豆、大豆磷脂等。在饲料中加入少量的脂肪饲料，除了作为脂溶性维生素的载体外，能提高日粮中的能量浓度。妊娠后期和哺乳前期饲粮中添加油脂，仔猪成活率提高2.6%；断奶仔猪数每窝增加0.3头；母猪断奶后6天发情率由28%提高到92%，30天内发情率由60%提高到96%。仔猪开食料中加入糖和油脂，可提高适口性，对于开食及提前断奶有利。生长育肥猪饲粮加入3%～5%油脂，可提高增重5%和降低耗料10% | 各类猪添加油脂水平：妊娠、哺乳母猪10%～15%，仔猪开食料5%～10%，生长肥猪3%～5%。肉猪体重达到60千克以后不宜使用 |

续表

| 饲料 | 特点 | 用量 |
|------|------|------|
| 根茎瓜类 | 用作饲料的根茎瓜类饲料主要有马铃薯、甘薯、南瓜、胡萝卜、甜菜等。含有较多的碳水化合物和水分，粗纤维和蛋白质含量低，适口性好，具有通便和调养作用，是猪的优良饲料。可以提高肉猪增重，对哺乳母猪有催乳作用 | 各类猪用量：断奶后小猪喂0.5～1千克，30～50千克中猪1～2千克，50千克以上大猪2～3千克 |

## （二）蛋白质饲料

蛋白质饲料是指饲料干物质中粗蛋白质含量在20％以上（含20％）、粗纤维含量在18％以下（不含18％），可分为植物性蛋白质饲料和动物性蛋白质饲料。一般在日粮中占10％～30％。常见的蛋白质饲料见表3-3。

表3-3　常见的蛋白质饲料

| 饲料 | 特点 | 用量 |
|------|------|------|
| 大豆粕（饼） | 大豆粕（饼）是养猪业中应用最广泛的蛋白质补充料。大豆因榨油方法不同，其副产物可分为豆饼和豆粕两种类型，含粗蛋白质40％～50％，各种必需氨基酸组成合理，赖氨酸含量较其他饼（粕）高，但蛋氨酸缺乏。消化能为13.18～14.10兆焦/千克；钙、磷、胡萝卜素、维生素D、维生素$B_2$含量少；胆碱、烟酸的含量高。适口性好。在生长迅速的生长猪的玉米-豆饼型饲粮中，宜补充动物蛋白饲料或添加合成氨基酸 | 生长猪5％～20％，仔猪10％～25％，育肥猪5％～16％，妊娠母猪0～25％ |
| 花生饼 | 花生饼的粗蛋白质含量略高于豆饼，为42％～48％，精氨酸和组氨酸含量高，赖氨酸含量低，适口性好于豆饼，与豆饼配合使用效果较好。花生饼脂肪含量高，不耐储藏，易染上黄曲霉而产生黄曲霉素，这种毒素对猪危害严重。因此，生长黄曲霉的花生饼不能喂猪 | 配合饲料中用量为15％以下 |
| 棉籽饼 | 带壳榨油的称棉籽饼，脱壳榨油的称棉仁饼，前者含粗蛋白质17％～28％，后者含粗蛋白质39％～40％。但棉籽饼含有棉酚和环丙烯脂肪酸，对家畜健康有害。喂前应脱毒，可采用长时间蒸煮或0.05％$FeSO_4$溶液浸泡等方法，以减少棉酚对猪的毒害作用 | 生长育肥猪不超过10％，母猪不用或很少量 |

续表

| 饲料 | 特点 | 用量 |
|---|---|---|
| 菜籽饼 | 菜籽饼含粗蛋白质35%～40%，赖氨酸比豆粕低50%，含硫氨基酸高于豆粕14%，粗纤维含量为12%，有机质消化率为70%。可代替部分豆饼喂猪。由于菜籽饼中含有毒物质（芥子酶），喂前宜采取脱毒措施。不能喂幼猪，其他猪也要严格控制喂量 | 生长育肥猪不超过10%，母猪不用或很少量 |
| 芝麻饼 | 芝麻饼是芝麻榨油后的副产物，含粗蛋白质40%左右，蛋氨酸含量高，适当与豆饼搭配喂猪，能提高蛋白质的利用率。由于芝麻饼含脂肪多而不宜久储，最好现粉碎现喂 | 配合饲料中用量可占5%～10% |
| 葵花饼 | 葵花饼有带壳和脱壳两种。优质的脱壳葵花饼含粗蛋白质40%以上、粗脂肪5%以下、粗纤维10%以下，B族维生素含量比豆饼高，可代替部分豆饼喂猪 | 配合饲料中用量可占10% |
| 亚麻籽饼（胡麻籽饼） | 亚麻籽饼蛋白质含量在29.1%～38.2%，高的可达40%以上，但赖氨酸仅为豆饼的1/3。含有丰富的维生素，尤以胆碱含量为多，而维生素D和维生素E很少。其营养价值高于芝麻饼和花生饼。适口性不佳，具有轻泻作用，用量过多，会降低猪脂硬度 | 母猪和生长育肥猪饲粮中用量为5%～8%。与大麦、小麦配合效果好 |
| 鱼粉 | 鱼粉是最理想的动物性蛋白质饲料，其蛋白质含量高达45%～60%，而且在氨基酸组成方面，赖氨酸、蛋氨酸、胱氨酸和色氨酸含量高。鱼粉中含有丰富的维生素A和B族维生素，特别是维生素$B_{12}$。另外，鱼粉中含有钙、磷、铁等。用它来补充植物性饲料中限制性氨基酸不足，效果很好。由于鱼粉的价格较高，掺假现象较多，使用时应仔细辨别和化验。使用鱼粉要注意盐含量，盐分超过猪的饲养标准规定量，极易造成食盐中毒 | 一般在配合饲料中用量可占2%～5% |
| 血粉 | 血粉是屠宰场的另一种下脚料。蛋白质的含量很高（80%～82%），但血粉加工所需的高温易使蛋白质的消化率降低，赖氨酸受到破坏。且血粉有特殊的臭味，适口性差（为保证饲料的安全性，最好少用甚至不用血粉） | 生长育肥猪日粮中用量为3%～6%，添加异亮氨酸更好 |
| 肉骨粉 | 肉联厂的下脚料及病畜的废弃肉经高温处理制成，是一种良好的蛋白质饲料。肉骨粉粗蛋白质含量达40%以上，蛋白质消化率高达80%，赖氨酸含量丰富，蛋氨酸和色氨酸较少，钙、磷含量高，比例适宜，因此是猪很好的蛋白质和矿物质补充饲料。肉骨粉易变质，不易保存。如果处理不好或者存放时间过长，发黑、发臭，则不宜作饲料（为保证饲料的安全性，最好少用甚至不用肉骨粉） | 用量可占日粮的3%～10%，最好与其他蛋白质补充料配合使用 |

续表

| 饲料 | 特点 | 用量 |
|---|---|---|
| 蚕蛹粉 | 蚕蛹粉含粗蛋白质约68%，且蛋白质品质好，限制性氨基酸含量高，可代替鱼粉补充饲粮蛋白质，并能提供良好的B族维生素。但脂肪含量高，不耐储藏 | 体重20～35千克生长猪5%～10%，体重36～60千克猪2%～8%，体重60～90千克猪1%～5% |
| 羽毛粉 | 水解羽毛粉含粗蛋白质近80%，但蛋氨酸、赖氨酸、色氨酸和组氨酸含量低，使用时要注意氨基酸平衡问题，应该与其他动物性饲料配合使用 | 配合饲料中用量为3%～5%，过多会影响猪的生长和生产 |
| 酵母饲料 | 在一些饲料中接种专门的菌株发酵而成，既含有较多的能量和蛋白质，又含有丰富的B族维生素和其他活性物质，蛋白质消化率高，能提高饲料的适口性及营养价值，一般含蛋白质20%～40%。但如果用蛋白质丰富的原料生产酵母混合饲料，再掺入皮革粉、羽毛粉或血粉之类的高蛋白饲料，也可使产品的蛋白质含量提高到60%以上。酵母饲料中含有未知生长因子，有明显的促生长作用。但其味苦，适口性差 | 仔猪饲料中使用3%～5%，肉猪饲料中使用3% |

（三）青绿多汁饲料

青绿饲料是供给猪饲用的幼嫩青绿植株、茎叶或叶片等，富含叶绿素。主要包括天然牧草、栽培的牧草、青饲作物、叶菜类、树叶及水生饲料。这类饲料天然水分含量高于60%。如果来源充足、便利和价格低廉，建议饲粮中用量（干物质），生长育肥猪3%～5%，妊娠母猪25%～50%，泌乳母猪15%～35%。在青饲料不充足的情况下，应优先保证种猪。

（四）粗饲料

粗饲料是指粗纤维在18%以上的饲料，主要包括干草类、稿秆类、糠壳类、树叶类等。粗饲料来源广泛，成本低廉，但粗纤维含量高，不容易消化，营养价值低。粗饲料容积大，适口性差。经加工处理，养猪还可利用一部分。尤其是其中的优质干草在粉碎以后，如豆科干草粉，仍是较好的饲料，是猪冬季粗蛋白质、维生素以及钙的重要来源。由于粗纤维不易消化，因此其含量要适当控制，适宜比例是5%～15%。使用粗饲料，对于增加饲粮容积、限制饲粮能量浓度、提高瘦肉率、预防妊娠母猪过肥有一定意义。

（五）糟渣类饲料

糟渣类饲料是禾谷类、豆科籽实和甘薯等原料在酿酒、制酱、制醋、制糖及提取淀粉过程中残留的糟渣产品，包括酒糟、酱糟、醋糟、糖糟、豆腐渣、粉渣等。它们的共同特点是水分含量较高（65%～90%）；干物质中淀粉较少；粗蛋白质等其他营养物质都较原料含量约增加2倍；B族维生素含量增多，粗纤维也增多。干燥的糟渣有的可作蛋白质补充料或能量饲料，但有的只能作粗料。糟渣类饲料大部分以新鲜状态喂猪，随着配合饲料工业发展，我国干酒精已开始在猪的配合饲料中应用。未经干燥处理的糟渣类饲料含水量较多，不易保存，非常容易腐败变质，而干制品吸湿性较强，容易霉烂，不易储藏，利用时应引起注意。

（六）矿物质饲料

猪的生长发育、机体的新陈代谢需要钙、磷、钠、钾、硫等多种矿物元素，上述青绿饲料、能量饲料、蛋白质饲料中虽均含有矿物质，但含量远不能满足猪的需要，因此在猪日粮中常常需要专门加入矿物质饲料。

**1. 食盐**

食盐主要用于补充猪体内的钠和氯，保证猪体正常新陈代谢，还可以增进猪的食欲，用量可占日粮的0.3%～0.5%。

**2. 钙磷补充饲料**

（1）骨粉或磷酸氢钙　含有大量的钙和磷，而且比例合适。添加骨粉或磷酸氢钙，主要用于饲料中含磷量不足。

（2）贝壳粉、石粉、蛋壳粉　三者均属于钙质饲料。贝壳粉是最好的钙质矿物质饲料，含钙量高，又容易吸收；石粉价格便宜，含钙量高，但猪吸收能力差；蛋壳粉可以自制，将各种蛋壳经水洗、煮沸和晒干后粉碎即成，蛋壳粉的吸收率也较好，但要严防传播疾病。

（七）饲料添加剂

饲料添加剂是指在那些常用饲料之外，为补充满足动物生长、繁殖、生产各方面营养需要或为某种特殊目的而加入配合饲料中的少量或微量的物质。其目的是强化日粮的营养价值或满足猪的特性需要，如保健、促生长、增食欲、防霉、改善饲料品质和畜产品质量。饲料添加剂的种类及特性见表3-4。

表3-4　饲料添加剂的种类及特性

| 种类 | 名称 | 特性 |
|---|---|---|
| 营养性添加剂 | 维生素添加剂 | 规模化饲养条件下，不宜使用维生素饲料，必须在饲料中添加维生素添加剂。维生素添加剂含有多种维生素，添加时按产品说明书要求的用量，饲料中原有的含量只作为安全裕量，不予考虑。猪处于逆境时对这类添加剂需要量增加 |
| | 微量元素添加剂 | 微量元素添加剂主要是含有需要元素的化合物，这些化合物一般有无机盐类、有机盐类和微量元素-氨基酸螯合物。添加微量元素不考虑饲料中含量，把饲料中的微量元素作为安全裕量 |
| | 氨基酸添加剂 | 人工合成的氨基酸有赖氨酸、蛋氨酸、苏氨酸和色氨酸，前两者最为普及。以大豆饼为主要蛋白质来源的日粮，添加蛋氨酸可以节省动物性饲料用量，豆饼不足的日粮添加蛋氨酸和赖氨酸，可以大大强化饲料的蛋白质营养价值，在杂粮含量较高的日粮中添加赖氨酸和蛋氨酸可以提高日粮的消化利用率。赖氨酸是猪饲料的第一限制性氨基酸，故必须添加，仔猪全价饲料中添加量为0.1%～0.15%，育肥猪添加0.05%～0.02%。育肥猪饲料中添加赖氨酸，还能改善肉的品种，增加瘦肉率 |
| 非营养性饲料添加剂 | 抗生素添加剂 | 预防猪的某些细菌性疾病，或猪处于逆境，或环境卫生条件差时，加入一定量的抗生素添加剂有良好效果。常用的抗生素有青霉素、链霉素、金霉素、土霉素等 |
| | 中草药饲料添加剂 | 中草药饲料添加剂副作用小，不易在产品中残留，且具有多种营养成分和生物活性物质，具有营养和防病的双重作用。其具有天然、多功能、营养的特点，可起到增强免疫作用、激素样作用、维生素样作用、抗应激作用、抗微生物作用等 |

续表

| 种类 | 名称 | 特性 |
|---|---|---|
| 非营养性饲料添加剂 | 酶制剂 | 生产中应用的酶制剂可分为两类：一是单一酶制剂，如淀粉酶、脂肪酶、蛋白酶、纤维素酶和植酸酶等；二是复合酶制剂，复合酶制剂是由一种或几种单一酶制剂为主体，加上其他单一酶制剂混合而成的，或者由一种或几种微生物发酵获得。复合酶制剂可以同时降解饲料中多种需要降解的底物（多种抗营养因子和多种养分），可最大限度地提高饲料的营养价值。国内外饲料酶制剂产品主要是复合酶制剂，如以蛋白酶、淀粉酶为主的饲用复合酶 |
|  | 微生态制剂 | 微生态制剂也称有益菌制剂或益生素，是将动物体内的有益微生物经过人工筛选培育，再经过现代生物工程工厂化生产，专门用于动物营养保健的活菌制剂。其内含有十几种甚至几十种畜禽胃肠道有益菌，如加藤菌、EM、益生素等，也有单一菌制剂，如乳酸菌制剂。不过，在养殖业中除一些特殊的需要外，都用多种菌的复合制剂 |
|  | 酸制（化）剂 | 用以增加胃酸，激活消化酶，促进营养物质吸收，降低肠道pH值，抑制有害菌感染。目前，国内外应用的酸化剂包括有机酸化剂、无机酸化剂和复合酸化剂 |
|  | 低聚糖 | 又名寡聚糖，是由2～10个单糖通过糖苷键连接成直链或支链的小聚合物的总称。种类很多，如异麦芽糖低聚糖、异麦芽酮糖、大豆低聚糖、低聚半乳糖、低聚果糖等。可以促进并维持动物体内已建立的正常微生态平衡；而微生态制剂则是外源性的有益菌群，在消化道可重建、恢复有益菌群并维持其微生态平衡 |
|  | 糖萜素 | 糖萜素是从油茶饼粕和菜籽饼粕中提取的，由30%的糖类、30%的萜皂素和有机酸组成的天然生物活性物质。它可促进畜禽生长，提高日增重和饲料转化率，增强猪体的抗病力和免疫力，并有抗氧化、抗应激作用，降低畜产品中锡、铅、汞、砷等有害元素的含量，改善并提高畜产品色泽和品质 |
|  | 大蒜素 | 大蒜是餐桌上常备之物，有悠久的调味、刺激食欲和抗菌历史。用于饲料添加剂的有大蒜粉和大蒜素，有诱食、杀菌、促生长、提高饲料利用率和畜产品品质的作用 |
|  | 驱虫保健剂 | 主要指一些抗球虫、绦虫和蛔虫等的药物 |
|  | 防霉剂 | 配合饲料保存时间较长时，需要添加防霉剂。生产中常用的防霉剂有丙酸钙、丙酸钠、克饲霉、霉敌等 |

| 种类 | 名称 | 特性 |
|------|------|------|
| 非营养性饲料添加剂 | 抗氧化剂 | 饲料存放过程中易氧化变质，不仅影响饲料的适口性，而且降低饲用价值，甚至还会产生毒素，造成猪的死亡。所以，长期储存饲料，必须加入抗氧化剂。抗氧化剂种类很多，目前常用的抗氧化剂多由人工化学合成，如丁基化羟基甲苯（BHT）、乙氧基喹啉（山道喹）、丁基化羟甲基苯（BHA）等，抗氧化剂在配合饲料中的添加量为0.01%～0.05% |
| | 其他添加剂 | 除以上介绍的添加剂外，还有抗氧化剂（如乙氧基喹啉、丁基化羟基甲苯等）、调味剂（如乳酸乙酯、葱油、茴香油、花椒油等）、激素类等 |

## 二、日粮配方的设计

### （一）日粮配方设计原则

#### 1. 营养原则

饲养标准是猪配合日粮的依据。但猪的营养需要是个极其复杂的问题，饲料的品种、产地、保存好坏会影响饲料的营养含量，猪的品种、类型、饲养管理条件等也能影响营养的实际需要量，温度、湿度、有害气体、应激因素、饲料加工调制方法等也会影响营养需要和消化吸收。因此，在生产中原则上按饲养标准配合日粮，也要根据实际情况作适当的调整。

#### 2. 生理原则

配合日粮时，必须根据各类猪的不同生理特点，选择适宜的饲料进行搭配和合理加工调制。如哺乳仔猪，粗纤维含量应控制在5%以下。豆类饲料应炒熟粉碎，增加香味和适口性。成年猪对粗纤维的消化能力增强，可以提高粗饲料用量，扩大粗饲料选择范围。还要注意日粮的适口性、容重和稳定性。要注意饲料的适口性和日粮的体积，不要因饲料体积小而吃不饱，也不能因饲料体积大而吃不完。要注意配料时饲料品种多样化，既能提高适口性，又能使各种饲料的营养物质互相补充，以提高其营养价值。

### 3. 经济原则

养猪生产中的饲料费用占养猪成本的70%～80%。因此，配合日粮时，充分利用饲料的替代性，就地取材，选用营养丰富、价格低廉的饲料原料来配合日粮，以降低生产成本，提高经济效益。同时，配合饲料必须注意混合均匀，才能保证配合饲料的质量。

### 4. 安全性原则

饲料安全关系到猪群健康，更关系到食品安全和人民健康。所以，配制的饲料要符合国家饲料卫生质量标准，饲料中含有的物质、品种和数量必须控制在安全允许的范围内，有毒物质、药物添加剂、细菌总数、霉菌总数、重金属等不能超标。

（二）日粮配方设计的要点

### 1. 根据不同的生理阶段设计配方

① 乳猪（3～5周龄以前）、仔猪（6～8周龄以前）和生长猪（20～50千克体重）配合饲料配方设计重点是考虑消化能、粗蛋白、赖氨酸和蛋氨酸的数量和质量。3～5周龄以前的小猪更应坚持高消化能、高蛋白质质量的配方设计原则。低于50千克的猪，生产性能的80%～90%靠这些营养物质发挥作用。此外，尽可能考虑使用生长促进剂和与仔猪健康有关的保健剂，有利于最大限度地提高乳猪、仔猪和生长猪的生长速度和饲料利用效率。

② 育肥猪的饲料配方设计，首先考虑满足猪生长所需要的消化能，其次是满足粗蛋白质需要。微量营养物质和非营养性添加剂可酌情考虑。育肥最后阶段的饲料配方应考虑饲料对胴体质量的影响，保证适宜胴体质量具有重要的商品价值，但需要选用符合安全肉猪生产有关规定的添加剂。

③ 妊娠母猪饲料配方可以参考育肥猪饲粮配方设计。微量营养素的考虑原则与泌乳母猪明显不同。应根据妊娠母猪的限制饲养程度，保证在有限的采食量中供给充分满足需要的微量营养物质，特别要注意有效供给与繁殖有关的维生素A、维生素D、维生素E、生物素、叶酸、尼克酸、维生素H、胆碱及微量元素锌、碘、锰等。

④ 泌乳母猪饲料配方设计考虑的营养重点是消化能、蛋白质和氨基酸的平衡。泌乳高峰期更要保证这些营养物质的质量，否则会造成母猪动用体内储存营养物质维持泌乳，导致体况明显下降，严重影响下一周期的繁殖性能。泌乳母猪泌乳量大，采食量也大，微量营养元素特别是微量元素供给不超过需要量。

**2. 合理利用各种饲料原料和添加剂**

（1）常规饲料原料的利用　常规饲料原料的利用，除了保证质量外，还要考虑原料的适宜用量。同样的饲料原料能配制出营养价值不同的配合饲料。任何一种饲料原料，不是随便可以配制的。饲料原料在一定范围内具有线性相加效应。选用适宜的饲料原料、适宜的用量组合，配制的配合饲料饲养效果最好。否则都不能达到最好的饲养效果。表3-5列出了常用饲料在不同饲料配合中的适宜参考用量。

表3-5　不同饲料在配合饲料中的适宜用量　　　单位：%

| 饲料 | 妊娠料 | 哺乳料 | 开口料 | 生长育肥料 | 浓缩料 |
|---|---|---|---|---|---|
| 动物脂（稳定化） | 0 | 0 | 0～4 | 0 | 0 |
| 大麦 | 0～80 | 0～80 | 0～25 | 0～85 | 0 |
| 血粉 | 0～3 | 0～3 | 0～4 | 0～3 | 0～10 |
| 玉米 | 0～80 | 0～80 | 0～40 | 0～85 | 0 |
| 棉籽饼 | 0～5 | 0～5 | 0 | 0～5 | 0～20 |
| 菜籽饼 | 0～5 | 0～5 | 0～5 | 0～5 | 0～5 |
| 鱼粉 | 0～5 | 0～5 | 0～5 | 0～12 | 0～40 |
| 亚麻饼 | 0～5 | 0～5 | 0～5 | 0～5 | 0～20 |
| 骨肉粉 | 0～10 | 0～5 | 0～5 | 0～5 | 0～30 |
| 高粱 | 0～80 | 0～80 | 0～30 | 0～85 | 0 |
| 糖蜜 | 0～5 | 0～5 | 0～5 | 0～5 | 0～5 |
| 燕麦 | 0～40 | 0～15 | 0～15 | 0～20 | 0 |
| 燕麦（脱壳） | 0 | 0 | 0～20 | 0 | 0 |
| 脱脂奶 | 0 | 0 | 0～20 | 0 | 0 |

续表

| 饲料 | 妊娠料 | 哺乳料 | 开口料 | 生长育肥料 | 浓缩料 |
|---|---|---|---|---|---|
| 大豆饼 | 0～20 | 0～20 | 0～25 | 0～20 | 0～85 |
| 小麦 | 0～80 | 0～80 | 0～30 | 0～85 | 0 |
| 麦麸 | 0～30 | 0～10 | 0～10 | 0～20 | 0～20 |
| 酵母 | 0～3 | 0～3 | 0～3 | 0～3 | 0～5 |
| 稻谷 | 0～50 | 0～50 | 0～20 | 0～50 | 0 |

饲料的种类繁多，而不同阶段、不同类型的猪其生理特点又有较大差异，所以选择饲料时必须考虑猪的生理特点，最大限度地满足其需要。

① 乳猪配合饲料选料。对饲料的选择很严格，应尽量按近似乳蛋白质和乳碳水化合物的质量选用饲料原料。首选奶产品，如脱脂奶粉、乳清粉等，糖类如葡萄糖、蔗糖等，其次选其他动物性饲料如鱼粉、肉粉、蚕蛹、喷雾血粉、水解蛋白等，再次选用常规植物性饲料，如玉米、豆粕、小麦、燕麦等。非常规饲料如菜粕、棉籽粕、统糠等一般不选用。选用非首选的原料，以经过适当的加工处理后再用为好。植物性蛋白质饲料经过热、压处理，如膨化挤压大豆，自然淀粉经过膨化处理或糊化处理如膨化玉米，或一些经过酶解、发酵处理的产品如水解蛋白等均可以视为对小猪具有较高质量的饲料。也可以考虑使用外源性酶制剂如蛋白酶、糖化酶、纤维素酶等。维生素、微量元素、生长促进剂、保健剂必须选用。在首选饲料有限的情况下，适当选用具有乳香味的物质如乳猪香等，有利于促进小猪采食。合理选用酸化剂如柠檬酸、醋酸、富马酸等，有利于提高小猪对饲料的消化利用率。

② 仔猪配合饲料选料。对常规饲料选用不受限制，动、植物性饲料均可选用。对非常规饲料，特别是粗纤维含量高或含有抗营养因子的饲料如棉籽粕、葵花籽粕、统糠等只能适当选用，消化率在80%以下（表3-6）的饲料原料在配合饲料中的总量不宜超过10%。微量饲料成分选用参考乳猪饲料配方设计的选料原则。

表3-6　常见的饲料消化率

| 消化率/% | 饲料成分 |
|---|---|
| 大于95 | 脱脂奶粉、乳清粉、蔗糖 |
| 90～94 | 玉米、鱼粉、糖蜜、全脂奶粉、木薯粉、豌豆、糖甜菜、甘薯 |
| 85～89 | 豆粕、黑麦、小麦、高粱、稻谷、花生粕 |
| 80～84 | 鱼粉、小麦次粉、玉米（带芯）、大麦、蚕豆、玉米蛋白粉 |
| 75～79 | 肉粉、蚕蛹、亚麻籽饼、马铃薯粉渣、甘薯粉渣 |
| 74以下 | 燕麦、菜籽饼、米糠、麦麸、棉籽饼、玉米胚芽粕、玉米蛋白饲料、苜蓿粉、三叶草粉、干甘薯颈叶粉、玉米青贮、啤酒糟、酒糟、统糠 |

③ 生长猪配合饲料选料。选料的原则是，以植物性饲料为主，动物性饲料酌情选用。有条件的情况下，适当选用少量动物性饲料，有利于提高配方设计质量。低质饲料和非常规饲料，特别是消化率在70%以下的饲料原料，选用的比例不宜超过所用饲料量的20%～30%。微量饲料成分中，调味剂可选也可不选。

④ 育肥猪配合饲料选料。可以全部选用植物性饲料。在不明显影响饲料能量浓度的情况下，非常规饲料如饼粕类和糠麸类等的使用比例可达50%左右。消化率在50%以下的饲料也可占到配方10%以上。调味剂、微量元素添加剂可选可不选。抗生素在育肥后期最后2～3周停止选用。

⑤ 泌乳母猪配合饲料选料。原料应充分考虑泌乳高峰期泌乳能力大于母猪采食的特点，参照生长猪配合饲料选用原料比较适宜，这样有利于减少饲料容积，促进母猪有效摄入营养物质。

⑥ 妊娠母猪配合饲料选料。可以采取常规饲料原料和非常规饲料原料并重的方法，充分合理选用粗饲料，有利于自动限饲，防止母猪过量摄入营养物质，影响繁殖性能。对繁殖性能有直接影响的如菜籽粕、棉籽粕等应尽量少用或不用。对繁殖性能有好处，促生长因子丰富的饲料如苜蓿、发酵副产物等应尽可能多选用。

（2）矿物质饲料的利用　常量矿物元素中，钙、磷、钠、氯的合理利用十分重要。磷是一个很难用好的元素。生产实践中进行饲料配合，按无机磷的适宜比例和用量考虑磷源的利用比较简单易行。只要无机磷源如磷酸氢钙等提供的磷不低于营养标准需要量的63%，即可认为其配合的饲料磷含量满足了需要。若在饲料有效磷含量比较齐全的情况下，按有效磷的数据进行配制更为可靠。钠和氯常用食盐补充饲料配合中的不足部分。但是，食盐很难使配合饲料中的钠和氯按营养需要标准平衡，在使用了氯化胆碱和盐酸赖氨酸的情况下，钠和氯更难平衡。因此，在配合饲料的计算过程中，以食盐满足氯需要，用0.1%～0.5%的碳酸氢钠平衡配合饲料中的钠是一个平衡钠和氯的有效方法，而且也在一定程度上保证了钠、氯、钾之间的平衡。

（3）微量元素和维生素等的利用　不考虑有机饲料中的含量（作为保险系数看待），按营养需要标准额外补充比较方便实用。在使用高铜作生长剂时，铁和锌的用量应不低于每千克配合饲料150毫克，否则可能因铁、锌不平衡引起铁、锌缺乏。育肥猪对高铜的促生长作用反应不明显，因此在育肥猪的饲料配合中以不使用高剂量铜为好。

维生素易受饲料加工、储藏及微量元素的影响。复合多种维生素按猪的正常需要量的0.02%补充到天然饲料中，较难保证其有效供给，特别是热、压、湿加工工艺（如蒸汽制粒），正常损失在40%以上。因此，为这种工艺进行饲料配合，维生素用量至少应增加50%。用于膨化制粒工艺，饲料配合的维生素用量应增加1倍以上。在经济成本允许的条件下，维生素按营养标准需要量3倍以上使用，可提高猪抵抗应激的能力。

（4）添加剂饲料的选用　饲料添加剂的生产、销售和选用要符合安全性、经济和使用方便的要求。详见表3-4。

（三）日粮配方的设计方法

配合日粮首先要设计日粮配方，有了配方，然后"照方抓药"。猪日粮配方的设计方法很多，如四角形法、线性规划法、试差法、计算机法等。目前多采用试差法和计算机法。

### 1. 试差法

试差法是畜牧生产中常用的一种日粮配合方法。此法是根据饲养标准及饲料供应情况，选用数种饲料，先初步规定用量进行试配，然后将其所含养分与饲养标准对照比较，差值可通过调整饲料用量使之符合饲养标准的规定。应用试差法一般要经过反复的调整计算和对照比较。

【例1】瘦肉型生长育肥猪体重35～60千克，现用玉米、大麦、豆粕、棉粕、小麦麸、大米糠、国产鱼粉、贝壳粉、骨粉、食盐和1%的预混剂等饲料设计一个饲料配方。

第一步：根据营养标准查出35～60千克育肥猪的营养需要，见表3-7。

表3-7　35～60千克育肥猪每千克饲粮的营养含量

| 消化能/（兆焦/千克） | 粗蛋白/% | 钙/% | 磷/% | 赖氨酸/% | 蛋氨酸+胱氨酸/% | 食盐/% |
| --- | --- | --- | --- | --- | --- | --- |
| 12.86 | 16.4 | 0.56 | 0.48 | 0.82 | 0.48 | 0.30 |

第二步：根据饲料原料成分表查出所用各种饲料的养分含量，见表3-8。

表3-8　各种饲料的养分含量

| 饲料 | 消化能/（兆焦/千克） | 粗蛋白/% | 钙/% | 磷/% | 赖氨酸/% | 蛋氨酸+胱氨酸/% |
| --- | --- | --- | --- | --- | --- | --- |
| 玉米 | 14.27 | 8.7 | 0.02 | 0.27 | 0.24 | 0.38 |
| 大麦 | 12.64 | 11.0 | 0.09 | 0.33 | 0.42 | 0.36 |
| 豆粕 | 13.50 | 40.9 | 0.30 | 0.49 | 2.38 | 1.20 |
| 棉粕 | 9.92 | 40.05 | 0.21 | 0.83 | 1.56 | 2.07 |
| 小麦麸 | 9.37 | 15.7 | 0.11 | 0.92 | 0.59 | 0.39 |
| 大米糠 | 12.64 | 12.8 | 0.07 | 1.43 | 0.74 | 0.44 |
| 国产鱼粉 | 13.05 | 52.5 | 5.74 | 3.12 | 3.41 | 1.00 |
| 贝壳粉 | — | — | 32.5 | — | — | — |
| 骨粉 | — | — | 30.12 | 13.46 | — | — |

第三步：初拟配方。根据饲养经验，初步拟定一个配合比例，然后计算能量蛋白质营养物质含量。初拟的配方和计算结果见表3-9。

表3-9　初拟配方及配方中能量蛋白质含量

| 饲料及比例/% | 代谢能/（兆焦/千克） | 粗蛋白/% |
|---|---|---|
| 玉米56 | 7.991 | 4.872 |
| 大麦10 | 1.264 | 1.10 |
| 豆粕9 | 1.215 | 3.681 |
| 棉粕4 | 0.397 | 1.620 |
| 小麦麸9 | 0.8433 | 1.413 |
| 大米糠6 | 0.758 | 0.768 |
| 国产鱼粉4 | 0.522 | 2.10 |
| 合计98 | 12.99 | 15.554 |

第四步：调整配方，使能量和蛋白质符合营养标准。由表3-9中可以看出能量比标准多0.13兆焦/千克，蛋白质少0.846%，用蛋白质较高的鱼粉代替玉米，需要替代1.9%[即0.846÷（52.5–8.7）×100%]，则代谢能减少0.0232兆焦/千克[即（14.27–13.05）×1.9%]。替代后蛋白质为16.4%，能量为12.967兆焦/千克，与标准接近。

第五步：计算矿物质和氨基酸的含量，见表3-10。

表3-10　矿物质和氨基酸含量

| 饲料及比例/% | 钙/% | 磷/% | 赖氨酸/% | 蛋氨酸+胱氨酸/% |
|---|---|---|---|---|
| 玉米54.1 | 0.011 | 0.146 | 0.130 | 0.206 |
| 大麦10 | 0.009 | 0.035 | 0.042 | 0.036 |
| 豆粕9 | 0.027 | 0.044 | 0.214 | 0.108 |
| 棉粕4 | 0.008 | 0.033 | 0.062 | 0.083 |
| 小麦麸9 | 0.010 | 0.082 | 0.059 | 0.053 |
| 大米糠6 | 0.004 | 0.086 | 0.044 | 0.026 |
| 国产鱼粉5.9 | 0.339 | 0.184 | 0.201 | 0.059 |
| 合计98 | 0.408 | 0.61 | 0.752 | 0.571 |

根据上述配方计算得知，饲粮中钙比标准低0.152％，磷满足需要，只需要添加0.47％（即0.152÷32.6×100％）的贝壳粉。赖氨酸比标准少0.068％，添加0.07％赖氨酸，蛋氨酸＋胱氨酸超过标准，不用添加。补充0.3％的食盐和1％的预混剂。最后配方总量为99.84％，可在麸皮中增加0.16％，不用再计算。一般能量饲料调整不大于1％的情况下，日粮中的能量、蛋白质指标引起的变化不大，可以忽略。

第六步：列出配方和主要营养指标。

饲料配方：玉米54.1％、大麦10％、豆粕9％、棉粕4％、小麦麸9.16％、大米糠6％、国产鱼粉5.9％、贝壳粉0.47％、赖氨酸0.07％、食盐0.3％、预混剂1％，合计100％。

营养水平：消化能12.967兆焦/千克、粗蛋白16.14％、钙0.56％、磷0.61％、蛋氨酸＋胱氨酸0.571％、赖氨酸0.82％。

### 2. 计算机法

应用计算机设计饲料配方可以考虑多种原料和多个营养指标，且速度快，能调出最低成本的饲料配方。现在应用的计算机软件，多是应用线性规划，就是在所给饲料种类和满足所求配方的各项营养指标的条件下，能使设计的配方成本最低。但计算机也只能是辅助设计，需要有经验的营养专家进行修订、原料限制以及最终的检查确定。

### 3. 四角法

四角法又称对角线法，此法简单易学，适用于饲料品种少、指标单一的配方设计。特别适用于使用浓缩料加上能量饲料配制成全价饲料，其步骤如下。

① 画一个正方形，在其中间写上所要配的饲料的粗蛋白质百分含量，并与四角连线。

② 在正方形的左上角和左下角分别写上所用能量饲料（玉米）、浓缩料的粗蛋白质百分含量。

③ 沿两条对角线用大数减小数，把结果写在相应的右上角及右下角，所得结果便是玉米和浓缩料配合的份数。

④ 把两者份数相加之和作为配合后的总份数，以此作除数，分别求出两者的百分数，即为它们的配比率。

## 三、日粮配方的举例

### （一）浓缩饲料配方

见表3-11、表3-12。

表3-11　生长育肥猪浓缩饲料配方（一）　　　单位：%

| 饲料 | 8～30千克小猪 | 30～60千克中猪 | 60～110千克大猪 | 通用型（高档） | 通用型（中档） | 通用型（低档） |
|---|---|---|---|---|---|---|
| 豆粕 | 57 | 55 | 50 | 50 | 50 | 50 |
| 棉籽粕 | 10 | 14.5 | 18 | 9.4 | 15 | 18.8 |
| 菜籽粕 | 6 | 10 | 12 | 6 | 10 | 11 |
| 进口鱼粉 | 10 | | | 16 | 6 | |
| 精炼鱼油 | 2 | 2 | 2 | 3 | 2 | 2 |
| 石粉 | 6 | 7 | 9.4 | 8 | 6.4 | 6.3 |
| 磷酸氢钙 | 3 | 5 | 2 | 2 | 4 | 4.5 |
| 食盐 | 1.5 | 2 | 2 | 1 | 1.5 | 1.7 |
| 元明粉 | | 0.5 | 0.8 | 1 | 1.5 | 1.7 |
| 预混料 | 2.5 | 2 | 1.8 | 2.2 | 2 | 1.8 |
| 赖氨酸 | 2 | 2 | 2 | 1.4 | 1.6 | 2.2 |
| 合计 | 100 | 100 | 100 | 100 | 100 | 100 |
| 推荐用量 | 24～22 | 20～18 | 15～12 | 小猪24～22；中猪20～18；大猪15～12 | | |

表3-12　生长育肥猪浓缩饲料配方（二）　　　单位：%

| 饲料 | 20～35千克体重 | | | 35～60千克体重 | | | 60～90千克体重 | |
|---|---|---|---|---|---|---|---|---|
| | 配方1 | 配方2 | 配方3 | 配方1 | 配方2 | 配方3 | 配方1 | 配方2 |
| 小麦麸 | 23.0 | 12.4 | 27 | 29.0 | 0.42 | 21.5 | 6.0 | 12.5 |
| 豆粕 | 24.0 | | 23.62 | 25.0 | 30.0 | 50.0 | 75.0 | 55.0 |
| 豌豆 | | 17.2 | | | | | | |

续表

| 饲料 | 20～35千克体重 | | | 35～60千克体重 | | | 60～90千克体重 | |
|---|---|---|---|---|---|---|---|---|
| | 配方1 | 配方2 | 配方3 | 配方1 | 配方2 | 配方3 | 配方1 | 配方2 |
| 花生粕 | | 9.8 | | | | | | |
| 菜籽粕 | | 25 | | | 26.69 | | 7.0 | 16.25 |
| 棉籽粕 | | | | | 33.33 | | | |
| 米糠饼 | | | | | | | 8.0 | 12.5 |
| 蚕蛹粉 | | 17.2 | | | | | | |
| 血粉 | | 6.8 | | | | | | |
| 草粉 | 15 | | 15.0 | 10.5 | | 15.0 | | |
| 鱼粉 | 26.0 | | 25.03 | 21.5 | | | | |
| 骨粉 | 6.0 | 6.0 | 1.85 | 6.5 | 4.56 | 6.0 | | |
| 食盐 | 2.0 | 1.6 | 2.5 | 2.5 | 1.67 | 2.5 | 1.5 | 1.25 |
| 预混料 | 4 | 4.0 | 5.0 | 5.0 | 3.33 | 5.0 | 2.5 | 2.5 |
| 合计 | 100 | 100 | 100 | 100 | 100 | 100 | 100 | 100 |
| 使用方法 | | | | | | | | |
| 玉米 | 48.0 | 46.0 | 50.0 | 50.0 | 36.0 | 65.0 | 31.0 | 39.0 |
| 大麦 | 24.0 | 11.0 | 30.0 | 30.0 | 34.0 | 15.0 | 29.0 | 21.0 |
| 小麦麸 | 3 | 18 | 0.0 | | | | | |
| 浓缩料 | 25 | 25.0 | 20.0 | 20.0 | 30 | 20 | 40 | 40.0 |

## （二）全价配合饲料配方

### 1. 乳猪（哺乳仔猪）料配方

见表3-13～表3-15。

表3-13 乳猪（哺乳仔猪）料配方　　　　　单位：%

| 饲料 | 1 | 2 | 3 | 4 | 5 | 6 | 7 | 8 |
|---|---|---|---|---|---|---|---|---|
| 黄玉米粉 | 26.75 | 28.15 | 16.45 | 17.85 | 44.2 | 26.00 | 27.70 | 31.65 |
| 豆粕 | 14.10 | 15.10 | 24.2 | 25.2 | 22.75 | 30.75 | 30.05 | 30.10 |
| 脱脂奶粉 | 40.0 | 40.0 | 20.0 | 20.0 | 10.0 | 10.0 | 10.0 | 10.0 |

续表

| 饲料 | 1 | 2 | 3 | 4 | 5 | 6 | 7 | 8 |
|---|---|---|---|---|---|---|---|---|
| 乳清粉 | 0 | 0 | 20.0 | 20.0 | 10.0 | 20.0 | 20.0 | 20.0 |
| 进口鱼粉 | 2.5 | 2.5 | 2.5 | 2.5 | 0 | 2.5 | 2.5 | 0 |
| 糖 | 10.0 | 10.0 | 10 | 10.0 | 10.0 | 3.0 | 5.0 | 5.0 |
| 苜蓿烘干草粉 | 2.5 | 0 | 2.5 | 0 | 0 | 3.0 | 0 | 0 |
| 油脂 | 2.5 | 2.5 | 2.5 | 2.5 | 0 | 2.5 | 2.5 | 1.0 |
| 碳酸钙 | 0.4 | 0.4 | 0.5 | 0.5 | 0.7 | 0.5 | 0.5 | 0.5 |
| 脱氟磷酸氢钙 | 0 | 0.1 | 0.1 | 0.2 | 1.1 | 0.5 | 0.50 | 0.5 |
| 碘化食盐 | 0.25 | 0.25 | 0.25 | 0.25 | 0.25 | 0.25 | 0.25 | 0.25 |
| 仔猪预混剂 | 1.0 | 1.0 | 1.0 | 1.0 | 1.0 | 1.0 | 1.0 | 1.0 |

表3-14　乳猪（哺乳仔猪）料配方（2～3周）　　单位：%

| 饲料 | 1 | 2 | 3 | 4 | 5 | 6 | 7 | 8 |
|---|---|---|---|---|---|---|---|---|
| 黄玉米粉 | 43.75 | 47.5 | 49.15 | 51.85 | 55.0 | 54.5 | 61.0 | 44.5 |
| 豆粕 | 25.8 | 24.5 | 27.8 | 25.2 | 22.0 | 27.5 | 22.5 | 37.5 |
| 脱脂奶粉 | 0 | 5.0 | 0 | 5.0 | 0 | 0 | 2.5 | 0 |
| 乳清粉 | 15.0 | 10.0 | 15.0 | 10.0 | 20.0 | 15.0 | 10.0 | 15.0 |
| 进口鱼粉 | 2.5 | 2.5 | 0 | 0 | 0 | 0 | 0 | 0 |
| 糖 | 5.0 | 5.0 | 5.0 | 5.00 | 0 | 0 | 0 | 0 |
| 苜蓿烘干草粉 | 2.5 | 0 | 0 | 0 | 0 | 0 | 0 | 0 |
| 油脂 | 2.5 | 2.5 | 0 | 0 | 0 | 0 | 1.0 | 0 |
| 碳酸钙 | 0.75 | 0.7 | 0.75 | 0.7 | 0.75 | 0.5 | 0.5 | 0.5 |
| 脱氟磷酸氢钙 | 0.95 | 1.05 | 1.05 | 1.0 | 1.0 | 1.25 | 1.25 | 1.25 |
| 碘化食盐 | 0.25 | 0.25 | 0.25 | 0.25 | 0.25 | 0.25 | 0.25 | 0.25 |
| 仔猪预混剂 | 1.0 | 1.0 | 1.0 | 1.0 | 1.0 | 1.0 | 1.0 | 1.0 |

表3-15　乳猪（哺乳仔猪）料配方（5～10千克体重）　单位：%

| 饲料 | 1 | 2 | 3 | 4 | 5 | 6 | 7 |
|---|---|---|---|---|---|---|---|
| 黄玉米 | 54.3 | 60.0 | 60.5 | 53.8 | 64 | 60.3 | 65.0 |

续表

| 饲料 | 1 | 2 | 3 | 4 | 5 | 6 | 7 |
|---|---|---|---|---|---|---|---|
| 麸皮 | 0 | 0 | 0 | 0 | 7.4 | 3.0 | 5.0 |
| 豆粕 | 39.8 | 34.6 | 31.0 | 37 | 22.0 | 25 | 25.0 |
| 石粉 | 0.6 | 1.0 | 0.2 | 1.6 | 0 | 0 | 0 |
| 磷酸氢钙 | 2.0 | 1.1 | 2.1 | 2.1 | 1.5 | 1.5 | 0 |
| 食盐 | 0.3 | 0.3 | 0.3 | 0.5 | 0 | 1.2 | 0 |
| 进口鱼粉 | 0 | 0 | 0 | 0 | 3.0 | 7.0 | 4.0 |
| 酵母 | 0 | 0 | 0 | 0 | 0 | 1.0 | 0 |
| 柠檬酸 | 2.0 | 2.0 | 2.0 | 2.0 | 0 | 0 | 0 |
| 油脂 | 0 | 0 | 2.9 | 2.0 | 0 | 0 | 0 |
| 复合添加剂 | 1.0 | 1.0 | 1.0 | 1.0 | 1.0 | 1.0. | 1.0 |
| 复合酶制剂 | 0 | 0 | 0 | 0 | 1.1 | 0 | 0 |

## 2. 保育仔猪料配方

见表3-16。

表3-16　保育仔猪料配方（10 ~ 20千克）　　单位：%

| 饲料 | 1 | 2 | 3 | 4 | 5 | 6 |
|---|---|---|---|---|---|---|
| 玉米 | 62.44 | 59.4 | 59.8 | 65.25 | 56.82 | 43.50 |
| 炒小麦 | 0 | 0 | 0 | 0 | 0 | 13.17 |
| 麸皮 | 6.50 | 10.10 | 11.0 | 0 | 6.94 | 0 |
| 豆粕 | 16.12 | 0 | 19.62 | 0 | 16.13 | 11.68 |
| 膨化大豆 | 5.40 | 24.27 | 0 | 9.35 | 0 | 6.34 |
| 乳清粉 | 0 | 0 | 0 | 17.01 | 9.77 | 10.85 |
| 鱼粉（CP60%） | 1.89 | 4.04 | 4.66 | 3.23 | 6.15 | 6.34 |
| 蚕蛹 | 1.35 | 0 | 0 | 2.55 | 0 | 0 |
| 菜籽饼 | 2.16 | 0 | 0 | 0 | 0 | 3.5 |
| 饲料酵母 | 0 | 0 | 0 | 0 | 0 | 1.81 |
| 油脂 | 1.44 | 0 | 2.70 | 0 | 0 | 1.25 |
| 碳酸钙 | 0.58 | 0.65 | 0.59 | 0.45 | 2.65 | 0.51 |

| 饲料 | 1 | 2 | 3 | 4 | 5 | 6 |
|---|---|---|---|---|---|---|
| 磷酸氢钙 | 1.30 | 0.91 | 0.89 | 1.34 | 0.46 | 0.21 |
| 食盐 | 0.10 | 0.20 | 0.30 | 0.30 | 0.54 | 0.20 |
| 碳酸氢钠 | 0.25 | 0 | 0 | 0 | 0.20 | 0.20 |
| 赖氨酸 | 0.08 | 0.02 | 0.02 | 0 | 0 | 0 |
| 蛋氨酸 | 0.01 | 0.02 | 0.01 | 0.03 | 0 | 0 |
| 预混料 | 0.30 | 0.30 | 0.30 | 0.30 | 0.30 | 0.30 |
| 复合多种维生素 | 0.03 | 0.03 | 0.10 | 0.03 | 0.03 | 0.03 |
| 生长促进剂 | 0.01 | 0.01 | 0.01 | 0.01 | 0.01 | 0.01 |
| 调味剂 | 0.04 | 0.05 | 0 | 0.15 | 0 | 0.1 |

注：预混料组成为硫酸亚铁7.8594%、硫酸锌6.9435%、硫酸铜8.2722%、硫酸锰3.0972%、碘化钾0.0045%、亚硒酸钠0.0117%、碳酸氢钠3.8115%；生长促进剂可选用土霉素、喹乙醇或其他抗生素。

## 3. 生长育肥猪饲料配方

见表3-17、表3-18。

表3-17　生长育肥猪饲料配方（瘦肉型）　　　单位：%

| 饲料 | 20～35千克体重 | | | | 35～60千克体重 | | | | 60～90千克体重 | | | |
|---|---|---|---|---|---|---|---|---|---|---|---|---|
| | 1 | 2 | 3 | 4 | 1 | 2 | 3 | 4 | 1 | 2 | 3 | 4 |
| 玉米 | 52.0 | 59.0 | 55.0 | 62.6 | 63.5 | 61.5 | 61.5 | 50.0 | 67.0 | 65.0 | 66.0 | 79.0 |
| 高粱 | 10.0 | 5.5 | 7.0 | 10.0 | 0 | 5.0 | 8.0 | 13.0 | 0 | 0 | 10.0 | 0 |
| 小麦麸 | 10.0 | 8.0 | 12.0 | 5.0 | 10.0 | 12.0 | 13.4 | 16.0 | 22.0 | 5.0 | 13.5 | 10.0 |
| 豆粕 | 25.6 | 17.0 | 0 | 18.1 | 20.0 | 15.0 | 12.0 | 12.0 | 0 | 10.0 | 6.0 | 3.0 |
| 豆饼 | 0 | 0 | 0 | 0 | 0 | 0 | 0 | 0 | 3.0 | 0 | 0 | 5.0 |
| 葵花籽饼 | 0 | 0 | 0 | 0 | 0 | 0 | 0 | 0 | 5.0 | 0 | 0 | 0 |
| 菜籽饼 | 0 | 9.0 | 10.0 | 0 | 0 | 4.0 | 0 | 0 | 0 | 0 | 0 | 0 |
| 花生饼 | 0 | 0 | 0 | 0 | 0 | 0 | 0 | 2.0 | 0 | 0 | 0 | 0 |
| 胡麻饼 | 0 | 0 | 4.0 | 0 | 0 | 0 | 0 | 0 | 0 | 0 | 0 | 0 |
| 豌豆 | 0 | 0 | 0 | 0 | 0 | 0 | 0 | 0 | 0 | 0 | 0 | 0 |
| 青干草粉 | 0 | 0 | 5.5 | 0 | 3.5 | 0 | 0 | 0 | 0 | 0 | 3.0 | 0 |

续表

| 饲料 | 20～35千克体重 | | | | 35～60千克体重 | | | | 60～90千克体重 | | | |
|---|---|---|---|---|---|---|---|---|---|---|---|---|
| | 1 | 2 | 3 | 4 | 1 | 2 | 3 | 4 | 1 | 2 | 3 | 4 |
| 血粉 | 0 | 0 | 4.0 | 0 | 0 | 0 | 3.2 | 0 | 0 | 0 | 3.0 | 0 |
| 鱼粉 | 0 | 0 | 0 | 3.5 | 0 | 0 | 0 | 0 | 0 | 0 | 0 | 0 |
| 豆腐渣 | 0 | 0 | 0 | 0 | 0 | 0 | 0 | 5.0 | 0 | 0 | 0 | 0 |
| 大麦 | 0 | 0 | 0 | 0 | 0 | 0 | 0 | 0 | 0 | 15.0 | 0 | 0 |
| 石粉 | 0 | 0 | 0 | 0 | 0 | 0 | 0.5 | 0.6 | 0 | 0 | 0 | 0 |
| 贝壳粉 | 0 | 0 | 0 | 0.5 | 1.0 | 0 | 0 | 0 | 1.0 | 0 | 0 | 1.0 |
| 骨粉 | 0.5 | 0.5 | 0 | 0 | 0 | 1.0 | 0 | 0 | 1.0 | 1.0 | 0.7 | 1.0 |
| 食盐 | 0.4 | 0.5 | 0.5 | 0.3 | 0.5 | 0.5 | 0.4 | 0.4 | 0.5 | 0.5 | 0.3 | 0.5 |
| 添加剂 | 1.5 | 0.5 | 2.0 | 0 | 1.5 | 1.0 | 1.0 | 1.0 | 0.5 | 0.5 | 0.5 | 0.5 |
| 合计 | 100 | 100 | 100 | 100 | 100 | 100 | 100 | 100 | 100 | 100 | 100 | 100 |

注：添加剂含有维生素和微量元素。

表3-18 育肥猪饲料配方（60～90千克）　　单位：%

| 饲料 | 1 | 2 | 3 | 4 | 5 | 6 |
|---|---|---|---|---|---|---|
| 玉米 | 73.31 | 57.41 | 36.30 | 57.68 | 70.91 | 74.75 |
| 大麦 | 0 | 20.13 | 0 | 0 | 0 | 0 |
| 高粱 | 0 | 0 | 40.35 | 0 | 0 | 0 |
| 小麦 | 0 | 0 | 0 | 8.5 | 0 | 0 |
| 统糠 | 0 | 0 | 0 | 0 | 7.4 | 0 |
| 细米糠 | 5.02 | 4.02 | 0 | 9.71 | 0 | 0 |
| 麸皮 | 4.09 | 0 | 5.19 | 10.12 | 6.07 | 5.11 |
| 豆粕 | 0 | 0 | 5.25 | 0 | 0 | 0 |
| 大豆（膨化） | 2.92 | 5.82 | 0 | 0 | 0 | 6.72 |
| 棉籽饼 | 6.43 | 5.45 | 5.67 | 0 | 0 | 5.11 |
| 蚕蛹 | 0 | 0 | 0 | 0 | 3.03 | 0 |
| 菜籽饼 | 5.85 | 4.77 | 4.72 | 11.24 | 9.86 | 4.21 |
| 油脂 | 0 | 0 | 0 | 0 | 0 | 1.63 |

续表

| 饲料 | 1 | 2 | 3 | 4 | 5 | 6 |
|---|---|---|---|---|---|---|
| 碳酸钙 | 0.53 | 0.43 | 0.53 | 0.67 | 0.75 | 0.39 |
| 磷酸氢钙 | 0.86 | 1.02 | 0.96 | 1.03 | 0.98 | 1.13 |
| 食盐 | 0.3 | 0.30 | 0.30 | 0.30 | 0.30 | 0.30 |
| 赖氨酸 | 0.16 | 0.12 | 0.19 | 0.21 | 0.17 | 0.12 |
| 蛋氨酸 | 0 | 0 | 0.01 | 0.01 | 0 | 0 |
| 碳酸氢钠 | 0.2 | 0.20 | 0.20 | 0.20 | 0.20 | 0.20 |
| 预混料 | 0.30 | 0.30 | 0.30 | 0.30 | 0.30 | 0.30 |
| 复合多种维生素 | 0.03 | 0.03 | 0.03 | 0.03 | 0.03 | 0.03 |

注：预混料组成为硫酸亚铁4.7156%、硫酸锌4.8605%、硫酸铜0.4136%、硫酸锰3.26136%、碘化钾0.0053%、亚硒酸钠0.0134%、碳酸钙铁16.378%。

## 4. 种猪的饲料配方

见表3-19。

表3-19 种猪的饲料配方　　单位：%

| 饲料 | 妊娠饲料配方 | | | 泌乳饲料配方 | | |
|---|---|---|---|---|---|---|
| | 1 | 2 | 3 | 1 | 2 | 3 |
| 玉米 | 74.50 | 75.95 | 59.0 | 76.03 | 65.42 | 62.79 |
| 统糠 | 0 | 0 | 6.43 | 0 | 6.99 | 7.52 |
| 麸皮 | 8.13 | 10.54 | 12.0 | 3.79 | 9.41 | 10.8 |
| 鱼粉（CP60%） | 5.06 | 3.69 | 5.62 | 3.03 | 5.07 | 3.33 |
| 豆粕 | 0 | 4.22 | 6.56 | 6.06 | 0 | 0 |
| 饲料酵母 | 0 | 0 | 0 | 0 | 4.34 | 0 |
| 葵花籽饼 | 0 | 0 | 0 | 0 | 0 | 2.83 |
| 棉籽饼 | 0 | 0 | 0 | 0 | 0 | 5.10 |
| 苜蓿 | 4.34 | 3.26 | 8.43 | 3.41 | 0 | 0 |
| 菜籽饼 | 0 | 0 | 0 | 3.93 | 7.24 | 5.67 |
| 大豆 | 5.79 | 0 | 0 | 4.92 | 0 | 0 |
| 碳酸钙 | 0.34 | 0.02 | 0.12 | 0.24 | 0.20 | 0.42 |

续表

| 饲料 | 妊娠饲料配方 | | | 泌乳饲料配方 | | |
|---|---|---|---|---|---|---|
| | 1 | 2 | 3 | 1 | 2 | 3 |
| 磷酸氢钙 | 1.16 | 1.67 | 1.00 | 1.68 | 0.61 | 0.80 |
| 食盐 | 0.30 | 0.30 | 0.30 | 0.30 | 0.30 | 0.30 |
| 赖氨酸 | 0.02 | 0 | 0.13 | 0.13 | 0.07 | 0.09 |
| 蛋氨酸 | 0.01 | 0 | 0.06 | 0.06 | 0 | 0 |
| 预混料 | 0.30 | 0.30 | 0.30 | 0.30 | 0.30 | 0.30 |
| 复合多种维生素 | 0.04 | 0.04 | 0.04 | 0.04 | 0.04 | 0.04 |
| 抗生素 | 0.01 | 0.01 | 0.01 | 0.01 | 0.01 | 0.01 |

注：预混料组成为硫酸亚铁5.2305%、硫酸锌3.23462%、硫酸铜0.3306%、硫酸锰0.8748%、碘化钾0.0052%、亚硒酸钠0.0119%、碳酸钙20.0828%；抗生素选用四环素类，如土霉素、金霉素等。

# 第四章

# 瘦肉型猪猪场的设计技术

猪场的设计直接关系到猪场隔离卫生和环境条件的优劣，关系到猪场的成败。需要科学选择场址，并合理规划布局和设计建筑猪舍，配备完善的设备设施，搞好环境管理，才能维持猪场良好的隔离卫生和适宜的环境条件，保证猪群的健康，促进生产性能的充分发挥，获得较好的生产效果。

## 第一节　瘦肉型猪猪场的场址选择和规划布局

### 一、场址选择

猪场场址的选择，主要是对场地的地势、地形、土质、水源、运动场，以及周围环境、交通、电力、青绿饲料供应和放牧条件进行全面的考察。猪场场址的选择必须在养猪之前做好周密计划，选择最合适的地点建场。

（一）地势、地形

场地地势应高燥，地面应有坡度。场地高燥，这样排水良好，地面干燥，阳光充足，不利于微生物和寄生虫的滋生繁殖；否则，地势低洼，场地容易积水潮湿泥泞，夏季通风不良，空气闷热，有利于蚊蝇等昆虫的滋生，冬季则阴冷；地形要开阔整齐，向阳、避风，特别是要避开西北方向的山口和长形谷地，保持场区小气候状况相对稳定，减少冬季寒风的侵袭。猪场应充分利用自然的地形、地物，如树林、河流等作为场界的天然屏障。既要考虑避免其他周围环境对猪场的污染，远离污染源（如化工厂、屠宰场等），又要注意猪场是否污染周围环境（如对周围居民生活区的污染等）。

（二）土质

猪场内的土壤，应该是透气性强、毛细管作用弱、吸湿性和导热性小、质地均匀、抗压性强的土壤，以沙质土壤最适合，便于雨水迅速下渗。越是贫瘠的沙性土地，越适于建造猪舍，这种土地渗水性强。如果找不到贫瘠的沙土地，至少要找排水良好、暴雨后不积水的土地，保证在多雨季节不会变得潮湿和泥泞，有利于保持猪舍内外干燥；土质要洁净而未被污染。

（三）水源

在生产过程中，猪的饮食、饲料的调制、猪舍和用具的清洗以及饲养管理人员的生活，都需要使用大量的水，因此，猪场必须有充足的水源。水源的要求，一是水量要充足，既要能满足猪场内的人、猪用水和其他生产、生活用水，还要能满足防火以及以后发展等所需；二是水质要求良好，不经处理即能符合饮用标准的水最为理想，此外，在选择时要调查当地是否因水质而出现过某些地方性疾病等；三是水源要便于保护，以保证水源经常处于清洁状态，不受周围环境的污染；四是要求取用方便，设备投资少，处理技术简便易行。

（四）面积

猪场面积充足(饲养200～600头基础母猪，每头母猪需要占地面积为75～100平方米；按年出栏肥猪，每头需要占地面积2.5～4平方米)，周围有足够的农田、果园或鱼塘，便于排污及污水粪便处理，以便能够充分消化猪场的粪便污水，减少猪场排出的粪便污水对周边环境的污染。

（五）位置

猪场是污染源，也容易受到污染。猪场生产大量产品的同时，也需要大量的饲料，所以，猪场场地要兼顾交通和隔离防疫，既要便于交通，又要便于隔离防疫。猪场距居民点或村庄、主要道路要有300～500米距离，大型猪场要有1000米距离。猪场要远离屠宰场、畜产品加工厂、兽医院、医院、造纸场、化工厂等污染源，远离噪声大的工矿企业，远离其他养殖企业；猪场要有充足稳定的电源，周边环境要安全。

标准化安全猪场的选址标准及要求如图4-1所示。

**图4-1** 标准化安全猪场的选址标准及要求示意图

## 二、规划布局

猪场的规划布局就是根据拟建场地的环境条件，科学确定各区的位置，合理确定各类房舍、道路、供排水和供电等管线、绿化带等的相对位置及场内防疫卫生的安排。猪场的规划布局是否合理，直接影响到猪场的环境控制和卫生防疫。集约化、规模化程度越高，规划布局对其生产的影响越明显。场址选定以后，要进行合理的规划布局。因猪场的性质、规模不同，建筑物的种类和数量亦不同，规划布局也不同。科学合理的规划布局可以有效地利用土地面积，减少建场投资，保持良好的环境条件和管理的高效方便。

（一）分区或分场规划

**1. 分区规划**

猪场通常根据生产功能，分为生产区、生活区或管理区和隔离区等，其规划模式图见图4-2。

（1）生活区或管理区　生活区或管理区是猪场的经营管理活动的场所，与社会联系密切，易造成疫病的传播和流行，该区的位置应靠近大门，并与生产区分开，外来人员只能在管理区活动，不得

图4-2　猪场分区规划图

进入生产区。场外运输车辆不能进入生产区。车棚、车库均应设在管理区，除饲料库外，其他仓库亦应设在管理区。职工生活区设在上风向和地势较高处，以免相互污染。

（2）生产区　生产区是猪生活和生产的场所，该区的主要建筑为各种畜舍、生产辅助建筑物。生产区应位于全场中心地带，地势应低于管理区，并在其下风向，但要高于病畜管理区，并在其上风向；生产区内饲养着不同日龄段的猪，因为日龄不同，其生理特点、环境要求和抗病力也不同，所以要分小区规划，日龄小的猪群放在安全地带（上风向、地势高的地方）。饲料库可以建在与生产区围墙同一平行线上，用饲料车直接将饲料送入料库。

（3）病畜隔离区　病猪隔离区是主要用来治疗、隔离和处理病猪的场所。为防止疫病传播和蔓延，该区应在生产区的下风向，并在地势最低处，而且应远离生产区。焚尸炉和粪污处理地设在最下风处。隔离猪舍应尽可能与外界隔绝。该区四周应有自然的或人工的隔离屏障，设单独的道路与出入口。

**2. 分场规划**

将不同阶段或不同用途的猪组分别饲养在不同的场区内，各个场区之间保持一定的距离，见图4-3。分场规划更有利于不同阶段或用途的猪组之间的隔离和卫生，避免交叉感染，减少疫病发生。适用于大型规模化养猪场或企业。

（二）猪舍间距

猪舍间距影响猪舍的通风、采光、卫生、防火。猪舍密集，间距过小，场区的空气环境容易恶化，微粒、有害气体和微生物含量过高，增加病原含量和传播机会，容易引起猪群发病。为了保持场区和猪舍环境良好，猪舍之间应保持适宜的距离。适宜间距为猪舍高度的3～5倍。

（三）猪舍朝向

猪舍朝向是指猪舍长轴与地球经线是水平还是垂直。猪舍朝向的选择与通风换气、防暑降温、防寒保暖以及猪舍采光等环境效果

图4-3 猪场分场规划图

有关。朝向选择应考虑当地的主导风向、地理位置、采光和通风排污等情况。猪舍朝南，即猪舍的纵轴方向为东西向，对我国大部分地区的开放舍来说是较为适宜的。这样的朝向，在冬季可以充分利用太阳辐射的温热效应和射入舍内的阳光防寒保温；夏季辐射面积较少，阳光不易直射舍内，有利于猪舍防暑降温。

（四）道路

猪场的道路要直、短，路面硬化；猪场设置清洁道和污染道，清洁道供饲养管理人员、清洁的设备用具、饲料和健康洁净猪进入等使用，污染道供清粪、污浊的设备用具、病死和淘汰猪使用。清洁道和污染道不交叉。

（五）储粪场

猪场设置粪尿处理区。粪场靠近道路，有利于粪便的清理和运输。储粪场（池）设置应注意：储粪场应设在生产区和猪舍的下风处，与住宅、猪舍之间保持有一定的卫生间距（距猪舍30～50米），并应便于运往农田或进行其他处理；储粪池的深度以不受地下水浸渍为宜，底部应较结实，储粪场和污水池要进行防渗处理，以防粪液渗漏流失污染水源和土壤；储粪场底部应有坡度，使粪水可流向一侧或集液井，以便取用；储粪池的大小应根据每天牧场家畜排粪量多少及储藏时间长短而定。

（六）绿化

绿化不仅有利于场区和猪舍温热环境的维持和空气洁净，而且可以美化环境，猪场建设必须注重绿化。搞好道路绿化、猪舍之间的绿化和场区周围以及各小区之间的隔离林带，搞好场区北面防风林带和南面、西面的遮阳林带等。

（七）隔离卫生设施

为做好猪场的卫生防疫工作，保证家畜健康，猪场必须有完善的隔离卫生设施。

**1. 场界与场内各区间的防护设施**

养猪场要有明确的场界，猪场四周要设围墙，可能的话还要设立防疫沟。场界的墙要求是较高（不低于2.5米）的实心墙，避免人员和野生动物随意进入场区；场内的各区间（如生活管理区、生产区和病猪隔离区以及生产区内不同类型猪所在区域）要设置较低的隔离墙或致密的灌木林带，防止饲养管理人员或猪乱窜。场门或猪舍出入口处要设立车辆及人员进出的消毒设施。

**2. 场内的排水设施**

猪场内最好设置两套排水系统，即雨水系统和污水系统。雨水系统设置在道路两旁或猪舍周围，使雨水能够直接顺畅地排出场外；污水系统可以设置在污染道一侧，与猪舍内的污水沟相通，设置成暗沟，将污水排到污水池内经过无害化处理达标后排放。

**3. 设立卫生间**

为减少人员之间的交叉活动、保证环境的卫生和为饲养员创造比较好的生活条件，在每个小区或者每栋猪舍都应设有卫生间。可以在每栋猪舍的工作间的一角建一个1.5米×2米的冲水厕所，用隔断墙隔开。

**4. 清洗消毒设施**

（1）进入人员的清洗消毒设施　对本场人员和外来人员进行清

洗消毒。一般在猪场入口处设有人员脚踏消毒池，外来人员和本场人员在进入场区前都应经过消毒池对鞋进行消毒。在生产区入口处设有消毒室（图4-4），消毒室内设有更衣间、消毒池、淋浴间和紫外线消毒灯等，本场工作人员及外来人员在进入生产区时，都应经过淋浴、更换专门的工作服和鞋、通过消毒池、接受紫外线灯照射等过程，方可进入生产区，紫外线灯照射的时间要达到15～20分钟。

（2）车辆的清洗消毒设施　猪场的入口处设置车辆消毒设施，主要包括车轮清洗消毒池和车身冲洗喷淋机。猪场入口的车辆消毒池示意图见图4-5。

图4-4　猪场生产区入口的人员消毒室示意图

(a) 平面图　　(b)剖面图

图4-5　猪场入口的车辆消毒池示意图

# 第二节　猪舍设计和设备配备

## 一、猪舍建筑设计

### （一）猪舍类型

### 1. 按屋顶形式分类

按屋顶形式分，猪舍有单坡式、双坡式、平顶式等。单坡式一般跨度小，结构简单，造价低，光照和通风好，适合小规模猪场。双坡式一般跨度大，双列猪舍和多列猪舍常用该形式，其保温效果好，但投资较大。

### 2. 按墙的结构和有无窗户分类

开放式、半开放式和封闭式。开放式是三面有墙一面无墙，通风透光好，不保温，造价低。半开放式是三面有墙一面半截墙，保温稍优于开放式。封闭式是四面有墙，又可分有窗和无窗两种。

### 3. 按猪栏排列分类

（1）单列式　见图4-6。

（2）双列式　见图4-7。

（3）多列式　见图4-8。

（a）平面图　　　　　　　（b）剖面图

图4-6　单列式猪舍平面图和剖面图

（a）平面图

（b）剖面图

图4-7 双列式猪舍平面图和剖面图

## （二）猪舍的结构

### 1.基础

基础是指墙突入土层的部分，是墙的延续和支撑，决定了墙和猪舍的坚固和稳定性，主要作用是承载重量。要求基础坚固、防潮、抗震、抗冻、耐久，应比墙宽10～15厘米，具有一定的深度，

（a）平面图

（b）剖面图

**图4-8** 多列式猪舍平面图和剖面图

根据猪舍的总荷重、地基的承载力、土层的冻胀程度及地下水情况确定基础的深度。基础材料多用石料、混凝土预制或砖。如地基属于黏土类，由于黏土的承重能力差，抗压性不强，加强基础处理，基础应设置得深和宽一些。

### 2. 地面

要求保暖、坚实、平整、不透水，易于清扫消毒。传统土质地面保温性能好、柔软、造价低，但不坚实，易渗透尿水，清扫不便，不易于保持清洁卫生和消毒；现代水泥地面坚固、平整，易于清扫、消毒，但质地太硬，容易造成猪的蹄伤和风湿症等，对猪的保健不利；砖砌地面的结构性能介于前两者之间。为了便于冲洗清扫，清除粪便，保持猪栏的卫生与干燥，有的猪场部分或全部采用漏缝地板。常用的漏缝地板材料有水泥、金属、塑料等，一般是预制成块，然后拼装。选用不同材料与不同结构的漏缝地板，应注意其经济性（地板的价格与安装费要经济合理）、安全性（过于光滑或过于粗糙以及具有锋锐棱角的地板会损伤猪蹄与乳头，因此，应根据猪的不同体重来选择合适的缝隙宽度）、保洁性（劣质地板容易藏污纳垢，需要经常清洁，同时脏污的地板容易打滑，还隐藏着多种病原微生物）、耐久性（不宜选用需要经常维修以及很快会损坏的地板）和舒适性（地板表面不要太硬，要有一定的保暖性）。

### 3. 墙

墙是猪舍的主要结构，对舍内的温度、湿度状况保持起重要作用（散热量占35%～40%）。墙具有承重、隔离和保温隔热的作用。墙体的多少、有无，主要取决于猪舍的类型和当地的气候条件。要求墙体坚固耐久、耐水、防火、抗震，结构简单，便于清扫消毒，要有良好的保温隔热性能和防潮能力。石料墙壁坚固耐用，但导热性强，保温性能差；砖墙保温性好，有利于防潮，也较坚固耐久，但造价高。

### 4. 屋顶

屋顶是猪舍最上层的屋盖，具有防水、防风沙、保温隔热和承重的作用。屋顶的形式主要有坡屋顶、平屋顶、拱形屋顶，炎热地区用气楼式和半气楼式屋顶。要求屋顶防水、保温、耐久、耐火、光滑、不透气，能够承受一定重量，结构简便，造价便宜。屋顶材料多种多样，有水泥预制屋顶、瓦屋顶、砖屋顶、石棉瓦和钢板瓦屋顶以及草料屋顶等。草料屋顶造价低，保温性能最好，但不耐用，易漏雨；瓦屋顶坚固耐用，保温性能仅次于草屋顶，但造价高；石棉瓦和钢板瓦屋顶最好内面铺设隔热层，提高保温隔热性能。

### 5. 门窗

双列猪舍中间过道为双扇门，要求宽度不小于1.5米，高度2米。单列猪舍走道门要求宽度不小于1米，高度1.8～2.0米。猪舍门一律要向外开。寒冷地区设置门斗。

窗户的大小以采光面积与地面面积之比来计算，种猪舍要求（1:8）～（1:10），育肥猪舍为（1:15）～（1:20）。窗户距地面高1.1～1.3米，窗顶距屋檐40厘米，两窗间隔距离为其宽度的2倍，后窗的大小无一定标准。为增加通风效果，可增设地窗。

### （三）不同猪舍的要求

### 1. 公猪舍

公猪舍一般为单列半开放式，舍内温度要求15～20℃，风速为0.2米/秒，内设走廊，外有小运动场，以增加种公猪的运动量，一圈一头。

### 2. 空怀妊娠母猪舍

一般每栏饲养空怀母猪4～8头，妊娠母猪2～4头。猪圈面积一般为7～9平方米，地面坡度25%，地表不要太光滑，以防母猪跌倒。也可用单圈饲养，一圈一头。舍温要求15～20℃，风速0.2米/秒。

### 3. 分娩哺乳舍

舍内设有分娩栏，布置多为两列或三列式。舍内温度要求15～20℃，风速为0.2米/秒。

（1）地面分娩栏 采用单体栏，中间部分是母猪限位架，两侧是仔猪采食、饮水、取暖等活动的地方。母猪限位架的前方是前门，前门上设有料槽和饮水器，供母猪采食、饮水，限位架后部有后门，供母猪进入及清粪操作。可在栏位后部设漏缝地板，以排除栏内的粪便和污物。

（2）网上分娩栏　主要由分娩栏、仔猪围栏、钢筋编织的漏缝地板网、保温箱、支腿等组成。钢筋编织的漏缝地板网通过支腿架在粪沟上面，母猪分娩栏再安架到漏缝地板网上，粪便很快就通过漏缝地板网掉入粪沟，防止了粪尿污染，保持了网面上的干燥，大大减少了仔猪下痢等疾病，从而提高仔猪的成活率、生长速度和饲料利用率。

### 4. 仔猪保育舍

舍内温度要求26～30℃，风速为0.2米/秒。可采用网上保育栏，1～2窝一栏网上饲养，用自动落料食槽，自由采食。网上培育，减少了仔猪疾病的发生，有利于仔猪健康，提高了仔猪成活率。

仔猪保育栏主要由钢筋编织的漏缝地板网、围栏、自动落料食槽、连接卡等组成。猪栏由支腿支撑架设在粪沟上面。猪栏的布置多为双列或多列式，底网有全漏缝和半漏缝两种。

### 5. 生长舍、育肥舍和后备母猪舍

这三种猪舍均采用大栏地面群养方式，自由采食，其结构形式基本相同，只是在外形尺寸上因饲养头数和猪体大小的不同而有所变化。生长栏和育肥栏提倡原窝饲养，故每栏养猪8～12头，内配食槽和饮水器；后备母猪栏一般每栏饲养4～5头，内配食槽。

## 二、猪场设备

选择与猪场饲养规模和工艺相适应的先进、经济的设备是提高生产水平和经济效益的重要措施。如果资金和技术力量都很雄厚，则应配备齐全的各种机械设备；规模稍小的猪场则可以以半机械化为主，凡是人工可替代的工作，均实施手工劳动。一般规模猪场的主要设备有猪栏、饮水设备、饲喂设备、清粪设备、通风设备、降温和升温设备、运输设备和卫生防疫设备等。

（一）猪栏

公猪和育肥猪的隔栏应建造成矮墙形式以避免彼此干扰，其他猪的隔栏、纵隔柱为固定式，横隔栏为活栏栅式。猪栏的基本参数见表4-1。

表4-1　猪栏的基本参数

| 猪栏类别 | 每头猪占用面积/平方米 | 栏高/毫米 |
| --- | --- | --- |
| 公猪栏 | 5.5 ～ 7.5 | 1200 |
| 配种栏 | 6.0 ～ 8.0 | 1200 |
| 母猪单体 | 1.2 ～ 1.4 | 1000 |
| 母猪小群栏 | 1.8 ～ 2.5 | 1000 |
| 分娩栏 | 3.3 ～ 4.18 | 母猪1000；仔猪555 ～ 600 |
| 保育栏 | 0.3 ～ 0.4 | 700 |
| 育成栏 | 0.55 ～ 0.7 | 800 |
| 育肥栏 | 0.75 ～ 1.0 | 900 |

（二）通风设备

**1. 自然通风**

不借助任何动力使猪舍内外的空气进行流通。为此在建造猪舍时，应把猪场（舍）建在地势开阔、无风障、空气流通较好的地方；猪舍之间的距离不要太小，一般为猪舍屋檐高度的3 ～ 5倍；猪舍要有足够大的进风口和排风口，以利于形成穿堂风；猪舍应有天窗和地窗，有利于增加通风量。在炎热的夏季，可利用昼夜温差进行自然通风，夜深后将所有通风口开启，直至第2天上午气温上升时再关闭所有通风口，停止自然通风。依靠门窗及进出气口的开启来完成通风。

**2. 机械通风**

以风机为动力迫使空气流动的通风方式。机械通风换气是封闭式猪舍环境调节控制的重要措施之一。在炎热季节利用风机强行把猪舍内污浊的空气排出舍外，使舍内形成负压区，舍外新鲜空气在内外压差的作用下通过进气口进入猪舍。

传统的设备有窗户、通风口、排气扇等，但是这些设备不足以适应现代集约化、规模化的生产形式。现代的设备是可调式墙体卷帘及配套湿帘抽风机。卷帘的优点在于它可以代替房舍墙体，节约成本，而且既可保暖又可取得良好的通风效果。猪场常用的通风换气扇见图4-9。

### （三）降温和升温设备

#### 1. 降温设备

（1）风机降温　当舍内温度不很高时，采用水蒸发式冷风机，降温效果良好。

（2）喷雾降温　用自来水经水泵加压，通过过滤器进入喷水管道后从喷雾器中喷出，在舍内空间蒸发吸热，降低舍内温度。

#### 2. 升温设备

（1）整体供热　猪舍用热和生活用热都由中心锅炉提供，各类猪舍的温差靠散热片的多少来调节。国内许多养猪场都采用热风炉供热，可保持较高的温度，升温迅速，便于管理。

（2）分散局部供热　可采用红外线灯供热，主要用于分娩舍仔猪箱内保温培育和仔猪舍内补充温度。红外线灯供热简单、方便、灵活。

### （四）饮水设备

#### 1. 供水设备

水源丰富的猪场可设置一套供水系统。猪场应该安装自动饮水系统，包括供水管道、过滤器、减压阀（或补水箱）和自动饮水器等部分。自动饮水系统可四季日夜供水，且清洁卫生。

#### 2. 饮水器

猪舍供水方式有定时供水和自动饮水两种。定时供水就是在饲喂前后在食槽中放水，食槽兼水槽。这种供水方式的缺点是不便于实现自动化，耗水量大，而且还容易造成水质污染，传播疾病等。自动饮水就是在猪舍内安装自动饮水器，使猪随时能喝到干净、卫

（a）自然通风排风机

（b）轴流式排风机

图4-9　猪场常用的通风换气扇

（a）鸭嘴式自动饮水器

（b）杯式自动饮水器

图4-10　自动饮水器

生的水，有利于饲养管理和防疫。自动饮水器的种类有鸭嘴式、乳头式和杯式等，在养猪生产中鸭嘴式和杯式自动饮水器应用较广泛，见图4-10。

自动饮水器的安装要求符合猪的生长需要，以利于不同阶段的猪只饮水，并达到节水的良好效果，自动饮水器的安装高度和水流速度见表4-2。

表4-2　饮水器安装高度和水流速度的建议标准

| 猪的类别 | 供水杯安装高度/毫米 | 乳头式饮水器水平安装高度/毫米 | 水流速度/（升/分） |
| --- | --- | --- | --- |
| 哺乳仔猪 | 50～70 | 150 | 0.3 |
| 断奶仔猪 | 100～120 | 300～500 | 0.7 |

续表

| 猪的类别 | 供水杯安装高度/毫米 | 乳头式饮水器水平安装高度/毫米 | 水流速度/（升/分） |
|---|---|---|---|
| 仔猪（15～30千克） | 120～150 | 400～550 | 1.0 |
| 育肥猪（30～60千克） | 150～200 | 550 | 1.5 |
| 育肥猪（70千克以上） | 150～200 | 750 | 1.5～2 |
| 妊娠母猪 | 300～400 | 900 | 1.5～2 |
| 哺乳母猪 | 300～400 | 900～950 | 2 |
| 种公猪 | 350～450 | 900～1000 | 2～2.5 |

注：规模养猪场常用鸭嘴式自动饮水器。安装时一般应使其与地面呈45°～75°倾角。

## （五）饲喂设备

根据养猪场的两种饲喂方式——自由采食和限量饲喂，饲槽也分为自由采食槽（自动食槽）和限量食槽两种。

### 1. 自动食槽

在培育、生长、育肥猪群中，一般采用自动食槽使猪进行自由采食。自动食槽就是在食槽的顶部装有饲料储存箱，储存一定量的饲料，随着猪的吃食，饲料在重力的作用下，不断落入食槽内。因此，自动食槽可以间隔较长时间加一次料，大大减少了喂饲工作量，提高了劳动生产率。自动食槽多用水泥、铸铁等制成。自动食槽又分为单面食槽和双面食槽，单面食槽只能在食槽的一侧下料，双面食槽则可在食槽的两侧同时下料，见图4-11，其主要结构参数见表4-3。

（a）水泥制单面自动食槽　　（b）铸铁制双面自动食槽　　（c）不锈钢与铸铁制仔猪自动食槽

图4-11　自动食槽

表4-3　自动食槽的主要尺寸参数

| 猪的类别 | 高/毫米 | 宽/毫米 | 采食间隙/毫米 | 前缘高度/毫米 |
|---|---|---|---|---|
| 仔猪 | 400 | 400 | 140 | 100 |
| 幼猪 | 600 | 600 | 180 | 120 |
| 生长猪 | 700 | 600 | 230 | 150 |
| 育肥前期至60千克 | 850 | 800 | 270 | 180 |
| 育肥后期至100千克 | 850 | 800 | 330 | 180 |

### 2. 限量食槽

限量食槽用于公猪、母猪等需要限量饲喂的猪群，小群饲养的母猪和公猪用的限量食槽一般用水泥、铸铁制成，仔猪限量食槽多用水泥、不锈钢、铸铁或工程塑料制成，造价低廉，坚固耐用。养猪场常用的限量食槽见图4-12，其水泥食槽的主要结构参数见表4-4。

表4-4　水泥食槽的主要尺寸参数

| 猪的类别 | 宽/毫米 | 高/毫米 | 底厚/毫米 |
|---|---|---|---|
| 仔猪 | 200 | 100～120 | 40 |
| 幼猪、生长猪 | 300 | 150～180 | 50 |
| 育肥猪、母猪 | 400 | 200～220 | 60 |

每头猪所需的饲槽长度大约等于猪肩部宽度，不足时会造成饲喂时争食，太长不但造成饲槽浪费，个别猪还会踏入槽内吃食，弄

（a）普通限量食槽（水泥）　（b）母猪食槽（铸铁）（c）仔猪食槽（铸铁、不锈钢、工程塑料）

图4-12　猪场常用限量食槽

脏饲料，所以对长料槽，其中间需有钢筋或水泥将长料槽分成小格，便于饲喂。每头猪采食所需饲槽长度见表4-5。

表4-5　每头猪采食所需要的饲槽长度

| 猪的类别 | 体重/千克 | 每头猪所需饲槽长度/厘米 |
|---|---|---|
| 仔猪 | 15以下 | 18 |
| 幼猪 | 30以下 | 20 |
| 生长猪 | 40以下 | 23 |
| 育肥猪 | 60以下 | 27 |
| | 75以下 | 28 |
| | 100以下 | 33 |
| 繁殖猪 | 100以下 | 33 |
| | 100以下 | 50 |

（六）消毒设备

猪场常用的场内清洗消毒设施有高压冲洗机、喷雾器和火焰消毒器。其中高压冲洗机使用最多最广泛，猪场常用的消毒设备见图4-13。

（七）粪尿处理设备

粪污处理关系到猪场和周边的环境，也关系到猪群的健康和生产性能的发挥。设计和管理猪场必须考虑粪污的处理方式和设备配

（a）简易压力式消毒喷壶　　（b）背负式电动消毒喷雾器　　（c）高压电动消毒喷雾器

图4-13　猪场常用的消毒设备

置，以便于对猪的粪尿进行处理，使环境污染减少到最低限度。

## 1. 水冲粪

粪尿污水混合进入缝隙地板下的粪沟，每天数次从沟端的水喷头放水冲洗。粪水顺粪沟流入粪便主干沟，进入地下储粪池或用泵抽吸到地面储粪池。水泥地面每天需用清水冲洗猪圈，猪圈内干净，但是水资源浪费严重。

## 2. 干清粪

清粪工艺的主要方法是，粪便一经产生便分流，干粪由机械或人工收集、清扫、运走，尿及冲洗水则从下水道流出，分别进行处理。干清粪工艺分为人工清粪和机械清粪两种。人工清粪只需用一些清扫工具、人工清粪车等。其优点是设备简单，不用电力，一次性投资少，还可以做到粪尿分离，便于后面的粪尿处理；其缺点是劳动量大，生产效率低。机械清粪包括铲式清粪和刮板清粪。机械清粪的优点是可以减轻劳动强度，节约劳动力，提高工效；缺点是一次性投资较大，还要花费一定的运行维护费用，此外，清粪机工作时噪声较大，不利于畜禽生长，因此我国的养猪场很少使用机械清粪。

# 第五章

**chapter five**

# 瘦肉型猪种猪的饲养管理技术

种猪是商品生产的基础，只有养好种猪，才能获得数量多、品质好的商品仔猪，才能保证育肥猪快速生长和提高饲料转化率。

## 第一节 后备猪的饲养管理技术

### 一、后备公猪的饲养管理

后备公猪是发展生猪生产的后备力量，担负着替换老化、生产性能低下的配种公猪的任务，为了得到发育良好、体格健壮、具有品种典型特征和高度种用价值的种公猪，养好后备公猪具有十分重要的意义。

瘦肉型猪后备公猪通常4～5月龄开始性发育，这个时候有爬跨动作，但通常无成熟精子。6月龄左右达到性成熟，某些种猪配种能配上。但种猪的初配时间要求8～9月龄，体重达90～100千克，基本上达到体成熟和性成熟方可以使用。

### （一）后备公猪的饲养

后备公猪生长发育快，瘦肉型猪一般4月龄可达50～60千克，主要是生长肌肉和骨骼，对蛋白质、矿物质和维生素的需要比较多。因此，对后备公猪应给予丰富而全面的营养，对其迅速生长和性成熟很有利，日粮中除应给予足够的能量饲料，如玉米、稻谷、米糠等外，还要供给富含蛋白质的饲料，如豆饼、菜籽饼、鱼粉、麦麸等，并供给一定量的青绿饲料，以保证维生素D、维生素A和维生素E的获得，另外，还应加入适量的骨粉、食盐等以补充矿物质。值得注意的是，在后备公猪调教前的1～2个月更应保证高蛋白质饲料及维生素青料的充足供应，但青饲料及粗饲料的喂给要适量，如长期过多地喂给会使公猪形成草腹大肚，妨碍将来采精配种。后备猪必须限量饲喂，育成阶段饲料的周喂量占其体重的2.5%～3.0%，体重达80千克以后占其体重的2.0%～2.5%。适宜的饲喂量既可保证后备猪良好的生长发育，又可控制体重的增长，保证各器官系统的充分发育。

（二）后备公猪的管理

**1. 分群管理**

为提高后备公猪的均匀整齐度，可按体重大小分成小群饲养，每圈可养4～6头，饲养密度适当。饲养密度过高影响生长发育，出现咬尾、咬耳等恶癖。小群饲养有两种饲喂方式：一是小群分格饲喂（可自由采食，可限量饲喂），这种喂法优点是猪只争抢吃食快，缺点是强弱吃食不均，容易出现弱猪；二是单槽饲喂小群运动，优点是吃食均匀，生长发育整齐，但栏杆食槽设备投资较大。

**2. 运动**

为了促进后备猪骨骼发育，体质健康，猪体发育匀称均衡，特别是四肢灵活坚实，要适度运动。伴随四肢运动全身有75%的肌肉和器官同时参加运动，尤其是放牧运动可呼吸新鲜空气和接受日光浴，拱食泥土和青绿饲料，对促进生长发育和抗病力有良好的作用。为此国外有些国家又开始提倡实施放牧运动和自由运动。

**3. 调教**

（1）建立人与猪的和睦关系　后备公猪从小要加强调教管理。

从幼猪阶段开始，利用称量体重、喂食等程序进行口令和触摸等亲和训练，严禁粗暴地打骂它们。建立人与猪的和睦关系，便于将来采精、配种等操作管理。怕人的公猪性欲差，不易采精；训练良好的生活规律，规律性的生活使猪感到自在舒服，有利于生长发育；经常对耳根、腹侧等敏感部位进行触摸训练，这样便于以后的管理和疫苗注射。

（2）配种调教　小公猪达到初配年龄后，有可能不愿接近、爬跨，甚至害怕、躲避发情母猪，这时应对其采取有效措施，进行调教。

小公猪达到6月龄左右，必须单栏饲养，绝不可与其他猪只混养，否则会互相爬跨而伤害阴茎，降低性欲。不过，单栏饲养的小公猪，在跳不出圈的前提下，建议尽量饲养在隔壁圈有猪且能见到的栏舍内，这可刺激小公猪性情活跃，保持雄性，增强性欲。也不主张将公猪饲养在比较封闭的与外界隔绝的高墙内，这容易降低公猪雄性激素的分泌。

早晚用10～20分钟时间，将小公猪驱赶到母猪舍内合群，刺激其雄性激素的分泌，一直坚持到能配种时为止，要注意的是合群时间不能太长，以免钝化其性欲。让小公猪接近或爬跨发情比较稳定且体格与它相近或略小的母猪。千万不要将后备公猪赶去爬跨体格较大、比较好斗的母猪，这会伤害后备公猪，使其恐惧爬跨，压抑雄性，降低性欲。调教后备公猪爬跨时应尽量耐心，切忌粗暴、任意打骂。慢慢调教，一次不行，再调教两次，只要耐心训练就能成功。

### 4. 定期称重

后备公猪不同的月龄都有相对应的体重范围，最好按月龄对个体称量体重，了解后备公猪生长发育情况。根据各月龄体重变化，适时调整饲料的饲养水平和饲喂量，达到品种发育要求。

### 5. 日常管理

后备公猪同样需要防寒保温、防暑降温、清洁卫生等环境条件的管理。另外，后备公猪要比后备母猪难养，达到性成熟以后，会烦躁不安，经常互相爬跨，不好好吃食，生长迟缓，特别是性成熟早的品种更突出。为了克服这种现象，应在后备公猪达到性成熟后，实行单圈饲养，合群运动，除自由运动以外，还要进行放牧或驱赶运动，这样既可保证食欲，增强体质，又可避免造成自淫的恶癖。

## 二、后备母猪的饲养管理

### （一）后备母猪群的选择

#### 1. 后备母猪选择标准

一是要肢蹄健壮，前后腿骨骼结构合理；二是要体形匀称，脊背平直，符合本品种体型特征；三是要有效乳头6对以上，最好选择7对且乳头发育完整、分布均匀、功能完好；四是要外阴部发育良好，性情温顺。

#### 2. 后备母猪选择程序

一是在仔母猪50～60日龄时，凡符合品种特征、发育良好、乳头多(6对以上)且排列整齐的高产母猪后代，均可留种；二是在4月龄育成母猪中，淘汰有缺陷、发育不良或患病的后备母猪，留下健康的作种用；三是在7～8月龄体重达95～100千克时再行选留，此时应选体型匀称、脊背平直、腹部较大而不下垂、后躯较大、乳头和外阴部发育良好的母猪留作种用，淘汰不合格后备母猪。

#### 3. 后备母猪选留数量

一般规模猪场配种和产仔是严格按计划进行的，并且配种和产仔是用周来计算的，所以后备母猪的选留取决于基础母猪的淘汰率、基础母猪群体大小及受胎率、后备母猪发情率等因素。后备母猪的选留一般在配种前50天左右开始，假设猪场每周需要配种20头后备母猪，如果后备母猪发情率为80%，则所需配种的后备母猪为20×100÷80=25头，所以要选留25头后备母猪，如果发情率较低则要选留更多的后备母猪，如果想扩大基础母猪群体则按扩大规模的大小进行后备母猪的选择，如果老母猪淘汰率增加则选留后备母猪数量相应增加。

（二）后备母猪饲养管理

### 1. 后备母猪饲养管理指标

（1）最低生长体况　150日龄体重达到95～100千克。

（2）95～100千克体重时背膘厚　12～14毫米。

（3）初情日龄　165～175日龄。

（4）配种日龄和体况　体重125～135千克、190～230日龄、发情次数2～3次、背膘厚度16～18毫米。

### 2. 后备母猪的饲养

后备母猪的繁殖效率受保育期营养和管理的影响，所以后备母猪群的培育须从小抓起，使其达到一定日龄的目标体重和体况，饲喂目标是使后备母猪瘦肉生长达到最佳水平和有足够的机体储备。一般要求5个月时体重达到100千克，背膘厚12～14毫米，要达到这样的生长水平得从双月断奶仔猪中选择那些体重较大、生长正常的仔母猪作为后备母猪群进行专门培育，采用高能且营养平衡的玉米豆粕型日粮让后备母猪自由采食，玉米豆粕型日粮中钙和有效磷水要高出肥猪日粮水平0.15％～0.2％，保证后备母猪骨骼发育到最大强度，降低后备母猪配种产仔后发生瘫痪的概率。后备母猪饲料营养一般为每千克饲料的消化能12.749～13.585兆焦、粗蛋白14％～16％、赖氨酸0.62％～0.95％、钙0.67％～0.81％、有效磷0.34％～0.47％、总赖氨酸0.62％～0.96％、蛋氨酸0.16％～0.25％、苏氨酸0.42％～0.62％、色氨酸0.12％～0.18％、铁100～150毫克、铜15～200毫克、锌100～150毫克、锰20～40毫克、硒0.3～0.4毫克、维生素A 7500～10000国际单位、维生素D 1650～1750国际单位、维生素E 45～60国际单位、维生素K 4～5国际单位、胆碱100～600毫克。以上营养范围除消化能外，一般体重较小的猪要求营养高一些，体重较大的猪营养低一些，短期催情补饲时要求全部用上限营养。

### 3. 后备母猪的管理

（1）后备母猪分周分圈管理　将后备母猪舍分为几个组，每组几个圈，每圈饲养6～8头后备母猪，每周新进的后备母猪按周分别关在前面的猪圈中，有发情表现的转移到后面的猪圈中用来在下一个情期进行配种，需要在第3个情期配种的则需要增加圈舍数量，每周清空前面猪圈，只有发情的后备母猪才能被转移至后面的猪圈中，在前面猪圈中的后备母猪3周内没有发情则进行淘汰。

（2）后备母猪诱情　后备母猪诱情日龄应达到140日龄、体重达95千克以上，而150日龄、体重100千克以上最佳。诱情方法：一是采取混圈和移动，即将后备母猪赶出来活动后再赶回原来的圈舍或者将后备母猪与其他后备母猪进行混圈；二是将后备母猪赶到发情的母猪混圈，接受发情母猪的爬跨；三是增加日照时间，保证每天日照时间达8～10小时，最多不能超过12小时；四是用成熟的性欲较高的公猪与后备母猪进行每天1～2次头对头的身体接触，接触时间为15分钟，间隔8～10小时再接触，接触前公猪要先喂饱，同时确保母猪圈内地板不能太滑和潮湿，料槽和饮水器不会引起公猪、母猪受伤。如果同圈内的母猪数量较多，那么和公猪接触的时间需要更长一些。接触时要防止发生交配，选用10月龄以上、体重不是太大的公猪诱情最佳。

（3）后备母猪催情补饲　对于后备母猪，可以采取催情补饲的方法来增加排卵数和窝产仔数，后备母猪达到初情并准备进行配种前半个月左右，开始采用自由采食增加采食量，至配种当天结束。催情补饲的方法采用得当一般可以增加窝产仔数1头，但如果补饲不当特别是补饲时间过长、在妊娠初期还进行补饲则会导致死胚的产生，减少窝产仔数，所以催情补饲一定要掌握好补饲时间，否则适得其反。

（4）后备母猪配种　后备母猪的第1次配种一般不用人工授精，因为后备母猪的子宫颈较狭窄，输精管不易插入子宫颈，输入的精液容易倒流，因此，后备母猪采用人工授精受胎率低、产仔数少，所以后备母猪的第1次配种最好采取本交方式，间隔8～12小时后再用另一头公猪进行复配，这样可以完成自然的交配反射，有利于增加排卵数和窝产仔数。后备母猪的第1次配种要选择体重与后备母猪体重相近的成熟种公猪配种，保证第1次配种成功。

（5）后备母猪防疫与保健　后备母猪生长发育过程中必须进行

必需的疫苗注射和体内、体外寄生虫的清除，确保后备母猪不把疾病带给下一代。在配种前20天要将所需接种的疫苗和保健全部做完，确保后备母猪顺利投入生产。在妊娠期间除必须注射的疫苗外，一般不进行免疫和用药。后备母猪所需接种疫苗为国家强制免疫的猪蓝耳病疫苗、猪瘟疫苗、口蹄疫疫苗，另外接种影响母猪繁殖性能的猪细小病毒病、乙型脑炎、伪狂犬病等疫苗，其他视当地疫情情况有针对性地接种疫苗。在保健方面选用有效抗生素和驱虫药。

## 第二节　种公猪的饲养管理技术

种公猪要有良好的繁殖性能。为了提高与配种母猪的受胎率和产仔头数，对种公猪要进行良好的饲养管理。

### 一、种公猪的选择

#### （一）种公猪的引进

种公猪要从优秀的种猪场引进，这个种猪场必须掌握种猪的繁殖能力和产肉能力，有完整的育种资料，还要有完备的培育环境，特别是仔猪阶段，必须认真做好各种传染病的预防注射工作。在卫生条件不良的环境中饲养过的种猪，常带有各种疾病，不宜作种猪用。

#### （二）种公猪的挑选

公猪必须具有雄相，身体健康，体质紧凑，身腰稍短而深广，后躯充实，四肢强健粗大，睾丸发育良好，随着年龄的增长，公猪前躯变得重而厚，后躯变得特别丰满，不满2岁的公猪，以肩部和后躯宽度相同为佳。公猪的外观，应当是体形方正、舒展、雄健有力，公猪的遗传能力要强，能把优良性状传给后代。

种公猪的两个睾丸必须整齐对称，发育良好而结实，患有赫尔尼亚症、单睾和包皮积尿的公猪不宜作种猪用。

## 二、种公猪的饲养

### （一）供给营养良好的日粮

种公猪的一次射精量通常有200～500毫升，精液含干物质约4.6%，在干物质中有80%以上为蛋白质，精子的活力和密度越高，受胎率就越高。影响精液质量的重要因素是公猪的营养水平和健康状况。在公猪的各种营养中，首要的是蛋白质、维生素A、钙和磷。

在公猪的日粮中，必须保证蛋白质水平不低于18%。在非配种期，精蛋白质水平不低于14%，要求蛋白质中所含必需氨基酸达到平衡，在配种期的日粮中，应适当搭配5%～10%的动物性蛋白饲料。这对提高精液品质有显著影响。建议种公猪日粮营养水平，消化能12.54兆焦/千克、粗蛋白质13%～14.5%、钙0.75%～0.85%、磷0.5%～0.6%、食盐0.35%～1.4%。

公猪的日粮应以含蛋白质的精料为主，保证日粮的各种营养达到平衡，不宜喂过多的青粗饲料，若喂得过多，易造成腹围增大，腹部下垂，影响成年时的配种能力，还要切忌以完全碳水化合物饲料组成的日粮饲喂公猪，以免公猪肥胖，因为公猪过肥会引起体质虚弱，生殖机能减退，严重时，会完全丧失生殖能力。

### （二）合理饲喂

应根据公猪的体重、季节、肥瘦、配种强度等实际情况做相应的饲喂调整，以使其终年保持健康结实、性欲旺盛、精力充沛的体质，并提高精液的品质。如采用季节配种时，配种前1～1.5个月应逐渐增加营养，待配种结束后再恢复到原来的饲养水平；在公猪配种期应适当加大动物性蛋白质饲料的供给(如加喂鸡蛋、鱼粉等)；寒冷季节时，提高日粮营养水平。

种公猪一般日喂2次，给饲量约占体重的2.5%～3%，如体重90～150千克的公猪日喂量约为2～2.5千克/头；或在非配种期每天给饲量2.5千克，配种期每天给饲量3千克，每次饲喂至七八成饱即可。膘情较好的适量少喂，膘情较差的适量多喂。冬季应该增喂饲料5%～10%。饲喂时还应该注意同时供给充足而清洁的饮水。

### 三、种公猪的管理

（一）一般管理

#### 1. 单圈饲养

种公猪(尤其是开始配种利用的种公猪)应该单圈饲养,以减少公猪与其他猪之间的直接接触,减少相互的咬斗和干扰,并防止公猪因爬跨和自淫而影响其种用价值。

#### 2. 保持圈舍和猪体卫生

公猪舍应每天定时清扫,保持圈舍的清洁卫生和干燥;每天刷拭公猪皮毛,保持猪体卫生,防止皮肤病和体表寄生虫病发生;公猪的犬齿生长很快,尖且锐利,极易伤害管理人员和母猪,所以要求兽医定期剪除。

#### 3. 保持适宜的环境

公猪对冷的适应性比耐热性强,炎热的夏季,公猪食欲不振,性欲不强,精子数减少,异常精子增加,受胎率低,因此,必须切实搞好防暑降温,猪舍周围植树遮阴,舍内保持清洁,通风良好,定时洒水。炎热夏季应对公猪淋浴,这样既可以减轻热应激,又有利于猪体卫生。

#### 4. 适量运动

通过适量运动可以促进种公猪的食欲、增强体质、减少体内脂肪、改善精液质量。种猪舍应设置运动场地让猪只自由运动,或可每天进行强迫驱赶运动。一般要求种公猪每天上午和下午坚持运动各1次,每次运动0.5～1小时,行程约2～3千米。夏季宜早晚运动,冬季宜中午运动。运动后不宜立即洗澡和饲喂。配种旺盛期要减少运动,非配种期适当增加运动。

（二）合理利用

#### 1. 适配年龄和配种次数

后备公猪的初情期一般为6～7月龄,但适配年龄应不小于9月龄。公猪开始利用时强度不宜过大,采用本交时每头公猪可负担20～30头母猪的配种任务,一般要求青年公猪每周配种次数不超过2次，成年公猪每周最多不超过5次，每天只能使用1次，连续使用不超过3天，成年公猪每1～2天使用1次较为适宜，如果连续交配，精子数必定减少，精子活力也会降低，从而降低受胎率和产仔数。若采用人工授精，则可减少公猪的饲养数量，并且可节省公猪的饲养费用。公猪的使用年限一般为3～4年，规模化猪场的公猪淘汰率约为25%～35%。

### 2. 定时定点配种

定时定点配种的目的在于培养种公猪的配种习惯，有利于安排作业顺序。于早晚喂食前进行配种，配种前后半小时内不供给水和料，不饮用冷水或用冷水冲洗猪体。同时应注意周边环境的安静，减少配种时的意外损伤，保证顺利配种。

### 3. 消毒

在每次配种前最好用0.1%高锰酸钾溶液或其他无刺激消毒液对公猪的包皮和母猪的外阴部进行清洗消毒，而后再进行配种。配种结束后，要做好公猪配种记录。

### （三）检查精液品质

配种开始前1～1.5个月应对每头种猪的精液品质进行检查，着重检查精子的数量、活力，从中发现问题，以便及时改进。

## 第三节　种母猪的饲养管理技术

### 一、母猪配种期的饲养管理

后备母猪配种前10天左右和经产母猪从仔猪断奶至发情配种期间的主要任务是保持母猪正常的种用体况(七八成膘为宜)，能正常发情、排卵，并能及时配上种。此期应特别重视日粮蛋白质的质量和数量，保证维生素及矿物质的充分供应，并适当搭配部分青绿多汁饲料。

（一）母猪配种期的饲养

对于配种前的后备母猪，体重100千克时每天必须供给质量好的干料3千克（消化能13～13.5兆焦/千克、赖氨酸0.65％～0.75％、钙0.9％、磷0.75％），在配种前2周，每天喂料量增至3.5～3.75千克，这样可促进排卵量。配种后将饲料立即降为1.8千克/天，采用妊娠期饲料，在怀孕30天后逐渐增至2.5千克/天，防止此期胚胎着床失败和胎儿生长发育缓慢，怀孕后期增加饲料至3.0～3.5千克/天。

断奶的母猪刚断奶的当天不喂料和适当限制饮水，以避免发生乳腺炎。断奶后的空怀母猪喂怀孕母猪料，日喂量2.5～3千克/头，对于断奶后体况瘦弱的母猪应实行短期优饲，仍可饲喂哺乳母猪料，日喂量3～3.5千克/头，使其体况尽快恢复，以保证正常发情和配种。一旦配种以后，立即减料至每头每日2千克左右，看膘投料。

（二）母猪配种期的管理

**1. 清洁卫生**

及时清理清扫猪栏、走道和配种间的污染物质，保持舍内清洁卫生和猪体卫生。

**2. 保持适宜的环境**

根据舍内温度和空气状况，控制舍内的通风换气。保持舍内空气流通、采光良好、温度和湿度适宜。

**3. 查情**

准确有效判断母猪发情是一项重要的日常工作，也是一项重要的技术工作，一般在早上8：30和下午4：30进行。对所有断奶的母猪、复配的母猪、后备母猪进行查情，并做出标记，以利于配种。

**4. 配种管理**

配种期内，应加强母猪发情的观察和试情工作，定期称重和检查公猪精液品质，做好配种记录并妥善保存。

**5. 不发情母猪的处理**

无生殖道疾病，断奶后2周不发情的母猪应采取以下措施：减料50%或一天不给料，仅给少量水，使之有紧迫感，一般3～5天可再发情；或注射催情药物，前列腺素（PG）或其类似物，促卵泡素（FSH）、促黄体素（LH）、孕马血清（PMSG）、绒毛膜促性腺激素（HCG）。

### 6. 合理淘汰母猪

根据母猪的生产性能和胎次进行合理的淘汰，以提高母猪群的繁殖能力。如下母猪应该淘汰：一是返情2次以上的母猪受孕率很低，应在第3次返情时淘汰；二是腿病造成无法配种，视情况治疗后淘汰；三是体况过肥或过瘦，进行饲喂和运动调整2周以上仍不能配上种；四是连续两胎产仔数在5头以下；五是产后无乳；六是6胎以上体况不好或繁殖性能下降；七是断奶后产道不明原因的炎症，且1周内不能痊愈的。

## 二、妊娠母猪的饲养管理

母猪妊娠期从卵子受精开始至分娩结束，平均114天（111～117天）。胎儿的生长发育完全依靠母体，对妊娠母猪进行良好的饲养管理，可使母猪在妊娠期间体重适量增加，保证胎儿良好的生长发育，最大限度地减少胚胎的死亡，能生产出头数多、初生体重大、生命力强的仔猪，母猪产后有健康的体况和良好的泌乳性能，从而提高养猪生产水平。

### （一）妊娠母猪的生理特点

#### 1. 代谢旺盛

母猪在妊娠期间，由于孕激素的大量分泌，机体的代谢活动加强，在整个妊娠期代谢率增加10%～15%，后期可高达30%～40%。新陈代谢机能旺盛，对饲料的利用率提高，蛋白质的合成增强。有试验证明，怀孕母猪和空怀母猪饲喂同一种饲料，喂量相同的情况下，怀孕母猪不仅可以生产一窝仔猪，还可以增加体重。

#### 2. 体重增加

妊娠增重是动物的一种适应性反应，母猪不仅自身增重，而且还有胎儿、胎盘和子宫的增重。在妊娠期间，胎儿的生长有一定的规律。妊娠开始至60～70天，是前期阶段，此时主要形成胚胎的组织器官。胎儿本身绝对增重不大，而母猪自身增重较多，妊娠70天至妊娠结束为后期阶段，此阶段胎儿增重加快，初生仔猪重量的70%～80%是在妊娠后期完成的，并且胎盘、子宫及其内容物也在不断增长。同时，乳腺细胞也是在妊娠的最后阶段形成的。

母猪妊娠期有适度的增重比例，如初产母猪体重的增加为配种时体重的30%～40%，而经产母猪则为20%～30%。另外，母猪妊娠期增重比例与配种时体重和膘情有关。

根据其生理特点可以看出，妊娠母猪对饲料的消化吸收能力很强，如果青饲料、青贮料、糟渣类等饲料丰富，可结合妊娠期母猪的饲养标准适当搭配精料，配合成青粗饲料型饲粮，饲喂妊娠母猪可节省精料，降低饲养成本。

### （二）妊娠母猪的饲养

### 1. 营养特点

妊娠初期胎儿发育较慢，营养需要不多，但在配种后21天左右，必须加强妊娠母猪的护理并要注意饲料的全价性，否则就会引起胚胎的早期死亡。因为卵子受精后，受精卵沿着输卵管向子宫移动，附植在子宫黏膜上，并在周围形成胎盘，这个过程需2～4周。受精卵在子宫壁附植初期还未形成胎盘前，由于没有保护物，对外界条件的刺激很敏感，这时如果喂给母猪发霉变质或有毒的饲料，胚胎易中毒死亡。如果母猪日粮中营养不全面，缺乏矿物质、维生素等，也会引起部分胚胎发育中途停止而死亡。由此可见，母猪妊娠初期是保证胎儿正常发育的第一个关键时期。

妊娠后期，尤其是怀孕后的最后1个月，胎儿的发育很快，日粮中精料的比例应逐渐增加，以保证胎儿对营养的需要，也可让体内积蓄一定的养分，以供产后泌乳的需要。因此，妊娠后期是保证胎儿正常发育的第二个关键时期，所以妊娠母猪饲养要"抓两头"。

### 2. 妊娠母猪的饲养方式

我国群众在生产实践中，根据妊娠母猪的营养需要、胎儿发育规律以及母猪的不同体况，分别采取以下不同的饲养方式。

（1）"抓两头带中间"的饲养方式 对断奶后膘情差的经产用猪，从配种前几天开始至怀孕初期阶段加强营养，前后共约1个月加喂适量精料，特别是富含蛋白质的饲料。通过加强饲养，使其迅速恢复繁殖体况，待体况恢复后再回到青粗饲料为主饲养，到妊娠80天后，由于胎儿增重速度加快，再次提高营养水平，增加精料量，既保证胎儿对营养的要求，又使母猪为产后泌乳储备一定量的营养。

（2）"步步登高"的饲养方式 对处于生长发育阶段的初产母猪和生产任务重的哺乳期配种的母猪，整个妊娠期的营养水平及精料使用量，按胎儿体重的增长，随妊娠期的增进而逐步提高。

（3）"前粗后精"的饲养方式 对配种前膘况好的经产母猪可以采取这种饲养方式，即在妊娠前期胎儿发育慢，母猪膘情又好者可适当降低营养水平，日粮组成以青粗饲料为主，相应减少精料喂量；到妊娠后期胎儿发育加快，需要营养增多，再按标准饲养，以满足胎儿迅速生长的需要。

（4）"低妊娠，高泌乳"的饲养方式 近20年来在母猪营养需要和生理特点研究的基础上，探索出"低妊娠，高泌乳"的饲养方式，即对妊娠母猪采取限量饲养，使妊娠期母猪的增重控制在20千克左右，而哺乳期则实行充分饲养。既符合妊娠母猪的生理特点，又可以最大限度地减少饲料消耗，提高饲养效果。因为，过去认为母猪在妊娠期体内的营养储备有利于哺乳期泌乳，现在则认为妊娠期在体内储备营养供给产后泌乳，造成营养的二次转化，要多消耗能量，不如哺乳期充分饲养经济；同时，由于妊娠期母猪代谢机能强，如果营养水平过高，母猪增重过多，体内会有大量脂肪沉积，使母猪过于肥胖，这不仅造成饲料的浪费，而且母猪妊娠期过于肥胖还会造成难产，产后易出现食欲不振、仔猪生后体弱、泌乳量不高等不良后果。资料表明，"高妊娠，高泌乳"的饲养方式比"低妊娠，高泌乳"饲养方式，养分损失要高出1/4以上。所以，近年来国内外普遍推行对妊娠母猪采取限量饲养，哺乳母猪则实行充分饲养的方法。

### 3. 妊娠母猪的饲喂方法

大型妊娠母猪的前期，每天平均饲喂配合饲料2千克，体型小的喂1.5千克，青绿多汁饲料每天喂3～4千克。大型妊娠母猪后期每天喂饲料3～3.5千克，体型小的喂2千克，青绿饲料喂2千克。为了使受精卵在子宫顺利着床，应在母猪妊娠的最初半个月加强饲养，每天多喂0.5千克饲料，这叫胎儿初发支持饲料，或叫坐胎支持饲料。

妊娠母猪，应定时定量饲喂，以免过分囤肥，不利于胎儿生长和发育，每天让猪充分饮水，特别是较热天气，母猪饮水量大增。

对妊娠前期的母猪，亦可按饲料配方加以调整。例如，把谷类饲料和饼类饲料的配比稍降低15%左右，另把麸皮、优质草粉配比提高15%～20%。这样既适应妊娠前期的营养要求，又能提高饲料单位质量的体积，有利于猪的饱感。

妊娠后期母猪的饲养，要将营养水平提高，每千克日粮应含有粗蛋白15%～16%。根据地方饲料资源，力求饲料多样化。

### （三）妊娠母猪的管理

妊娠母猪管理的好坏直接影响胚胎存活率和产仔数。因此，在生产上须注意以下几方面的管理工作。

### 1. 避免机械损伤

妊娠母猪在妊娠后期宜单圈饲养，防止相互咬架、挤压造成死胎和流产。不可鞭打、追赶和惊吓怀孕母猪，以免造成机械性损伤，引起死胎和流产。

### 2. 注意环境卫生，预防疾病

凡是引起母猪体温升高的疾病如子宫炎、乳腺炎、乙型脑炎、流行性感冒等，都是造成胎儿死亡的重要原因。故要做好圈舍的清洁消毒和疾病预防工作，防止子宫感染和其他疾病的发生。

### 3. 保持适宜温度

夏季环境温度高，影响胚胎发育，容易引起流产和死胎，做好防暑降温尤其重要。降温措施一般有洒水、洗浴、搭凉棚、通风等。

冬季要搞好防寒保温工作，防止母猪感冒发热造成胚胎死亡或流产。

### 4. 做好妊娠母猪的驱虫、灭虱工作

蛔虫、猪虱最容易传染给仔猪，在母猪配种前应进行1次药物驱虫，并经常做好灭虱工作。

### 5. 防止突然更换饲料

妊娠后更换母猪饲料，产前10～15天起将饲料更换成产后饲料。切忌突然更换饲料，一般要有5～7天的过渡期，以防止引起母猪便秘、腹泻，甚至流产。

### 6. 适当增加饲喂次数

母猪妊娠后期应适当增加饲喂次数，每次不能喂得过饱，以免增大腹部容积，压迫胎儿造成死亡。母猪产前减料是防止母猪乳腺炎和仔猪下痢的重要环节，必须引起足够重视。

### 7. 适当运动

妊娠母猪要给予适当的运动。无运动场的猪舍，要赶圈外运动。在产前5～7天应停止驱赶运动。

### 8. 防止滑胎、死胎和流产

母猪每次发情期排出的卵，大约10%不能受精，有20%～30%的受精卵在胚胎发育过程中死亡，出生的活仔猪数只有排卵数的60%左右，为了防止滑胎、死胎和流产，应采取以下措施。

（1）合理饲养妊娠母猪　饲料营养全面，尤其注意供给足量的维生素、矿物质和优质蛋白质。但不要把母猪饲养得过肥；不要喂发霉变质、有毒、有刺激性的饲料和冰冻饲料；冬季要饮温水；妊娠母猪的饲料不要急剧变化或经常变换，妊娠后期要增加饲喂次数，每次给量不宜太多，避免胃肠内容物过多而挤压胎儿，产前要给母猪减料。

（2）加强妊娠母猪管理　注意防止母猪互相拥挤、咬斗、跳沟、滑倒等，不要追赶和鞭打母猪，妊娠后期一定要单圈饲养。

### （四）母猪分娩前后的饲养管理

### 1. 预产期的推算

猪的妊娠期是111～117天，平均114天。推算出每头妊娠母猪

的预产期，是做好产前准备工作的重要步骤之一。

如果粗略地计算，一般是在配种月份上加4，在配种日上减6，就是产仔日期。例如配种日期是4月20日，4+4=8，20−6=14，所以预产期是8月14日。但由于月份有大月、小月之分，所以精确日期应是8月12日。

### 2. 母猪临产征状

母猪平均妊娠期是114天，但实际产仔日期可能提早或延迟几天，临产前的母猪在生理和行为方面有很多变化，观察这些征状，要有专人照看，准备接产。产仔前2周左右，母猪的乳房由后向前逐渐膨大，乳房基部与腹部之间出现明显界限。随着分娩期的临近，乳房更加膨大向两侧外张，呈潮红色，乳头发硬。当前部乳头能挤出奶时，离分娩不超过一两天，最后一对乳头能挤出奶时，几个小时之内就要分娩。产前3～5天阴门松软膨胀、潮红，尾根两侧逐渐下陷。产前6～8小时母猪衔草做窝，这是分娩前的主要行为特征。引进的品种表现不明显。初产母猪比经产母猪做窝早。母猪起卧不安，不吃食，呼吸急促，排尿频繁，阴道流出黏液，就是即将临产的征状。

### 3. 接产的准备工作

在母猪分娩前10天，就应准备好产房。产房应当阳光充足，空气新鲜，温暖干燥（室温保持20℃以上，相对湿度在80％以上）。在寒冷地区要堵塞缝隙，生火或用3％～5％石炭酸消毒地面，用生石灰液粉刷圈墙。产前3～5天在产房铺上新的清洁干草，把母猪赶进产房，让它习惯新的环境。用温水洗刷母猪，尤其是腹部、乳房和阴户周围更应保持清洁，清洗后用毛巾擦干。母猪多在夜间产仔。接产用具如护仔箱、毛巾、消毒药、耳号钳和称仔猪用的秤、手电筒和风灯等，都要准备齐全，放在固定位置。

### 4. 接产

详见第二章第四节猪的妊娠与分娩。

### 5. 母猪分娩前后的饲养

（1）分娩前的饲养　体况良好的母猪，在产前5～7天应逐步减少20%～30%饲喂量，到产前2～3天进一步减少30%～50%，避免产后最初几天泌乳量过多或乳汁过浓引起仔猪下痢或母猪发生乳腺炎；体况一般的母猪不减料；体况较瘦弱的母猪可适当增加优质蛋白质饲料，以利于母猪产后泌乳。临产前母猪的日粮中，可适量增加麦麸等轻泻性饲料，可调制成粥料饲喂，并保证供给饮水，以防猪便秘导致难产。产前2～3天不宜将母猪喂得过饱。

（2）分娩当天的饲养　母猪在分娩当天因失水过多，身体虚弱疲乏，此时可补喂2～3次麦麸盐水汤，每次麦麸250克、食盐25克、水2千克左右。

（3）分娩后的饲养　在分娩后2～3天内，由于母体虚弱，消化机能差，不可多喂精料，可喂些稀拌料（如稀麸皮料），并保证清洁饮水的供应，以后逐渐加料，经5～7天后按哺乳母猪标准饲喂。

### 6. 母猪分娩前后的管理

临产前应在产房内铺上清洁干燥的垫草，母猪产仔后立即更换垫草，清除污物，保持垫草和圈内的干燥清洁。要防止贼风侵袭，避免母猪感冒引起缺奶造成仔猪死亡。保持母猪乳房和乳头的清洁卫生，减少仔猪吃奶时的污染。产后2～3天不让母猪到户外活动，产后第4天无风时可让母猪到户外活动。让母猪充分休息，尽快恢复体力。哺乳母猪舍要保持安静，以利于母猪哺乳。要注意对产后母猪的观察，如有异常，及时请兽医诊治。

## 三、哺乳母猪的饲养管理

### （一）哺乳母猪的饲养

母乳是仔猪生后3周内的主要营养来源，是仔猪生长的物质基础。养好哺乳母猪，保证它有充足的乳汁，才能使仔猪健康成长，提高哺乳仔猪断奶窝重，并保证母猪有良好的体况，仔猪断奶后母猪能及时发情配种，顺利进入下一个繁殖周期。母猪哺乳期失重属于正常现象，一般泌乳力越高的母猪失重越多，但失重多少和哺乳期营养水平和母猪采食量有很大关系。母猪在整个哺乳期的泌乳量为250～400千克，每泌乳1千克需消化能8.37兆焦，以每天泌乳6千克计，仅泌乳每天就需消化能50.22兆焦，泌乳的高能量消耗，必然导致母猪在哺乳期体重下降。在正常情况下，哺乳期体重的下降，一般为产后体重的25%左右，哺乳期第1个月体重下降约占全期下降的60%，而第2个月约占40%。这和母猪前期产奶多、后期产奶少的泌乳规律是一致的。如果哺乳期体重下降幅度太大，则会影响断奶后的正常发情配种和下一胎的产仔成绩。因此，无论是保护母猪的正常体况，还是提高仔猪的断奶窝重，都必须加强哺乳母猪的饲养。

**1. 营养需要**

哺乳母猪的营养需要量因品种、体重、带仔数不同而有差异。日粮营养水平建议为消化能12.96～13.38兆焦/千克、粗蛋白质15%～17%、钙0.75%～0.90%、磷0.5%～0.65%、食盐0.35%～0.45%、赖氨酸0.75%～0.90%。

**2. 饲喂**

哺乳母猪的饲料，要严防发霉变质，以免母猪发生中毒或导致仔猪死亡。在产后喂粥料3～4天，以后逐渐改喂干料或湿拌料，到断奶前3～5天可减料到原喂量的1/3或1/5。如果提早30～35天断奶，减料可以提前，逐渐改喂空怀母猪料。

根据每头哺乳母猪带仔多少，喂料量随之变化，每多带1头仔猪，按每猪维持料加喂0.3～0.4千克料。母猪的维持需要料量，一般按每100千克体重1.1千克料计算。例如，150千克体重的母猪带仔8头，则每天平均喂4.7～4.8千克；如果只带5头仔猪，则每天只喂3.3千克料即可满足。

每日一般饲喂3次，有条件的可搭配青绿多汁饲料，有较明显的催乳作用。

**（二）哺乳母猪的管理**

哺乳母猪的正确管理，对保证母仔的健康，提高泌乳量极为重要，应做好如下管理工作。

## 1. 保持适宜的环境

哺乳母猪舍一定要保持清洁干燥和通风良好，冬季要注重防寒保暖。母猪舍肮脏潮湿常是引起母猪、仔猪患病的原因，特别是舍内空气湿度过高，常会使仔猪患病和影响增重，应引起足够的重视。

## 2. 注意运动，多晒太阳

合理运动和让猪多晒太阳是保证母猪、仔猪健康，促进乳汁分泌的重要条件。产后3～4天开始让母猪带领仔猪到运动场内活动。

## 3. 保护好哺乳母猪的乳房和乳头

仔猪吸吮对母猪乳房乳头的发育有很大影响。特别是头胎母猪一定要注意让所有乳头都能均匀利用，以免未被利用的乳房发育不好，影响以后的泌乳量。当新生仔猪数少于母猪乳头数时，应训练仔猪吃2个乳头的乳，以防剩余的乳房萎缩。经常检查乳房，如发现乳房因仔猪争乳头而咬伤或被母猪后蹄踏伤时，应及时治疗，冬天还要防止乳头冻伤。腹部下垂的母猪，在躺卧时常会把下面一排乳头压住，造成仔猪吃不上奶，可用稻草捆成长60厘米左右的草把，垫在母猪腹下，使下面的乳头露出来，便于仔猪吮乳。腹部过分下垂的母猪，乳头经常拖在地上，应注意地面的平整，并经常保持地面清洁。注意观察母猪膘况和仔猪生长发育情况。如果仔猪生长健壮，被毛有光泽，个体之间发育均匀，母猪体重虽逐渐减轻但不过瘦，说明饲养管理合适。如果母猪过肥或过瘦，仔猪瘦弱生长不良，说明饲养管理存在问题，应及时查明原因，采取补救措施。

（三）生产实践中存在的问题

## 1. 母猪缺乳或无乳

在哺乳期内，有个别母猪在产后缺乳或无乳，导致仔猪发育不良或饿死。如遇到这种情况，应查明原因，及时采取相应措施加以解决。

（1）原因

① 对妊娠母猪的饲养管理不当。尤其是妊娠后期营养水平低，能量和蛋白质不足，母猪消瘦，乳房发育不良，母猪的营养不全

面，能量水平高而蛋白质水平低，体内沉积了过多的脂肪，母猪虽然很肥，但泌乳很少。

② 母猪年老或配种过早。年老的母猪体弱，消化机能减退，饲料利用率低，自身营养不良，小母猪过早配种，身体还在强烈地生长，需要很多营养，这时配种，造成营养不足，生长受阻，乳腺发育不良，泌乳量低。

③ 疾病母猪产后高热造成缺奶或无奶，发生乳腺炎或子宫炎都影响泌乳，使泌乳量下降。

（2）措施　针对上述原因，应采取以下解决方法。

① 加强妊娠后期的营养，尤其要考虑能量与蛋白质的比例。

② 对分娩后瘦弱缺奶或无奶的母猪，要增加营养，多喂些虾、鱼等动物性饲料，也可以将胎衣煮给母猪吃，喂给优质青绿饲料等。

③ 对过肥无奶的母猪，要减少能量饲料，适当增加青饲料，同时还要增加运动。

④ 在调整营养的基础上，给母猪喂催奶药。

⑤ 要及时淘汰老龄母种猪，第七胎以后的母猪，繁殖机能下降，泌乳量低，要及时用青年母猪更新。

⑥ 母猪患病要及时治疗。

（3）催乳方法

① 先将母猪与仔猪暂时分开，每头母猪肌内注射20万～30万单位催产素，用药10分钟后让仔猪自行吃乳，一般用1～2次即可达到催乳效果。

② 在煮熟的豆浆中，加入适量的荤油，连喂2～3天。

③ 花生仁500克、鸡蛋4枚，加水煮熟，分2次喂给，1天后见效下乳。

④ 海带250克泡胀后切碎，加入荤油100克，每天早晚各1次，连喂2～3天。

⑤ 白酒200克、红糖200克、鸡蛋6枚，先将鸡蛋打碎加入糖搅匀，然后倒入白酒，再加少量精料搅拌，一次性喂给哺乳母猪，一般5小时左右产乳量大增。

⑥ 将各种健康家畜的鲜胎衣（母猪自己的也可以），用清水洗净，煮熟剁碎，加入适量的饲料和少许盐，分3～5次喂完。

⑦ 将活泥鳅或鲫鱼1500克加生姜、大蒜适量及通草5千克拌料连喂3～5天，催乳效果很好。

⑧ 用王不留行35克、通草20克、穿山甲20克、白术30克、白芍20克、黄芪30克、当归20克、党参30克，水煎加红糖喂服。

### 2. 母猪拒绝哺乳仔猪

拒乳指母猪产后拒绝哺乳仔猪。拒乳有下列几种情况，一是母猪缺乳或少乳，仔猪总缠着母猪吮吸乳头，使母猪不安，或乳头发痛而拒绝哺乳，此种情况需要提高母猪饲料营养水平，加充足的催乳饲料，母猪乳汁分泌量增加，拒乳现象可以消失；二是母猪患乳房炎或乳头擦伤，或因个别仔猪犬齿太长、太尖，泌乳时乳房疼痛而拒乳，此种情况需请兽医及时治疗；三是初产猪没有哺乳经验而不哺乳，对仔猪吸吮刺激总是处于兴奋和紧张状态而拒绝哺乳，生产上可采取醉酒法，用2～4两白酒拌适量料一次喂给哺乳母猪，然后把仔猪捉去吃奶，或者肌内注射盐酸氯丙嗪（冬眠灵），每千克体重2～4毫克，使母猪睡觉，也可在母猪躺卧时，用手轻轻抚摸母猪腹部和乳房，然后再让仔猪吸乳，经这次哺乳，母猪习惯后，就不会拒绝哺乳。

### 3. 母猪吃小猪

生产中有个别母猪吃小猪现象是因为母猪吃过死小猪、胎衣或温水中的生骨肉（初生小猪的味道与其相似）；母猪产仔后，异常口渴，又得不到及时的饮水，别窝小猪串圈入此圈，母猪闻出味不对，先咬伤、咬死，后吃掉，或者由于母猪缺乳，造成仔猪争乳而咬伤乳头，母猪因剧痛而咬仔猪，有时咬伤、咬死后吃掉。消除母猪吃小猪的办法是供给母猪充足营养，适当增加饼类饲料，多喂青绿、多汁饲料，每天喂骨粉和食盐，母猪产仔后，及时处理掉胎衣和死小猪，不喂有生骨肉的温水，让母猪产前、产后饮足水，不使仔猪串圈等。

# 第六章
## 瘦肉型猪商品肉猪的饲养管理技术

chapter six

仔猪阶段是猪一生中生长发育最迅速、物质代谢最旺盛、对营养不全最敏感的阶段。饲养管理的好坏直接影响到仔猪的成活率、断奶窝重，影响到肥猪的出栏时间以及培育新母猪的繁殖力。所以仔猪的饲养管理对于快速育肥、提高养猪经济效益具有重要作用。

根据仔猪不同时期内生长发育特点及对饲养管理的要求，生产中通常分为两个阶段，即依靠母乳生活的哺乳仔猪阶段和由母乳过渡到独立生活的断奶仔猪阶段。

### 一、哺乳仔猪的饲养管理

养育哺乳仔猪的任务是获得最高的成活率和最大断乳窝重和个体重。为了达到目标，必须掌握仔猪的生长发育规律及其生理特点，采用相应的饲养管理措施。

（一）哺乳仔猪的生理特点及利用

哺乳仔猪的主要特点是生长发育快和生理上的不成熟性，出生后早期发生一系列重要变化，为后期独立生活做准备，从而构成了仔猪难养、成活率低的原因。

### 1. 生长发育快，机体代谢旺盛

和其他家畜相比，猪出生时体重相对较小，还占不到成年体重的1%，但出生后生长发育特别快。一般仔猪出生重在1千克左右，10日龄时体重达出生重的2倍以上，30日龄达5～6倍，60日龄体重达17～19千克，是初生重的17倍左右，如按月龄的生长强度计算，第1个月的生长强度最大。仔猪生长发育迅速，物质代谢旺盛，对营养物质需求高，必须供给充足的、全面的平衡日粮。

### 2. 消化器官容积小，消化机能差

猪的消化器官在胚胎内虽已形成，但出生时其相对重量和容积较小，机能发育不完善。如猪出生时胃仅为体重的0.44%，重4～8克，容纳乳汁25～50克，以后才随年龄的增长而迅速扩大，到20日龄，胃重增长到35克左右，容积扩大3～4倍；小肠在哺乳期内也强烈生长，长度约增5倍，容积扩大50～60倍。消化器官发育的晚熟，导致消化腺分泌及消化机能不完善。初生仔猪胃内仅有凝乳酶，而唾液和胃蛋白酶很少，约为成年猪的1/4～1/3。同时，胃底腺不发达，不能制造盐酸，缺乏游离的盐酸，胃蛋白酶就没有活性，呈胃蛋白酶元状态，不能消化蛋白质，特别是植物蛋白，这时只有肠腺和胰腺的发育比较完全，肠淀粉酶、胰蛋白酶和乳糖酶活性较高，食物主要是在小肠内消化，所以初生仔猪可以吃乳而不能利用植物性饲料，对乳蛋白的吸收率可达92%～95%，猪乳干物质的1/3是脂肪，也可吸收80%，但对长链脂肪酸的消化力则较小。

在胃液的分泌上，成年猪由于条件反射作用，即使胃内没有食物，同样能大量分泌胃液。而仔猪的胃和神经系统之间的联系还没有完全建立，缺乏条件反射性的胃液分泌，只有食物进入胃内直接刺激胃壁后，才分泌少量胃液。到35～40日龄，胃蛋白酶才表现出消化能力，仔猪才可利用乳汁以外的多种饲料，并进入"旺食"阶段。直到2.5～3月龄，盐酸的浓度才接近成年猪的水平。

哺乳仔猪消化机能不完善的又一表现是食物通过消化道的速度

太快。食物进入胃内后，完全排空（胃内食物通过幽门进入十二指肠的过程）的速度，15日龄时约为1.5小时，30日龄为3～5小时，60日龄时为16～19小时，30日龄喂人工乳的食物残渣通过消化道要12小时，而大豆蛋白则需要24小时，到70日龄时，不论蛋白来源如何都约需35小时。饲料的形态也影响食物通过的速度，颗粒饲料是25.3小时，粉料是47.8小时。

哺乳仔猪消化器官容积小，消化液分泌少，消化机能差，构成了它对饲料的质量、形态和饲喂方法、次数等饲养上要求的特殊性，生产中必须按照仔猪的营养特点进行科学的饲喂。

### 3. 缺乏先天免疫力，容易得病

免疫抗体是一种大分子的$\gamma$-球蛋白，猪的胚胎构造复杂，母猪血管与胎儿脐血管之间被6～7层组织隔开（人3层，牛、羊5层），限制了母猪抗体通过血液向胎儿转移，因而仔猪出生时没有先天免疫力。只有吃到初乳后，靠初乳把母体的抗体传递给仔猪，并过渡到自体产生抗体而获得免疫力。

仔猪出生后24小时内，由于肠道上皮处于原始状态，球蛋白质有可渗透性。同时乳清蛋白和血清蛋白的成分近似。因此，仔猪吸食初乳后，不经转化即能直接吸收到血液中，使仔猪血清$\gamma$-球蛋白的水平很快提高，免疫力迅速增加，肠壁的吸收能力随肠道的发育而渗透性改变，36～72小时后显著降低，所以仔猪出生后首先要让仔猪吃到初乳。

初乳中免疫球蛋白的含量虽高，但降低很快，如IgG的半衰期为14天，IgM为5天，IgA为2.5天。仔猪10日龄以后才开始自产免疫抗体，到30～35日龄前数量还很少，直到5～6月龄才达成年猪水平（每100毫升含$\gamma$-球蛋白65毫克），因此，这前3周是免疫空白期，仔猪不仅易患下痢，而且由于仔猪开始吃食，胃液又缺乏游离盐酸，对随饲料、饮水进入胃内的病原微生物没有抑制作用，也成为仔猪多病时期。

### 4. 调节体温的机能发育不全，抗寒能力差

对寒冷的刺激，动物体在神经系统调节下，发生一系列应激反

应。仔猪出生时，控制适应外界环境作用的下丘脑、垂体前叶和肾上腺皮质等系统的机能虽已相当完善，但大脑皮层发育不全，垂体和下丘脑的反应能力以及为下丘脑所必需的传导结构的机能较低，因此，调节体温适应环境的应激能力差，特别是生后第1天，在冷的环境中，不易维持正常体温，易被冻僵、冻死，故有小猪怕冷的说法。

据研究，初生仔猪的临界温度是35℃，如它们处在13～24℃，体温在生后第1小时可降低1.7～7℃，尤其在生后20分钟内，由于羊水的蒸发，降低更快，1小时后才开始回升。吃上初乳的健壮仔猪，在18～24℃的环境下，约2天后可恢复到常温，在0℃左右的环境条件下，经10天尚难达到常温，初生仔猪如裸露在1℃环境中2小时可冻昏、冻僵，甚至冻死。由此可见，仔猪调节体温的能力比较差，这是仔猪养育上的特殊性之一。

初生仔猪对体温的调节主要是靠皮毛、肌肉颤抖、竖毛运动和挤堆共暖等物理作用，但仔猪的被毛稀疏、皮下脂肪又很少，还不到体重的1%，主要是细胞膜组织，保温、隔热能力很差。野猪比家猪耐寒的主要原因是毛密能保温，如果把初生的野仔猪的毛剪去，其体温比家仔猪下降还明显；当环境温度低于临界温度下限时，体温靠物理调节已经不能维持正常，体内就要靠化学调节增进脂肪的氧化、甲状腺及肾上腺分泌等提高物质代谢增加热量的生理应激过程。化学调节也不能维持正常体温时，才出现体温下降乃至冻僵现象。仔猪由于大脑皮层调节体温的机制发育不全，不能协调进行化学调节。同时，初生仔猪体内的能源储备也是很有限的，每100毫升血液中，血糖的含量是100毫克，如吃不到初乳，2天可降到10毫克或更少，可因发生低血糖症而出现昏迷，即使吃到初乳，得到脂肪和糖的补充，血糖含量可以上升，但这时脂肪还不能作为能源被直接利用，要到24小时以后氧化脂肪的能力才开始加强，到第6天时化学的调节能力仍然很差，从第9天起才得到改善，20日龄接近完善，因此，仔猪化学调节体温机能的发育可以分为3个时期：贫乏调节期——出生后至第6天；渐近发育期——第7～20

天；充分发育期——20日龄以后。所以，对初生仔猪保温是养好仔猪的特殊护理要求。

（二）抓好初生关和断奶关

**1. 抓好初生关，提高仔猪成活率**

仔猪生后20天内，主要靠母乳生活，初生期又有怕冷、易病的生理特点，因此，使仔猪获得充足的母乳，维持适宜的温度和减少踩压死亡是促使仔猪成活和健壮发育的关键措施。

（1）固定乳头　仔猪出生后即可自由行动，第一个活动就是靠触觉寻找乳头吸乳，从出生到第1次吸乳相隔约3～15分钟，弱小仔猪因四肢无力，行动不灵，往往不能及时找到乳头或易被挤掉，尤其在寒冷季节，有的被冻僵不会吸乳。为此，在仔猪出生后应给予人工辅助，让弱小仔猪尽早吃到初乳，最晚不超过2小时，以增加体力、恢复体温、补给水分。

初乳是母猪分娩后3天内分泌的淡黄色乳汁，和常乳的化学成分不同，对初生仔猪有特别的生理作用，初乳中蛋白质含量高，维生素丰富，含有免疫抗体，又有镁盐，有轻泻性，可促使胎粪排出，而且初乳酸度较高，有利于消化道活动，初乳的各种营养物质，在小肠内几乎全被吸收，有利于增长体力和产热，因此，初乳是仔猪不可缺少或取代的食物。

母猪乳房的构造和特性与其他家畜不同。各个乳房互不相通，自成一个功能单位。各乳房的泌乳量和乳的品质各异。一般前面的乳头乳量多。因此同一窝的仔猪大小不一。各乳头的泌乳量及对仔猪的生长也有很大影响。据实验报道，在前5对乳头吃乳的仔猪，20日龄体重可达3.4～4.1千克，而在后两对乳头吃乳的仔猪，体重只有2.5～3.1千克。

每个乳房由2～3个乳腺组成，每个乳腺有一个小乳头管通向乳头，而没有乳池储存乳汁。因此，猪乳的分泌除分娩后最初2～3天内是连续的外，以后是由于刺激有控制地放乳，不放乳时乳房中挤不出乳汁，每次吸乳时，仔猪先拱揉母猪乳房，刺激乳腺活动，然后放乳，仔猪这才能吸到乳汁，吸完后再拱揉乳房1次，所以每次吸的乳量不多而对仔猪的体力损耗很大，吸乳后需要安静休息。

母猪每次放乳时间很短，根据观测产仔后第3天每次放乳时间为22秒，第50天为11秒。所以，哺乳仔猪每天吸乳频繁。自然哺乳时约1小时1次，有的测定，生后第1天吸乳多不定时，第2天开始有一定间隔；第3天24次，1周龄时26.4次，7周龄时16.6次，平均每天22次。一般白天多夜间少。

仔猪有固定乳头吸乳的习性，开始几次吸食哪个乳头，一经认定到断乳不变。乳头的定位一般是在最后一头仔猪出生后1小时建立，如母猪经常翻身（主要是初产母猪）则需时间更长。

初生仔猪开始吸乳时，往往互相争夺乳头，强壮的仔猪优先占领最前边的乳头，其次是最后边的乳头，中间的乳头则留给弱小的仔猪占用。如仔猪迟迟找不到乳头或被挤掉，则易引起互相争夺，而咬伤母猪乳头或仔猪颊部，导致母猪拒不放乳或个别仔猪吸不到乳汁。

为了使同窝仔猪生长均匀、健康，在仔猪出生后2～3天内应进行人工辅助固定乳头，使仔猪吃好初乳，即在母猪分娩结束后，将仔猪放在躺卧的母猪身边，让仔猪自寻乳头，待大多数找到乳头后，对个别弱小或强壮争夺乳头的仔猪再进行调整，将弱小的仔猪放在前边乳汁多的乳头上，强壮的放在后边乳头上，如仔猪少而乳头多，可令其吸食两个乳头，这样强壮仔猪吸食两个乳汁少的乳头，既可满足其对乳量的需要，又可不留空乳头，有利于促进乳腺发育。

固定乳头是件细致的工作，以自选为主个别调整为辅，特别要注意控制好抢乳头的强壮仔猪，也可以先把它放在一边，待别的仔猪已找定乳头，母猪放乳时再立即把它放在指定的乳头上，这样经过几次训练即可建立吸乳的位次。为便于固定仔猪所吸食的乳头，可在仔猪背部或臀部用油漆作出标志。

（2）加强保温和防寒　母猪冬春季节分娩造成仔猪死亡的主要原因是冻死或被母猪压死。尤其是出生后5天内，仔猪受冻变得呆笨，行动不灵、不会吸乳、好钻草堆，更易被母猪压死或引起低血糖、感冒、肺炎等病。因此，加强护理，做好防冻保温和防压工作是提高仔猪成活率的保证。

仔猪的适宜温度，生后1～3日龄是30～32℃，4～7日龄是28～30℃，15～30日龄是22～25℃，2～3月龄是22℃，成年猪是15℃。实际上，仔猪总是群居的，可以挤堆共暖，室温还可以略低些。

保温的办法很多，可根据自己的条件选择。为避免在严寒或酷暑季节产仔，可采用3～5月及9～10月间分娩的季节产仔制；如用全年产仔制，应设产房，堵塞风洞，铺垫草，保持室内干燥，使舍温保持至28℃以上，相对湿度70%～80%。据研究，猪的失热，关键在地面导热。如在水泥地面上，地面失热占15%，辐射失热占40%，对流占35%；在木板地面上，则地面占6%，辐射占40%，对流占30%。用1.2厘米厚的木板代替2.5厘米厚的水泥地面，等于提高地温12℃，如风速从每分钟6米加快到18米，等于降温5.6℃。所以，水泥地面一定要铺垫草。在密闭的猪舍内，用厚垫草（5～10厘米）、高密度的办法养育仔猪，猪舍内不生火加温也可取得良好效果。

仔猪供温方式如下。

① 红外取暖器保温，方法简单，在产栏内安装木箱，或塑料箱挂上这些取暖设备，箱内温度高低可靠调节热源的高低来解决，效果良好，不仅保证了适宜温度，而且红外线对小猪皮肤也很有好处。

② 在箱内挂白炽灯泡，箱口用麻袋或薄膜覆盖即可，100瓦的灯泡即可解决取暖问题。

③ 仔猪保温箱内放置电热板。

④ 安装热风炉提高舍内温度。

（3）防压防踩  防止压死和踩死仔猪也是提高仔猪成活率的一个重要措施。有的母猪体态笨重或年老耳背，行动迟钝，或母性不好，起卧时易踩伤或压死仔猪。特别是初生后1～3天内，由于母猪疲倦，仔猪软弱，更易出现压死现象。采取的措施如下。

① 保持环境安静。防止突然声响，避免母猪受惊而踩压仔猪；仔猪出生后第1次哺乳时要人工辅助固定乳头，避免由于仔猪争抢乳头引起母猪烦躁不安、时起时卧而压死和踩死仔猪。

② 剪掉仔猪獠牙。仔猪吸乳时，往往由于尖锐的獠牙咬痛母猪的乳头，造成母猪起卧不安，容易压死、踩死仔猪。故仔猪出生后，应及时用剪刀或钳子剪掉仔猪獠牙，但要注意断面整齐。

③ 设置护仔间或护仔栏。有条件的专业户可自焊或购置产栏，就不存在压死仔猪的问题。条件差的专业户或农户，可在产圈内一角方便工作人员工作的地方，砌一宽×长×高为60厘米×80厘米×60厘米的补料栏，下留一孔让小猪出入，既可作保温箱，又可作补料栏，还可防压，一举三得。仔猪出生后1～2天就可完成训练，自觉出入，尤其在冬天和早春，母子自觉分开睡觉（栏内有供暖设施）。

（4）寄养　在猪场有大量母猪同期产仔的情况下，对多产或无乳仔猪采取寄养是比较经济而有效的办法，即把一窝中超过母猪哺育能力多余的仔猪寄养给产仔少的母猪。两头母猪的产仔日期最好相近，先后不要超过2天，两窝仔猪的体重相差不要太大，以免仔猪因被排挤而吃不到乳影响生长发育。另外，在工厂化养猪的生产流程中，寄养也是一种生产手段，因为在大量母猪同期生产中，避免不了寡产现象，即使上一胎产仔数相当多的母猪，下一胎也有可能只产2～3头。在这种情况下，饲养人员和管理人员就应认真分析其他母猪的带仔情况，假如有个别母猪，产仔数、仔猪初生重都不错，但记录上它的带仔情况不佳，就可把它的仔猪全部转移给其他母猪。将该母猪赶出产房，准备发情配种，进入下一个生产期。

当然，寄养母猪要选择性情温顺、泌乳量多、母性好的母猪。母猪的视觉很差，主要靠嗅觉辨认自己的仔猪。因此，寄养时常遇到两种情况：一是母猪因闻出仔猪气味不同而拒绝喂乳或咬伤寄养仔猪；二是因仔猪寄养过晚而不吸寄母的乳。遇此情况，可先将母仔分开，把寄养的仔猪和原有仔猪放在一起经个把小时，使两窝仔猪厮混在一起，气味一致，而且此时母猪乳房已胀，仔猪也感饥饿，再放出哺乳，才易被母猪接受。必要时可用臭药水或寄母乳汁涂抹仔猪。如寄养的仔猪经隔离后仍不吸食母乳，可适当延长其饥饿时间，待其很饿，且受寄窝仔猪开始哺乳时，再放到寄母身边，令其迅速吸到乳汁即可成功。

寄养法还可促进落脚猪（垫窝猪）的发育，即把一窝中最弱小的垫窝猪寄养给分娩较晚的母猪，以延长哺乳时间，增加吸乳量，促进生长发育。种猪场为了避免血统混乱，寄养时要给仔猪打耳号，以便识别。

（5）人工哺乳　当母猪无乳或死亡又不能寄养时，可采取仔猪人工哺乳法。作为农户或小专业户若遇到这种情况，说起来容易做起来实际很难，一是人工乳配制不那么很容易，二是没有吃上初乳的仔猪，即使有人工乳饲喂也很不容易养，这一点曾做过几次试验。即使是养活了，生长也很缓慢，几乎就和小僵猪一样，所以，养殖户人工哺乳还需要进一步探索和提高。有关人工乳的配制方法请参见表6-1。

表6-1　人工乳的配方　　　　单位：%

| 饲料 | 前期料 | | 后期料 | | 强化料 |
| --- | --- | --- | --- | --- | --- |
| | 配方1 | 配方2 | 配方1 | 配方2 | |
| 玉米 | 14.0 | 0 | 35.0 | 35～45 | 41.5 |
| 高粱 | 0 | 0 | 0 | 10～15 | 25.0 |
| 小麦 | 35.0 | 30～45 | 20.0 | 15～20 | 0 |
| 大麦 | 0 | 0 | 15.0 | 0 | 10.0 |
| 鱼粉 | 12.0 | 8～14 | 6.0 | 8～14 | 4.0 |
| 脱脂奶粉 | 25.0 | 0 | 5.0 | 0 | 0 |
| 大豆饼 | 0 | 8～12 | 7.0 | 8～12 | 13.5 |
| 炒大豆粉 | 0 | 8～12 | 5.0 | 0 | 0 |
| 酵母 | 0 | 0～2 | 0 | 0～1 | 0 |
| 砂糖 | 10.0 | 0 | 2.0 | 0 | 0 |
| 葡萄糖 | 0 | 10～16 | 0 | 0～1 | 0 |

续表

| 饲料 | 前期料 | | 后期料 | | 强化料 |
|---|---|---|---|---|---|
| | 配方1 | 配方2 | 配方1 | 配方2 | |
| 糖蜜 | 0 | 0～3 | 0 | 0～5 | 3.0 |
| 味精 | 0 | 0.2 | 0 | 0 | 0 |
| 动物油 | 2.5 | 0 | 2.0 | 0 | 0 |
| 维矿混合物 | 1.5 | 0 | 3.0 | 0 | 3.0 |
| 蛋氨酸 | 0 | 0.1 | 0 | 0.05 | 0 |
| 赖氨酸 | 0 | 0.15 | 0 | 0.1 | 0 |
| 碳酸钙 | 0 | 1.0 | 0 | 0.5 | 0 |
| 磷酸氢钙 | 0 | 0.5 | 0 | 0.7 | 0 |
| 微量元素 | 0 | 0.05 | 0 | 0.05 | 0 |
| 复合维生素B | 0 | 0.05 | 0 | 0.05 | 0 |
| 维生素A、$D_3$ | 0 | 0.05 | 0 | 0.05 | 0 |
| 食盐 | 0 | 0.35 | 0 | 0.45 | 0 |
| 胃蛋白酶 | 0 | 0.2 | 0 | 0.06 | 0 |
| 抗生素 | 0 | 0.3 | 0 | 0.02 | 0 |

**2. 抓好补料关，提高仔猪断奶重**

仔猪的体重及营养需要与日俱增，母猪的泌乳量虽在第3～4周达高峰以后逐渐下降，但自第2周以后，仍不能满足仔猪体重日益增长的需求，第3周母乳只能满足95％左右，第4周只能满足80％左右，第5周就更不行了。据国外资料报道，前4周龄仔猪每千克增重需0.8千克乳的干物质，如不能及时补料，弥补营养不足，就会影响仔猪的正常生长。及早补料，还可以锻炼仔猪的消化器官及其机能，促进胃肠发育，防止下痢，缩短过渡到成年猪饲料的适应期，为安全断乳奠定基础，因此，引导仔猪开食补料的时间应在母猪乳汁变化和乳量下降之前，以便仔猪学会认料。只有提前诱食和早期补食，才能最大限度地提高哺乳仔猪断奶重。

（1）矿物元素的补充

① 补铁和铜。铁是造血和防止营养性贫血必需的元素。仔猪

初生时体内铁的总储量约为50毫克，每日生长约需7毫克，到3周龄开始吃料前，共需200毫克，而母乳中含铁量很少（每100克乳中含铁0.2毫克），仔猪从母乳中每日仅能获得约1毫克的补充，而给母猪补饲铁也不能提高乳中铁的含量。仔猪体内的铁储量很快耗尽，若得不到补充，一般10日龄前后会因缺铁而出现食欲减退、被毛散乱、皮肤苍白、生长停止和发生白痢等，甚至夭亡。因此，仔猪生后2～3天补铁。铜也是造血和酶必需的原料，高喂量的铜与低量抗生素效果相似，有促进生长之效，因此，给仔猪补铁的同时也需补铜。常用的补铁和铜方法有三种：一是铁铜合剂补饲法。仔猪生后3日起补饲铁铜合剂。把2.5克硫酸亚铁和1克硫酸铜研面溶于1000毫升水中，装于瓶内，当仔猪吸乳时，将合剂刷在乳头上令仔猪吸食或用小奶瓶喂给它，每日1～2次共10毫升左右。当仔猪会吃料后，可将合剂拌入料中喂给。此法简便易行，价格便宜，适合小专业户或农户。二是牲血素注射法。仔猪生后2～3日，必须注射，这种针剂类型很多，有国产、进口，名字不一、容量（10～100毫升）不一、含量不一。一次性皮下或肌内注射（按说明使用），目前进口的质量比较好。三是矿物质舔剂法。为了满足猪对微量元素的需要，在仔猪生后第2天就开始在保温栏内设大盘子（平底），内装新鲜红土、骨粉、食盐、木炭粉和铁铜合剂混合物，任仔猪自由舔食，甚至可以人工抹入口内。这种方法效果良好。

② 补硒。硒作为谷胱甘肽过氧化酶的成分，能防止细胞线粒体脂类过氧化，与维生素一起保护细胞膜的正常功能。当饲料中缺硒时，会导致仔猪拉稀、肝坏死和白肌病发生。我国大部分地区由于土壤中硒的含量相当稀少，影响到饲料中硒的含量，所以目前饲料添加剂内都加入了硒。补硒的方法是生后3日内肌内注射0.1%亚硒酸钠0.5毫升，断乳时再注射1次。

（2）水的补充　水是猪所需要的主要养分之一。仔猪生长迅速，代谢旺盛，如5～8周龄仔猪需水量为本身体重的1/5。同时，母猪乳中含脂率高，仔猪常感口渴，需水量较多，如不喂给清水，仔猪就会喝脏水或尿液，容易引起下痢。因此，仔猪生后3～5日龄起就可在栏内设水槽，经常更换清洁水或加甜味剂。有条件的话可安装自动饮水器效果更好。

另外，由于哺乳仔猪缺乏盐酸，用含盐酸0.8％的水给3～20日龄的仔猪（20日龄后改用清水）饮用，60日龄重可提高13％，补饮盐酸有补胃液分泌不全、活化胃蛋白酶之效。每头仔猪仅需盐酸100克，成本很低。

（3）饲料的补充　补料的目的除补充母乳不足、促进胃肠发育外，还有解除仔猪牙床发痒、防止下痢的作用。仔猪开始吃食的早晚与其体质、母猪乳量、饲料的适口性及诱导训练方法有关。仔猪出生时已有上下第三门齿及犬齿8枚，6～7日龄后前臼齿开始发生，牙床发痒，这时仔猪可离开母猪单独活动，对地面上的东西用闻、拱、咬进行探究，特别喜欢啃咬垫草、木屑和母猪粪便中的谷粒等硬物、脏物消解牙痒。同时，仔猪对这种探究行为有很大的模仿性，只要有一个猪开始拱咬一个东西，别的猪也很快来追逐，因此，可以利用仔猪这种探究行为和模仿争食的习性来引导其吃食。

① 诱食。诱食可从5～7日龄开始，经过7～14天的诱食训练，仔猪吃料，进入旺食期。诱食的方法见表6-2。

表6-2　仔猪诱食的方法

| 饲喂甜食 | 仔猪喜食甜食，对5～7日龄的仔猪诱食时，应选择香甜、清脆、适口性好的饲料，如带甜味的南瓜、胡萝卜切成小块，或将炒焦的高粱、玉米、大麦粒、豆类等喷上糖水或糖精水，并裹上一层配合饲料，拌少许青饲料，于上午9：00至下午3：00放在仔猪经常游玩的地方，任其自由采食 |
|---|---|
| 强制采食 | 这种方法适用于优秀母猪的子女，因母乳充裕，一般诱导法不起作用，为使仔猪胃肠发育、早日开食，人工用稀粥状、甜味浓、适口易消化的料强制填塞。往往要配合母猪减水减料 |
| 母教仔法 | 这种方法适用于一些专业户和农户，在没有补饲间的情况下，把舍内地面冲洗干净、消毒，把饲料（母猪料）均匀撒在地面上，让母猪延长吃料时间，仔猪跟着母亲在地面上学吃料，短时间即可学会吃料 |
| 大带小法 | 有不少小规模猪场就是使用此法，在仔猪1周龄能自由活动时，即可把母猪圈围向人行道的只允许小猪出入的洞打开，在人行道上设补料槽。为已会吃料的仔猪补料，1周龄的仔猪出来后，模仿较大的猪吃料，较大的猪往往不让小猪吃料，越是这样，小猪越好奇，短时间之内也可学会吃料 |

仔猪开始吃得很少，只是把食物当玩具，拱拱咬咬。当它吃进一点后，很快就可引起吃食的欲望和反射，为了加速仔猪采食反射的建立，应注意饲料、食槽及补饲地点不要轻易变更，且要选择仔猪喜食的饲料。

②补料。目前，乳猪料多是全价颗粒料，具有价高质优、适口性好的特点。每日饲喂4～6次，饲喂量由少到多，进入旺食期后，夜间多喂1次。母猪泌乳量高时，应有意识地进行"逼料"，即每次喂乳后，将仔猪关进补料间，时间为1～1.5小时，仔猪产生饥饿感后会对补料间的饲料产生一定兴趣，逼其吃料。仔猪35天后，生长快，采食量大增，此时除白天增加补饲外，在晚上21：00～0：00增喂1次饲料。

（三）适时去势

商品猪场的小公猪、种猪场不能作种用的小公猪，都在哺乳期间进行去势。3～5日龄去势。消毒液用75％的酒精和5％的碘酊。早去势，抓猪比较容易，可减少小猪应激，在断奶前伤口就愈合，但若小猪下痢，则去势要推迟。

（四）疾病防治

初生仔猪抗病能力差，消化机能未完善，容易患病死亡，对仔猪危害最大的是腹泻病。

**1. 仔猪腹泻病的病因**

仔猪腹泻病是一个总称，包括了多种肠道传染病，最常见的有仔猪红痢、仔猪黄痢、仔猪白痢和传染性胃肠炎等。

（1）仔猪红痢病　仔猪红痢病是因产气荚膜梭菌侵入仔猪小肠，引起小肠发炎造成的。本病多发生在生后3天以内的仔猪，最急性的病状不明显，突然不吃奶，精神沉郁，不见拉稀即死亡。病程稍长的，可见到不吃奶，精神沉郁，离群，四肢无力，站立不稳，先拉灰黄或灰绿色稀便，后拉红色糊状粪便，故称红痢。仔猪红痢发病快，病程短，死亡率高。

（2）仔猪黄痢病　仔猪黄痢病是由大肠杆菌引起的急性肠道传

染病，多发生在生后3日龄左右，仔猪突然拉稀，粪便稀薄如水，呈黄色或灰黄色，有气泡并带有腥臭味。本病发病快，其死亡率随仔猪日龄的增长而降低。

（3）仔猪白痢病　仔猪白痢病是仔猪腹泻病中最常见的疾病，多发生在30日龄以内的仔猪，以出生后10～20日龄发病最多，病情也较严重。主要症状为下痢，粪便呈乳白色、灰白色或淡黄白色，粥状或稍糊状，有腥臭味。诱发和加剧仔猪白痢病的因素很多，如母猪饲养管理不当、膘情肥瘦不一、乳汁多少和浓稀变化很大，或者天气突然变冷、湿度加大，都会诱发白痢病的发生。

（4）仔猪传染性胃肠炎　仔猪传染性胃肠炎是由病毒引起的，不限于仔猪，各种猪均易感染发病，但仔猪死亡率高。症状是粪便很稀，严重时腹泻呈喷射状，伴有呕吐，脱水而死亡。

**2. 预防措施**

预防仔猪腹泻病的发生，是减少仔猪死亡、提高猪场经济效益的关键。

（1）养好母猪　加强妊娠母猪和哺乳母猪的饲养管理，保证胎儿正常生长发育，产出体重大、健康的仔猪，母猪产后有良好的泌乳性能。哺乳母猪饲料稳定，不吃发霉变质和有毒的饲料，保证乳汁的质量。

（2）保持猪舍清洁卫生　产房最好采取全过全出，前批母猪仔猪转走后，地面、栏杆、网床、空间要进行彻底清洗、严格消毒，消灭引起仔猪腹泻的病菌病毒，特别是被污染的产房消毒更应严格，最好是经过取样检验后再进母猪产仔。妊娠母猪进产房时对体表要进行喷淋刷洗消毒，临产前用0.1%高锰酸钾溶液擦洗乳房和外阴部，减少母体对仔猪的污染。产房的地面和网床上不能有粪便存留，随时清扫。

（3）保持良好的环境　产房应保持适宜的温度、湿度，控制有害气体的含量，使仔猪生活舒服，体质健康，有较强的抗病能力，可防止或减少仔猪腹泻等疾病的发生。

（4）采用药物预防和治疗　对仔猪危害很大的黄痢病目前可用

药物预防和治疗。口服药物预防治疗，可用增效磺胺甲氧嗪注射液，仔猪生后在第1次吃初乳前口腔滴服0.5毫升，以后每天2次，连续3天。如有发病猪继续投药，药量加倍。也可选用硫酸庆大霉素注射液，仔猪生后第1次吃初乳前口腔滴服10万国际单位，以后每天2次，连服3天，如有猪发病继续投药。

仔猪黄痢也可用疫苗进行预防。造成本病的大肠杆菌有一种类似毛鬃状的菌毛，当细菌进入仔猪肠道后，便利用菌毛吸附在肠黏膜上，借此定居增殖，产生大量肠毒素，使仔猪脱水拉稀。在母猪妊娠后期注射菌毛抗原K88、K99、K987P等菌苗，使母猪产生抗体，这种抗体可以通过初乳或者乳汁供给仔猪。由于抗菌毛抗体能将大肠杆菌的菌毛中和，使其无法吸附在小肠壁上而被冲走，出现一过性拉稀，危害不大。但必须根据大肠杆菌的结构注射相对应的菌苗才会有效。

## 二、断奶仔猪的饲养管理

断奶仔猪是指生后4～5周龄断奶到10周龄阶段的仔猪。仔猪断奶是继出生以来又一次强烈的刺激，一是营养的改变，由吃温热的液体母乳为主改成吃固体的生饲料；二是由依附母猪的生活变成完全独立的生活；三是生活环境的改变迁移，由产房转移到仔猪培育舍（育仔猪舍），并伴随着重新编群；四是最容易受病原微生物的感染而患病。以上诸多因素的变更会引起仔猪的应激反应，影响仔猪正常的生长发育并造成疾病。加强断奶仔猪的饲养管理会减轻断奶应激带来的损失。

### （一）仔猪断乳的方法

断乳应激对仔猪影响很大，在生产中需采用适宜的方法。

### 1. 一次断乳

当仔猪达到预定的断乳日期，断然将母猪与仔猪分开。由于突然断乳，仔猪因食物和环境的突然改变，引起消化不良，情绪不安，增重缓慢或生长受阻，又易使母猪乳房胀痛或致乳腺炎。但这一方法简单，使用时应于断乳前3～5天减少母猪的饲料喂量，加强母猪和仔猪的护理。

## 2. 分批断乳

按仔猪的发育、食量和用途分别先后断乳。一般是将发育好、食欲强、作育肥用的仔猪先断乳,体格弱、食量小、留作种用的仔猪适当延长哺乳期。这一方法的缺点是断乳拖长了时间,先断乳仔猪所吸吮的乳头成为空乳头,易患乳腺炎。

## 3. 逐渐断乳

在仔猪预定断乳日期前4～6天,把母猪赶到离原圈较远的圈里,定时赶回让仔猪哺乳,哺乳次数逐日减少,至预定日期停止哺乳。这一方法可缓解突然断乳的刺激,称此为安全断乳。

### (二)转群前准备

转群前的准备是一项细致而繁琐的工作,目的是为断奶仔猪提供一个清洁、干燥、温暖、舒适、安全的生长环境,尽量减少仔猪的各种应激。

## 1. 圈舍清洁消毒

(1)清洁 断奶仔猪舍(保育舍)宜采用全进全出制生产方式。一批猪保育期满后全部转入育成猪舍或育肥猪舍,之后彻底冲圈清理猪舍卫生,将地面、墙壁、屋顶及栏杆、料槽、漏缝地板等舍内设施的粪便、污物、灰尘用清洗机彻底冲刷干净,不留任何死角,同时将地下管道集中处理干净,并结合冲圈进行灭蝇和灭寄生虫工作,还要注意节约用水。

(2)消毒 圈舍冲洗干净后对圈舍及舍内设施分别用火碱、新过氧乙酸、灭毒威(酚类消毒剂)进行3次喷雾消毒,每次消毒间隔12～24小时,最后用石灰乳对网床、地面及墙壁进行涂刷消毒,必要时还需熏蒸消毒。做以上工作后关闭门窗,待干燥后进猪。

## 2. 设备用具的准备

(1)设备安装调试 安装好加温设备,可采用火炉和红外线或热风炉供热保暖;接猪前1天应将洗刷干净、晾干的灯泡、灯罩安装并调试好,开始升温预热房间,使舍内温度达到28℃左右。

(2)用具准备 准备好饲喂饮水用具以及消毒防疫用具。

### （三）断奶仔猪的饲养

断奶仔猪处于强烈的生长发育阶段，各组织器官还需进一步发育，机能尚需进一步完善，特别是消化器官更突出。猪乳汁极易被仔猪消化吸收，其消化率可高达100%，而断奶后所需的营养物质完全来源于饲料。主要能量来源的乳脂由谷物淀粉所替代，可以完全被消化吸收的酪蛋白变成了消化率较低的植物蛋白，并且饲料中还含有一定量的粗纤维。据研究表明，断奶仔猪采食较多饲料时，其中的蛋白质和矿物质容易与仔猪胃内的游离盐酸相结合，不能充分抑制消化道内大肠杆菌的繁殖，常引起腹泻疾病。

为了使断奶仔猪能尽快地适应断奶后的饲料，减少断奶造成的不良影响，除对哺乳仔猪进行早期强制性补料和断奶前减少母乳（断奶前给母猪减料）的供给，迫使仔猪在断奶前就能进食较多补充饲料外，还要使仔猪进行饲料的过渡和饲喂方法的过渡。饲料的过渡就是仔猪断奶2周之内应保持饲料不变（仍然饲喂哺乳期补充饲料），并添加适量的抗生素、维生素和氨基酸，以减轻应激反应，2周之后逐渐过渡到吃断奶仔猪饲料。饲喂方法的过渡，仔猪断奶后3～5天最好限量饲喂，平均日采食量为160克，5天后实行自由采食。

断奶仔猪栏内最好安装自动饮水器，保证随时供给仔猪清洁饮水，并在饮水中添加抗应激药物（如葡萄糖、电解多维、补液盐）以缓解断奶应激对仔猪的影响。断奶仔猪采食大量干饲料，常会感到口渴，需要饮用较多的水，如供水不足不仅会影响仔猪正常的生长发育，还会因饮用污水造成下痢等病。保证充足的饮水位置，每8头猪要有一个饮水点，最好每栏内再加一个方形饮水槽。仔猪饮水器与地面高度见表6-3。

表6-3　仔猪饮水器与地面高度

| 仔猪体重/千克 | 饮水器与地面高度/毫米 |
| --- | --- |
| 5 | 100～130 |
| 5～15 | 130～300 |
| 15～35 | 300～460 |

## （四）断奶仔猪的管理

### 1. 分群

幼猪栏多为长方形，长1.8～2.0米，宽约1.7米，面积为3.06～3.40平方米。每栏饲养幼猪8～10头。仔猪断奶后第1～2天很不安定，经常嘶叫寻找母猪，尤其是夜间更甚。为了稳定仔猪不安情绪，减轻应激损失，最好采取不调离原圈、不混群并窝的原圈培育法。

仔猪到断奶日龄时，将母猪调回空怀母猪舍，仔猪仍留在产房饲养一段时间，待仔猪适应后再转入仔培舍。由于是原来的环境和原来的同窝仔猪，可减少断奶刺激。此种方法缺点是降低了产房的利用率，建场时需加大产房产栏数量。

工厂化养猪生产采取全年均衡生产方式，各工艺阶段设计严格，实行流水作业。仔猪断奶立即转入仔猪培育舍，产房内的猪实行全进全出，猪转走后立即清扫消毒，再转入待产母猪。断奶仔猪转群时一般采取原窝培育，即将原窝仔猪（剔除个别发育不良个体）转入培育舍关在同一栏内饲养。如果原窝仔猪过多或过少时，需要重新分群，可按其体重大小、强弱进行并群分栏，同栏群仔猪体重相差不应超过1～2千克。将各窝中的弱小仔猪合并分成小群进行单独饲养。合群仔猪会有争斗位次现象，可进行适当看管，防止咬伤。

### 2. 良好的环境条件

为使仔猪尽快适应断奶后的生活，充分发挥其生长发育潜力，要创造良好的环境条件。

（1）温度　30～40日龄断奶幼猪适宜的环境温度为21～22℃，41～60日龄为21℃，61～80日龄为20℃。为了能保持适宜的温度，冬季要采取保温措施，除注意房舍防风保温和增加舍内养猪头数保持舍温外，最好安装取暖设备，如暖气（包括土暖气在内）、热风炉和煤火炉等。在炎热的夏季则要防暑降温，可采取喷雾、淋浴、通风等降温方法，近年来许多猪舍采用了纵向通风降温，取得了良好效果。

（2）湿度　育仔舍内湿度过大可增加寒冷和炎热对猪的不良影响。潮湿有利于病原微生物的寄生繁殖，可引起仔猪多种疾病。断奶幼猪舍适宜的相对湿度为65%～75%。

（3）空气　猪舍空气中的有害气体对猪的毒害作用是长期性、连续性和累加性的，所以，保持空气新鲜非常重要。采取的措施是，适时通风换气降低舍内有害气体、粉尘及微生物含量；对栏内粪尿等有机物及时清除处理，减少氨气、硫化氢等有害气体的产生；保持舍内湿度适宜；及时清理舍内的炉灰和灰尘，及时清扫撒在地面上的粉料；清扫地面时先适当洒水。

（4）噪声　尽量减少各种奇怪的声响，防止仔猪惊群。

### 3. 调教管理

新断奶转群的仔猪吃食、卧位、饮水、排泄区尚未形成固定位置，所以，要加强调教训练，这样既可保持栏内卫生，又便于清扫。仔猪培育栏最好是长方形（便于训练分区），在中间走道一端设自动食槽，另一端安装自动饮水器，靠近食槽一侧为睡卧区，另一侧为排泄区。训练的方法是，排泄区的粪便暂不清扫，诱导仔猪来排泄，其他区的粪便及时清除干净。当仔猪活动时对不到指定地点排泄的仔猪用小棍哄赶并加以训斥。当仔猪睡卧时，可定时哄赶到固定区排泄，经过1周的训练，可建立起定点睡卧和排泄的条件反射。

刚断奶仔猪常出现咬尾和吮吸耳朵、包皮等现象，原因主要是刚断奶仔猪企图继续吮乳，当然，也有饲料营养不全、饲养密度过大、通风不良应激的原因。防止的办法是在改善饲养管理条件的同时，为仔猪设立玩具，分散注意力。玩具有放在栏内的玩具球和悬在空中的铁环链两种，球易被弄脏，不卫生，最好每栏悬挂两条由铁环连成的铁链，高度以仔猪仰头能咬到为宜，这不仅可预防仔猪咬尾等恶癖的发生，也满足了仔猪好动玩耍的需求。

### 4. 一般管理

（1）注意观察　观察猪只的采食情况、精神状态、呼吸状态，听猪只的鸣叫是否正常，防止咬尾现象；观察猪群粪便有无腹泻、便秘或消化不良等疾病。

（2）认真检查　检查饮水器供水是否正常，有无漏水或断水现象并及时处理；检查舍内环境状况，检查舍内温度、湿度是否正常，并及时调控使之符合仔猪的生长发育需要。注意感觉舍内是否有刺鼻或刺眼的气味。

（3）减少饲料浪费　每天检查料槽是否供料正常，及时维修破损料槽。防止饲料变质，及时清理发霉变质或被粪尿污染的饲料。

（4）搞好环境卫生　猪舍内外要经常清扫，定期消毒，杀灭病菌。

（5）预防仔猪腹泻　断乳仔猪由于受到各种应激的影响，加上仔猪免疫系统发育尚不完善，易造成仔猪营养性腹泻和病原性腹泻，发生腹泻应在兽医指导下对症治疗，严防脱水。及时隔离和治疗发病猪只。

（6）搞好弱仔的处理和康复

① 及时隔离。在大群内发现弱仔及时挑出放入弱仔栏内。

② 增加弱仔栏局部温度。弱仔栏靠近火炉处，并加红外线灯供温。

③ 补充营养。在湿拌料中加入乳清粉、电解多维，在小料槽饮水中加入口服补液盐，对于腹泻仔猪还可加入痢菌净等抗菌药物，以促进体质的恢复。

**5. 预防注射**

仔猪60日龄注射猪瘟、猪丹毒、猪肺疫和仔猪副伤寒等疫苗，并在转群前驱除体内体外寄生虫。

## 第二节　瘦肉型育肥猪的饲养管理

## 一、生长育肥猪的生物学特性

### （一）生长育肥猪的生理特点

猪的生长育肥过程是指猪从断乳到出栏（屠宰），一般按体重分为两个阶段，即生长育肥的前期阶段（指体重20～60千克阶段）和生长育肥的后期阶段（指体重60～100千克）。20千克以上的猪，尽管其生长发育正处于旺盛时期，但它的消化系统还不完善，消化液中的某些有效成分还不多，影响了某些饲料中营养物质的吸收，且胃的容积小，一次不能容纳较多的食物。神经系统和机体的抵抗力也正处于逐步完善阶段，加之断奶应激的刺激，对外界环境变化的适应能力比较差。因此，这个阶段需要提供优质、易于消化吸收的饲料，并加强管理，改善饲养环境。

当猪体重达60千克以后，其生理机能逐渐完善，消化系统得到充分发育，对各种物质的消化能力和对饲料中各种营养成分的吸收能力有很大提高。机体对外界各种刺激的抵抗能力也大大增强，对周围环境具有较强的适应性。这个时期疾病少，增重快，一般平均日增重可达500克以上。因此，在这一时期，应抓住猪增重快的机遇，及时提供优质的全价配合饲料，满足生长育肥猪的营养需要，促进其快速生长、育肥，以达到增重快、出栏率和饲料利用率高、降低饲养成本与增加经济效益的目的。

（二）生长育肥猪的生长发育规律

**1. 猪体重的增长规律**

由于品种、营养和饲养环境的差异，不同猪的绝对生长速度和相对生长速度不尽相同，但其生长规律是一致的。

**2. 体躯各组织的生长发育规律**

生长育肥猪的生长发育规律，还反映在其机体各组织器官的发育和各种组织的沉积变化情况上。猪的骨、肉、皮、脂的生长是遵循一定的规律同时并进的，但在不同的阶段又有侧重，不同品种、类型也有差异，同时也受到饲养方法和环境因素的影响。生长育肥猪的肌肉组织由骨骼肌（常见的瘦肉，附着于骨骼周围）、心肌（构成心脏的肌肉）和平滑肌（构成胃肠壁）组成，其中骨骼肌占绝大多数。脂肪组织主要由大量脂肪酸组成，从形态上又分为板油、花油和皮下脂肪。猪骨骼由矿物质聚积而成，含有大量的钙、磷；猪皮由许多结缔组织和胶原蛋白组成。猪的骨骼和皮在猪的机体组织中所占的比例较小。在一般情况下，猪的骨骼发育最早，肌肉次之，脂肪的沉积最迟。有研究表明，骨骼从初生到4月龄左右的生长强度最大，皮从初生到6月龄生长最快，在体重50千克时，肉脂兼用型猪的肌肉生长达到高峰并趋于缓慢，体重90千克时，瘦肉型猪的脂肪生长速度加快并逐渐达到高峰，肌肉和骨骼生长缓慢或逐渐停止。也就是说，在猪的生长育肥过程中，育肥前期阶段以骨骼生长占优势，其次是肌肉，脂肪的沉积最为缓慢；到了育肥后期阶段，脂肪组织以较大的优势沉积，骨骼和肌肉的生长处于下降趋势。

猪内脏器官的生长是前期快、后期慢。胸腔器官的生长发育较早，在胚胎期就已经发育完善了，而消化器官在出生后9周才发育完善。育成阶段，随着猪的年龄和体重的增长，猪体内的水分、蛋白质的含量逐渐下降，而脂肪的含量会逐渐增加。幼龄猪水分含量高，脂肪含量低；随着体重的增加，水分降低，脂肪增加，而水分和脂肪的合计始终约占体重的80%，猪体内蛋白质的比例是比较稳定的，约占14.5%～15.5%。

### 3. 猪体化学成分的变化

猪体的化学成分随年龄和体重的增长呈现规律性变化，水分和蛋白质含量逐渐下降，脂肪含量大幅度增高，灰分下降较缓慢。如体重在45千克以后，蛋白质和灰分相对稳定，水分剧减，脂肪含量猛增。

## 二、影响瘦肉型猪育肥效果的因素

在生产实际中，常常会出现用同样的饲料和育肥方法，而育肥猪的生长速度却有很大的不同，这说明影响育肥猪生长速度的因素很多，而且各种因素之间既有联系，又相互影响。归纳起来，大体上可分为遗传因素和环境因素两个方面，遗传因素包括品种类型、生长发育规律、早熟性等；环境因素包括饲料品质、饲养水平及环境条件等。

（一）品种类型

猪的品种很多，类型各异，对其育肥效果影响很大。由于猪的品种、类型形成和培育条件的差异，猪品种间的经济特性、猪的生产潜力、对环境的适应能力不同等，导致不同的生长速度和育肥效果。如引进品种长白猪、大约克夏猪、杜洛克猪、汉普夏猪等瘦肉型猪，在以精饲料为主，高营养浓度的饲料条件下，其增重速度快，育肥期短，饲料报酬高。但以青粗饲料为主的中、低营养水平饲养条件下，引进品种的增重速度和饲料转化率变差，不如我国培育的品种。培育品种湖北白猪的育肥期日增重和饲料利用率均低于瘦肉型大约克夏猪（见表6-4）。猪品种和类型不同，其胴体组成也有差异。如杜洛克猪胴体瘦肉率、肥肉率分别为64.58%、18.06%，而培育品种湖北白猪相同项目指标为62.88%、22.13%。从瘦肉率看，国外品种高，地方品种低。因此，只有了解不同品种的育肥性能，并采取相应措施，才能不断提高育肥效果。

表6-4　引进品种和培育品种的育肥效果

| 品种 | 育肥头数/头 | 达90千克重天数/天 | 平均日增重/克 | 料肉比 |
| --- | --- | --- | --- | --- |
| 大约克夏猪 | 12 | 175 | 657 | 4.12:1 |
| 湖北白猪 | 12 | 179 | 626 | 3.42:1 |

（二）经济杂交

利用杂种优势是提高育肥效果的重要措施之一。因为杂交后代生活力强，生长快，饲料转化率高，所以可以缩短育肥期，降低生产成本。对育肥效果起决定作用的是有效的杂交组合，即杂交组合必须具有配合力，其后代能产生杂种优势。从表6-5可知，杂交育肥效果和胴体瘦肉率水平，均优于纯种猪，不同的杂交组合又存在差异，如杜洛克猪×湖北白猪Ⅳ系的杂种后代日增重高于长白猪×湖北白猪Ⅳ系杂交后代，饲料利用率也有区别。

大量试验和生产实践证明，对育肥效果起主要作用的是正确的杂交组合。经济杂交的模式有二元杂交、三元杂交和四元杂交。实践表明，三元杂交、四元杂交的育肥效果优于二元杂交。

目前许多猪场饲养的是三元杂交猪，即杜洛克猪为父本与长白猪和大约克夏猪的杂交猪为母本进行二次杂交生产三元杂交商品肉猪。资料显示，杜长大猪或杜大长猪是高产高效最佳组合，无论日增重、瘦肉率，还是综合效益都很高，两配套方式之间育肥和胴体性能十分接近。

表6-5 不同品种猪的杂交育肥效果

| 品种 | 育肥头数/头 | 日增重/克 | 料肉比 | 瘦肉率/% |
|---|---|---|---|---|
| 长白猪×湖北白猪Ⅳ系 | 21 | 635.19 | 3.52:1 | 64.36 |
| 杜洛克猪×湖北白猪Ⅳ系 | 25 | 785.12 | 3.11:1 | 64.65 |

## （三）仔猪的质量

仔猪质量与育肥期增重、饲料转化率和发病率关系很大。仔猪的初生重、断奶重、品质和健康状况等反映了其质量。仔猪初生重、断奶重与育肥期的增重呈正相关。生产经验得出的"初生多一两，断奶多一斤，入栏多一斤，出栏多十斤"是很有科学道理的。凡仔猪初生个体大的，则生命力强，体质健壮，生长快，断奶体重亦大，健康状况和抗病力都相应地提高。同时，断奶体重大的猪，育肥速度较快，饲料报酬也较高，见表6-6和表6-7。利用配套品系进行杂交生产的优种仔猪，具有生长速度快和饲料转化率高的潜力，育肥期的生长速度也快。体质健康的仔猪，适应力和抗病力强，生长效果也好。所以，只有重视种猪的选择和饲养管理，加强仔猪的管理，提高仔猪出生重和断奶重，保证仔猪健康，才能为育肥打下坚实的基础。如果不是自家生产育肥仔猪，则最好事先与仔猪生产场或养母猪户签订合同，以便到时获得合格的仔猪。直接从交易市场买猪风险较大，应严格挑选，选购优良的杂交组合、体重大、活力强、健康的仔猪育肥。

表6-6 初生重对猪体重的影响

| 初生重/千克 | 仔猪头数/头 | 30日龄平均重/千克 | 60日龄平均重/千克 |
| --- | --- | --- | --- |
| 小于0.75 | 10 | 4.00 | 10.20 |
| 0.75～0.90 | 25 | 4.67 | 11.20 |
| 0.90～1.05 | 40 | 5.08 | 12.85 |
| 1.05～1.20 | 46 | 5.32 | 13.00 |
| 1.20～1.35 | 50 | 5.66 | 14.00 |
| 1.35～1.50 | 36 | 6.17 | 15.55 |
| 大于1.5 | 5 | 6.85 | 16.55 |

表6-7 1月龄仔猪体重对育肥效果的影响

| 仔猪体重/千克 | 头数/头 | 208日龄体重/千克 | 增重效果/% | 死亡率/% |
| --- | --- | --- | --- | --- |
| 5.0 | 967 | 73.4 | 100 | 12.2 |
| 5.1～7.5 | 1396 | 83.6 | 114 | 1.8 |
| 7.6～8.0 | 312 | 89.2 | 124 | 0.5 |

（四）性别与去势

性别对育肥效果的影响，已为我国长期的养猪实践所证实。公母猪经去势后育肥，性情安静，食欲增进，增重速度提高，脂肪的沉积增强，肉的品质改善。猪经去势后，新陈代谢及体内氧化作用和神经的兴奋性降低，性机能消失，异化过程减弱，同化过程加强，将所吸收的营养更多地用于长肉和脂肪。有试验证明，阉公猪的增重比未阉者高10%，阉母猪的脂肪比未阉者高。至于阉公猪、阉母猪之间，无论日增重和脂肪产量等一般相差不大。国外不少国家，因猪性成熟晚，小母猪发情对育肥影响不大，育肥时只阉公猪而不阉母猪。同时。未阉母猪较阉公猪肌肉发达，脂肪较少，可以获得较瘦的胴体。公猪含有雄性酮和间甲基氮茚等物质，有膻气，影响肉的品质，因而对公猪进行阉割。近年来，随着育肥期的缩短，认为小公猪不经去势育肥，在生长速度、饲料利用率和瘦肉率方面，都比阉公猪和小母猪为好，有利于降低成本，增加盈利。未阉公猪育肥后肉有膻气，影响肉的品质和食用效果，因而公猪以阉割为宜。

（五）饲料营养

优良的品种以及合理的杂交组合只是提供了好的遗传基础，但如果没有科学的饲养管理也无法发挥它们的优势，饲养方式不当，瘦肉型的猪也会养肥，增重快的也会变慢。饲料营养水平及饲粮结构不同，对猪的育肥以及胴体品质影响极大。饲料中各种物质缺一不可，特别是能量的供给水平和增重与肉质成分有密切关系。一般来说，能量摄取越多，日增重越快，饲料利用率越高，屠宰率和胴体脂肪含量也越高。蛋白质对猪的育肥也有影响，由于蛋白质不单是与育肥猪长肉有直接关系，而且蛋白质在机体中是酶、激素、抗体的主要成分，对维持新陈代谢、生命活动都有特殊功能，如果蛋白质摄取不足，不仅影响肌肉的生长，同时影响育肥猪的增重。在一定范围内，饲粮蛋白质水平越高，增重速度越快，胴体瘦肉率也越高。蛋白质的品质对其也有影响，猪需要10种必需氨基酸，饲料中的氨基酸必须全面而且均衡，尤其是限制性氨基酸，如果缺乏或不平衡，不仅影响增重，同时还影响肌肉的品质，但单纯提高蛋白质水平以提高增重和改善肉质是不合算的。此外，维生素、矿物质对猪的育肥也有很大影响。

饲料是营养物质的主要来源，由于各种饲料所含的营养物质不同，因此，只有多种饲料配合才能组成全价饲粮。在营养水平相同的情况下，日粮中饲料结构组成不同，增重和肉质也不同。如大量使用含不饱和脂肪酸达4%以上的米糠等原料，对育肥后期的猪进行催肥，则猪屠宰后肉质软、缺乏香味，胴体不利于储藏；若以大麦、豆饼、豌豆、蚕豆为主的日粮催肥，则可获得肉质良好的胴体，所以在育肥猪的日粮结构上，要注意饲料品种及其合理搭配。对育肥猪营养物质的供给，应根据其各阶段组织器官生长发育的特点及其营养需要来加以考虑。

（六）环境条件

猪的生存和生长离不开环境条件，环境条件是由多种因素构成的，除了饲料、饮水等条件外，舍内的温度、湿度、光照、密度、风速和猪舍内有害气体的浓度（总称小气候）对猪的育肥效果具有较大影响。

1. 温度

温度对仔猪和育肥猪的生长发育有重要影响（见表6-8、表6-9）。气温高于 25～30℃ 时，猪肛温达 40℃，为增强散热，猪的呼吸频率每分钟高达 100 次以上，如气温继续上升，肛温和呼吸频率便进一步升高。导致食欲下降，采食量显著减少，甚至中暑死亡。温度对增重速度的影响随育肥猪体重大小而变化，如 45 千克重的育肥猪在 38℃ 下，日增重只有 0.18 千克；而体重达 90 千克的猪在 38℃ 下每天要减少 0.35 千克。超过 40℃ 的气温，猪几乎都要减重甚至死亡。猪体重越大，耐热性能越差。

在低温环境下，由于辐射、传导和对流散热的增加，体热易于散失。为了保持正常体温，即需把热的散失降到最大限度，或增加热的产生。采食量增多，满足对热能的需要，体重越小的猪，对寒冷的低温越敏感。据试验，如气温在 4℃ 以下，增重速度下降 50%，与此同时，按千克增重计算饲料消耗，增加到相当于在最适气温时的约 2 倍。在不同季节对同一品种、相同体重、同样营养水平下做了试验，秋产仔猪与春产仔猪在河南省黄河以北地区不同温度下的育肥效果，结果表明，秋产仔猪在冬季育肥过程中，比春产仔猪育肥到 90 千克时，晚出栏 23 天；每千克增重多耗 0.61 千克。所以，在低温情况下，采取保温措施，如薄膜覆盖、密闭、加垫草等对育肥性能有良好的影响。

表6-8　气温对仔猪生长的影响

| 温度/℃ | 10 | 15 | 20 | 25 | 30 |
|---|---|---|---|---|---|
| 日采食量/千克 | 1.34 | 1.32 | 1.24 | 1.12 | 0.96 |
| 平均日增重/克 | 651 | 660 | 684 | 667 | 649 |

表6-9 温度对育肥猪生长性能的影响

| 温度/℃ | 10～12 | 15～20 | 27～30 |
|---|---|---|---|
| 日采食量/千克 | 2.76 | 2.58 | 2.46 |
| 平均日增重/千克 | 0.66 | 0.78 | 0.73 |
| 饲料增重比 | 4.09:1 | 3.2:1 | 3.39:1 |

猪增重速度最快的气温与体重成直线相关，其计算公式是$T=-0.06W℃+26℃$（$W$代表体重），如果体重50千克，则适宜的温度是23℃，100千克则是20℃。气温在最适宜温度以上，采食量减少，饲料转化率和增重率同样下降。一般要求体重60千克以前为16～22℃；体重60～90千克为14～20℃；体重90千克以上为12～16℃。不同地面养猪的适宜温度见表6-10。

表6-10 不同地面养猪的适宜温度

| 体重/千克 | 同栏猪数/头 | 木板或垫草地面温度/℃ | | | 混凝土或砖地面温度/℃ | | |
|---|---|---|---|---|---|---|---|
| | | 最高 | 最佳 | 最低 | 最高 | 最佳 | 最低 |
| 20 | 1～5 | 26 | 22 | 17 | 29 | 26 | 22 |
| | 10～15 | 23 | 17 | 11 | 26 | 21 | 16 |
| 40 | 1～5 | 24 | 19 | 14 | 27 | 23 | 19 |
| | 10～15 | 20 | 13 | 7 | 24 | 18 | 13 |
| 60 | 1～5 | 23 | 18 | 12 | 26 | 22 | 18 |
| | 10～15 | 18 | 12 | 5 | 22 | 16 | 11 |
| 80 | 1～5 | 22 | 17 | 11 | 25 | 21 | 17 |
| | 10～15 | 17 | 10 | 4 | 21 | 15 | 10 |
| 100 | 1～5 | 21 | 16 | 11 | 25 | 21 | 17 |
| | 10～15 | 16 | 10 | 4 | 20 | 14 | 9 |

### 2. 湿度

湿度过高或过低对育肥猪都是不利的，但湿度是随着环境温度的变化而产生影响的，若环境温度适当，湿度在一定范围内变化对猪的增重还无明显影响。高温高湿时，猪体散热困难，猪感到更加闷热。若气温超过适宜温度范围，相对湿度由60%上升到90%时，育肥猪的增重将会显著降低；当低温高湿时，猪体散热量显著增加，猪感到更冷，而且高湿环境有利于病原微生物的繁殖，使猪易患疥癣、湿疹等皮肤病。反之，空气干燥、湿度低，容易诱发猪的呼吸道疾病。猪舍适宜的相对湿度为60%～80%，如果猪舍内启用采暖设备，相对湿度应降低至50%～80%。

### 3. 光照

适宜的光照对调节生理机能、促进物质代谢、杀灭舍内细菌和病原微生物有明显的作用，因而能更加健壮、加快增重。

延长光照时间或提高光照强度，可增强仔猪肾上腺皮质的功能，提高免疫力，促进食欲，增强仔猪消化机能，提高仔猪增重速度与成活率。据测定，每天18小时光照与12小时光照比较，仔猪患胃肠病者减少6.3%～8.7%，死亡率下降2.7%～4.9%，日增重提高7.5%～9.6%；光照强度从10勒克斯增至60勒克斯再到100勒克斯（光照时间保持一致），仔猪发病率下降24.8%～28.6%，存活率提高19.7%～31.0%，日增重提高0.9～1.8千克；光强增至350勒克斯，其效果较60勒克斯的差。故有人建议，仔猪从出生到4月龄采用18小时光照，光照强度为50～100勒克斯。

光照对生长育肥猪有一定影响，适当提高光照强度，可增进猪的健康，提高猪的抵抗力；但提高光照强度也会增加猪的活动时间，减少休息睡眠时间。建议育肥猪的光照强度一般在40～50勒克斯。光照时间对生长育肥猪影响不大，一般不超过10小时。

### 4. 有害气体

猪舍中有害气体主要指猪呼吸、粪尿、饲料垫草腐败分解产生的氨气、硫化氢、二氧化碳和甲烷等有害气体。猪舍内氨气浓度每立方米不能超过20～30毫升。如果超过100毫升，猪日增重减少10%，饲料利用率降低18%。如果超过400～500毫升，会引起黏膜出血，发生结膜炎、呼吸道炎症，还会引起坏死性支气管炎、肺水肿、中枢神经系统麻痹，甚至死亡。硫化氢气体是一种强毒性神经中毒剂，有强烈的刺激性，猪舍内每立方米空气含量超过550毫升时，可以直接抑制呼吸中枢，使猪窒息而死。猪舍内硫化氢浓度每立方米空气中不宜超过10毫升。猪舍内二氧化碳的浓度每立方米空气不能超过4000毫升，否则就会造成舍内缺氧，使猪精神不振，食欲减退，影响增重。

猪舍内要经常注意通风，及时处理猪粪尿和脏物，注意合适的圈养密度，保证空气新鲜。猪舍中氨气含量不超过$20 \times 10^{-6}$为宜，人进入舍内不刺眼和鼻，不流眼泪；硫化氢控制在$10 \times 10^{-6}$以内。二氧化碳最高含量4%，最好控制在2%以下。

### 5. 尘埃与微生物

猪舍内尘埃是微生物的载体，通风不良或经常不透阳光时，尘埃更能促进各种微生物的繁殖。每立方米空气中细菌可达100万个。有黄曲霉菌、青霉菌、毛霉菌、腐生菌、球菌、霉菌芽孢和放线菌等。如不及时清除污物、不避免尘埃飞扬、不保持猪舍合理的通风换气和定期消毒，势必引起细菌性传染病的发生。

### 6. 噪声

保持猪舍环境安静，减少噪声对猪生长的不良影响。

### 7. 圈养密度

每圈养猪头数过多，圈养密度过大，使局部环境温度上升，气流降低，使猪采食量减少，饲料利用率和日增重下降（表6-11）。每头占面积0.5平方米，增重减少，饲料消耗上升，每头占面积2平方米，增重和饲料利用率都好，但是浪费圈舍也不合算。按照要求每个育肥猪占面积0.8～1平方米，但是，群体也不能过大。

每个圈舍饲养的育肥猪头数不同，育肥效果也有差异（表6-12），一般每圈以饲养18～29头为宜。过多则影响增重和饲料转化率，过少降低圈舍利用率。

表6-11 每头猪占圈面积对育肥效果的影响

| 占圈面积/（平方米/头） | 试验期增重/千克 | 平均采食/千克 | 料肉比 |
|---|---|---|---|
| 0.5 | 40.4 | 2.42 | 4.09:1 |
| 1.0 | 41.8 | 2.37 | 3.86:1 |
| 2.0 | 44.7 | 2.36 | 3.69:1 |

表6-12　每圈饲养的头数对育肥效果的影响

| 每圈头数/头 | 日增重/克 | 料肉比 |
| --- | --- | --- |
| 40 | 643 | 4.4:1 |
| 30 | 645 | 4.2:1 |
| 21 | 669 | 3.7:1 |
| 10 | 709 | 3.4:1 |

#### 8. 组群

不同猪种的生活习性不同，对饲养管理条件的要求也不同。因此，组群时应按猪种分圈饲养，以便为其提供适宜的环境条件。另外，组群时还要考虑猪的个体状况，不能把体重、体质参差不齐的仔猪混群饲养，以免强夺弱食，使猪群不整齐。组群后要保持猪群的相对稳定，在饲养期内尽量不再并群，否则不同群的猪相互咬斗，影响其生长和育肥。

### （七）管理

生产中，不同的饲养方式、不同管理措施以及不同的饲养管理人员都会影响肉猪的育肥效果。

综上所述，在育肥猪的生产过程中，必须创造一个良好的外界环境和适宜的生产小气候环境，保持合理的饲养密度，科学地饲养管理，以获得理想的育肥效果。

## 三、瘦肉型育肥猪的高效育肥技术

### （一）高效育肥的方式

#### 1. 高效育肥的饲养方式

（1）地面饲养　将育肥猪直接饲养在地面上。特点是圈舍和设备造价低，简单方便，但不利于卫生。目前生产中较多采用。

（2）发酵床饲养　在舍内地面上铺80～90厘米厚的发酵垫料，形成发酵床，将猪养在铺有发酵垫料的地（床）面上。发酵床的材料主要是木屑（锯末）或稻皮，还有少量粗盐和不含化肥、农药的泥土（含有的微生物多）。木屑占到90%，其他10%是泥土和少量的盐，将以上物质混合就形成了垫料。最后在垫料里均匀地播撒微生物原种，这些微生物原种是从土壤里采集而来的，然后在实验室培养，充分拌匀后，就形成了发酵床。一般在充分发酵4～5天之后可以养猪。其特点是无排放、无污染，节约人工，减少用药和疾病发生率，饲养成本降低，是一种新型的养猪方式。

（3）高架板条式半漏缝地板或漏缝地板饲养 将猪养在离地50～80厘米高的漏缝或半漏缝地板上。其优点是猪不与粪便接触，有利于猪体卫生和生长；有利于粪便和污水的清理和处理，舍内干燥卫生，疾病发生率低。

（4）笼内饲养 将猪养在猪笼内。猪笼的规格和结构一般是长1～1.3米、宽0.5～0.6米、高1米，笼的四边、四角主要着力部位选角铁或坚固的木料，笼的四面横条距离以猪头不能伸出为宜，笼底要铺放3厘米带孔木板。笼的后面须设置一个活动门，笼前端木板上方，留出一个20厘米高的横口，以便放置食槽。笼间距一般为0.3～0.4米。育肥猪实行笼养投资少，占地少；猪笼可根据气候、温度变化进行移动；猪体干净卫生，大大减少猪病的发生；与圈养猪相比，笼养猪瘦肉率提高。

**2. 高效育肥的育肥方式**

生长育肥猪的育肥方式主要有两种，即阶段育肥法和一贯育肥法。

（1）阶段育肥法 阶段育肥是根据猪的生理特点，按体重或月龄把整个育肥划分为幼猪、架子猪和催肥三个阶段，采用一头一尾精细喂，中间时间吊架子的方式，即把精饲料重点用在幼猪和催肥阶段，而在架子猪阶段尽量利用青饲料和粗饲料。

① 幼猪阶段。从断奶体重10多千克喂到25～30千克左右，饲养时间约2～3个月。这段时间幼猪生长快，对营养要求严格，应喂给较多的精饲料，保证其骨骼和肌肉正常发育。

② 架子猪阶段。从体重25～30千克喂到50千克左右。饲养时间约4～5个月，喂给大量青、粗饲料，搭配少量精料，有条件的可实行放牧饲养，酌情补点精料，促进骨骼、肌肉和皮肤的充分发

育，使架子猪的消化器官也得到很好的锻炼，为以后催肥期的大量采食和迅速增重打下良好的基础。

③ 催肥猪阶段。体重达50千克以上进入催肥期，饲喂时间约2个月，是脂肪沉积量最大的阶段，必须增加精饲料的给量，尤其是含碳水化合物较多的精料，限制运动，加速猪体内脂肪沉积，外表呈现肥胖丰满。一般喂到80～90千克，即可出栏屠宰，平均日增重约为0.5千克。

阶段肥育法多用于边远山区农户养猪，它的优点是能够节省精饲料，而充分利用青、粗饲料，适合这些地区农户养猪缺粮条件，但猪增重慢、饲料消耗多、屠宰后胴体品质差、经济效益低。

（2）一贯育肥法　一贯育肥法又叫直线育肥法、一条龙育肥法或快速育肥法。这种育肥方法从仔猪断奶到育肥结束，全程采用较高的营养水平，给予精心管理，实行均衡饲养的方式。在整个育肥过程中，充分利用精饲料，让猪自由采食，不加以限制。在配料上，以猪在不同生理阶段的不同营养需要为基础，能量水平逐渐提高，而蛋白质水平逐渐降低。

一贯育肥法的优点是猪增重快，育肥时间短，饲料报酬高，胴体瘦肉多，经济效益好。一般6个月体重可达90～100千克。

目前生产中，瘦肉型猪的育肥多采用一贯育肥法（快速饲喂法）。在整个育肥期中，没有明显的阶段性。从小猪到商品猪的整个生产期内，猪的饲养是按照各个生理阶段的营养需要量调配的。由于育肥猪上市时间缩短，使猪场的一些设备如猪舍、饲具等的使用率提高，使养猪生产者能够在较短的时间内收回投资，取得较好的经济效益。

### （二）高效育肥的准备

#### 1. 圈舍、设备的准备和消毒

育肥前要准备好圈舍和设备，根据育肥的数量和育肥猪需要的饲养密度安排好圈舍和饲槽、饮水器等，确保圈舍冬季保温、夏季防暑，饲养设备能正常投入使用。一切准备就绪后，对圈舍、设备进行消毒。圈舍的消毒步骤如下。

（1）清洁 清理清扫舍内的污物，清理设备和用具上的灰尘，将能够移出的设备移出舍外清洗。

（2）冲洗 用高压水枪冲洗猪舍的墙壁、地面和屋顶以及不能移出的设备用具，不留一点污垢，有些设备不能冲洗可以使用抹布擦净上面的污垢。

（3）消毒药喷洒 畜禽舍冲洗干燥后，用5%～8%的火碱溶液喷洒地面、墙壁、屋顶、栏具、饲槽等2～3次，用清水洗刷饲槽和饮水器。其他不易用水冲洗和火碱消毒的设备可以用其他消毒液涂擦。

（4）移出的设备用具消毒 畜禽舍内移出的设备用具放到指定地点，先清洗再消毒。能够放入消毒池内浸泡的，最好放在3%～5%的火碱溶液或3%～5%的福尔马林溶液中浸泡3～5小时；不能放入池内的，可以使用3%～5%的火碱溶液彻底全面喷洒。消毒2～3小时后，用清水清洗，放在阳光下暴晒备用。

（5）熏蒸消毒 能够密闭的畜禽舍，特别是幼畜舍，将移出的设备和需要的设备用具移入舍内，密闭熏蒸消毒。不能密闭的，再使用消毒药全面喷洒或喷雾圈舍2～3次。

**2. 饲料准备**

根据配合饲料的要求，购进相关饲料或原料。

（三）高效育肥的环境条件

猪的快速育肥，圈养密度大，饲养周期短，因而对环境条件的要求比较严格。只有创造适宜的小气候环境，才能保证生长育肥猪食欲旺盛，增重快，耗料少，发病率和死亡率低，从而获得较高的经济效益。

（四）高效育肥仔猪的选购

为了实现商品肉猪的快速增重，缩短育肥期，降低饲料消耗，减少疾病感染，选择健康、高质量的入栏仔猪是很重要的。

**1.自繁自养猪场的仔猪选择**

自繁自养猪场育肥的仔猪是自己生产的，它避免了外购商品仔猪带来的诸多弊病。只要从种猪的选择、配套组合和饲养管理入手，就可以生产出生长速度快、瘦肉率高、料肉比低的杂交商品仔猪。目前，选用外三元杂交猪或二外一内（即用我国培育的瘦肉型猪母猪与国外品种公猪杂交后作为母本与杜洛克再杂交）或合成系生产的商品仔猪作为瘦肉型生长育肥猪的猪源可获得较好的效果。

**2. 外购仔猪猪场的仔猪选购**

除自繁自养猪场外，其他育肥猪场和散养户，特别是中小猪场和养猪专业户，没有饲养种猪，不能自繁自育仔猪，靠外购来进行育肥，这时选购仔猪就显得更加关键。有的养猪户因没有选购仔猪经验，或对欲购仔猪不了解等原因，致使选购时凭运气，结果有时出现买来的仔猪发病率高，甚至大批死亡，造成了很大的经济损失；有的购入仔猪不慎，将某种疾病带入场区，造成严重损失，甚至全群覆没。

要购入合格仔猪，来补充已有的猪群或进行全进全出式的育肥，在选购时应掌握购猪技巧，除部分从实践中得来外，更多的是养猪者能细心揣摩，根据具体情况而深入分析、对比，选购好仔猪，是养好育肥猪的一个关键环节。

（1）深入调查了解　选购育肥仔猪前要深入实地进行调查了解，避免盲目。

① 了解当地疫情。在购买仔猪时，先到当地主管部门、养猪场（户）了解是否有疫情，如果有，千万不能购买；了解购买仔猪的免疫情况，如仔猪在适宜的时间内是否做过猪瘟、猪丹毒、猪肺疫预防接种等；购买的仔猪要由当地主管部门进行检疫并出具检疫证明。

② 了解所购买仔猪的饲养管理和营养情况。对选购的仔猪应掌握其日龄、体重、前期饲养环境、圈舍条件、饲养管理程序和饲料情况，以便为仔猪购入做好各项准备工作。

（2）做好购入前的准备

① 做好计划。事先按本场猪舍可以正常饲养的育肥猪存栏，根据计划确定要购入猪的时间、数量、质量标准、品种甚至舍栏安

排、人员确定、资金等。

② 备好圈舍。有的养猪户养猪心切，圈舍还没建好，就开始购进仔猪，边建边养；有的上批猪还没卖或刚卖掉，在未进行彻底清扫消毒时，就购入仔猪，这样都会引进疾病。应做好准备，再选购仔猪。

③ 备好资金和各种物资。仔猪没有购入前，按计划购入数量准备好资金，特别是各种物资。养猪场多建在远离乡村的偏僻处，或离集市较远的村屯。不做好准备，就会影响正常饲养。

④ 准备好饲料。瘦肉型猪对饲料要求高，按照传统的方法选用劣质饲料或粗纤维含量过高饲料会严重影响其生长和育肥。所以，要选购好饲料，从正规有信誉的专业饲料厂家购入，特别是预混料这样科技含量高、价格较贵的原料。同时按配方选购好玉米、麦麸、豆粕等原料。对于新养猪场（户）来说，原料的质量很重要，不要因便宜而买来质量差的原料，并在进猪前3天配成全价料，如有疑问或不清楚的地方，可请教有经验的同行或向厂家咨询。

⑤ 备好兽药和必需器械。养猪以预防为主，治疗为辅，在购猪前，备好一些常见兽药，如消毒用的高锰酸钾、火碱，治疗大肠杆菌感染的痢菌净等药物。消毒器械、治疗用注射器、针头等器械和常见设施等准备好，防止因小事耽误正常治疗和管理。这项工作，往往被中小型猪场，特别是庭院养猪户忽略。在购猪前10天，将准备好的圈舍彻底清扫，垃圾运出场外，用清水冲洗干净，不留死角；在进猪前7天，最好用高锰酸钾和福尔马林熏蒸，圈舍应在密封条件下进行，如不具备条件，也要用2%～4%的火碱水全面消毒。

⑥ 确定猪源。选购仔猪前需要确定猪源。仔猪来源有专业商品仔猪场、仔猪生产专业户和集市上或外地上门送来的仔猪。

从专业商品仔猪场选购仔猪，是目前更是将来商品猪场仔猪的重要来源。要到正规猪场购买仔猪，并了解猪场的实际情况，如饲养公母猪的品种、数量，饲养条件和环境卫生状况，疫病流行情况，以往仔猪质量、价格及信誉等，做到心中有数。

养猪专业户购买仔猪时，要实地考察养猪户的饲养状况，准确掌握母猪的品种及仔猪的发育情况，是否做过免疫和驱虫，以前有过何种疫病等。

集市上或外地上门送来的仔猪，虽然价格便宜，但具有极大的风险性。因为不了解母猪状况、环境条件和饲养管理情况等，可能潜在有品种不优良、系谱混杂、病原感染等重大风险隐患。建议养猪者最好不选购此种仔猪。

⑦ 选好饲养人员。选用责任心强的饲养人员，并对饲养员进行岗前培训。

（3）选择优质仔猪　优质仔猪应具有高产潜力并体质健康无病，具体要求见表6-13。

表6-13　优质仔猪的要求

| 项目 | 要求 |
|---|---|
| 品种 | 选购优良杂交组合的仔猪，优良杂交组合是经过配合测定后而确定的，亲代杂交后产生子代具有明显的杂交优势。在一般情况下，杂交猪比纯种猪长得快，而多品种杂交又比两品种杂交猪长得快。当今市场迫切需要高品质的瘦肉型商品猪，因此最好是选购三品种杂种瘦肉型仔猪供育肥。三品种瘦肉型杂交猪，生长快、抗病性强、饲料报酬高、瘦肉多、出栏好卖、价格高，能获得较好的经济效益。选择纯种仔猪和胡乱杂交的杂种仔猪，育肥效果差 |
| 精神状态 | 选择健康仔猪，如眼神精神、被毛发亮、活泼好动、常摇头摆尾、叫声清亮、粪成团、不拉稀、不拉疙瘩粪和干球粪，都是健康仔猪的表现。反之，精神萎靡不振、毛粗乱无光泽、叫声嘶哑、鼻尖发干、粪便不正常，说明仔猪有毛病。某些慢性疾病，如猪气喘病、萎缩性鼻炎、拉稀等，虽然死亡率不高，但严重影响猪的生长速度，拖长育肥期，浪费饲料，降低养猪的经济效益。因此，选购仔猪时必须给予重视 |
| 体型 | 选择身腰长，体型大，皮薄富有弹性，毛稀而有光泽，前躯宽深（能吃，长得快），中躯平直，后躯发达（长成后腿肉多），尾根粗壮（骨架大，发育好），四肢强健，体质结实的仔猪；那些头大、体躯短圆、腹部膨大，后躯窄斜，体小软弱、被毛粗而密长，四肢短小以及精神食欲不佳的仔猪育肥效果都会较差。因为身腰短、骨架小的仔猪在生长早期就会沉积大量的脂肪，胴体瘦肉低，日增重慢 |
| 体况 | 健康仔猪，体况良好，发育正常，体重和日龄是相互对应的，对于体况差、瘦弱的仔猪，应挑出不选，体重明显比大群小的不选 |

续表

| 项目 | 要求 |
|------|------|
| 体重 | 体重大、活力强的仔猪，育肥期增重快、省饲料、没病和死亡率低。群众的经验是"初生多一两，断奶多一斤；入栏多一斤，出栏多十斤"。50～60天断奶的仔猪，体重应在11～15千克。只图省本钱而购买生长落后的弱小仔猪育肥，往往得不偿失 |
| 四肢 | 健康仔猪行走时，四肢配合良好，如有跛行、有疮、畸形的挑出不选，内八字、外八字、粗细不一致、关节肿大、蹄系不佳等不良状态的仔猪不选 |
| 均匀度 | 日龄相近仔猪，体重也相近，在选购仔猪时，为了使买进仔猪同进同出，便于饲养，尽量使一次购入的仔猪日龄、体重相近，发育均匀整齐，超大、过小的仔猪不选；特别注意老小猪和僵猪、病猪，这样的仔猪一般被毛不顺，无光泽，行动不灵活，眼睛无神，有眼屎，叫声异常，体重与大群有差异，这样的猪不选 |

另外，仔猪应就近选购，挑选同窝猪，如附近有杂交繁殖猪场，应优先作为选购对象。就近购猪，节省运输费用，使仔猪少受运输之苦，又易了解猪的来源和病情，避免带入传染病。如果一次购买数头或几十头仔猪，最好按窝挑选，买回来按窝同圈饲养，这样可避免不同窝的猪混群后互相殴斗，影响生长发育。

（4）签订合同　经过调查等准备工作，最后确定购买仔猪的厂家，并要签订仔猪购销合同，合同内容要突出重点，如仔猪品种、价格、质量标准、购入时间、付款方式、运输以及纠纷解决方法等。

（5）加强运输管理

① 做好准备。按路途长短和仔猪数量选择运输工具，做好运输车辆的检查维修；事先将运输车清扫干净，彻底消毒；根据购猪数量、体重，最好将车厢打成小隔断，上面罩上网，冬季备好防寒物品和苫布等，车厢底铺上细砂或草；长途运输还要备些白菜等，防止猪长期口渴；起运前办好各种手续，如检疫证明、消毒证明等。

② 装车运输。装车密度要适宜。冬季密度可以适当大些以节省个体运输成本，夏季宜稀。猪体重小时可以密些，原则是不能互相叠压，夏天则要求猪能躺卧为宜。选择好装车时间，炎热天气宜选阴天或早晚天凉时装，尽量缩短装车时间，尽早起运。拦盖好雨布

或遮蔽物，晴天防晒，雨天防淋。不管冬季夏季，要特别注意不要让猪只吹迎面风。冬季前面和侧面可用雨布遮挡，夏季顶部可有遮阳网遮蔽。不论冬夏，前侧都不能敞开，炎热的天气车停时可临时敞开散热。运输时不能太快，一般保持在60～80千米/小时。刹车不能太急，否则会伤仔猪。尽量避开村屯密集的道路，途中不在村屯停留，避免传染疫病。注意观察猪只舒适情况，如静立或静卧则猪只舒适，如躁动不安或尖叫则表示不适。可调节通风或加快车速调整。个别猪只尖叫不安，可能有应激，可以单独挑出放置在驾驶室，或注射镇静类药物。如遇堵车或抛锚等特殊情况，可用食醋兑水泼洒猪身。运输前后2天在饮水或饲料中添加抗应激剂。

（6）购入后隔离　新购仔猪先在隔离厩内观察饲养30天。隔离厩应提前7天进行消毒。仔猪入栏后第1天不喂食，只喂给白糖5%～8%、食盐0.3%、痢特灵0.01%的水溶液，让其自由饮用；入栏后2～4天喂给流食；第5天开始按正常日粮标准饲养。新购仔猪经1周适应后，应及时实施免疫接种，接种猪瘟和猪肺疫疫苗。免疫前注射器必须严格消毒，1头猪更换1个针头。实施免疫接种后第3天，可选用高效、安全药物左旋咪唑或丙硫苯咪唑等进行驱虫。仔猪每千克体重口服左旋咪唑5～7毫克或丙硫苯咪唑5～10毫克。

（五）瘦肉型猪高效育肥的饲养管理

**1. 饲养**

（1）日粮要求　日粮构成是否合理是影响猪生长育肥速度和经济效益的关键性因素。优良的日粮应是能量、蛋白质和氨基酸、矿物质及维生素等营养素，能满足生长育肥猪的需要；适口性要好，粗纤维水平适当，保证消化良好，不拉稀，不便秘；饲粮要保证生长育肥猪能生产出优质的肉脂；饲粮的成本要低。

育肥猪若采用分期饲养方式，体重小于60千克为饲养前期，体重大于60千克为饲养后期。饲养前期的饲粮中消化能含量为12.55～13.39兆焦/千克，粗蛋白质含量为16%～17%；饲养后期的饲粮中消化能含量为12.97～13.81兆焦/千克，粗蛋白质含量为12%～14%。生长育肥猪的饲粮应以精饲料为主，适当搭配青、粗饲料，使饲粮中粗纤维含量控制在6%～8%。

饲料配方应遵循的原则是合理地调配各种饲料的比例关系，避免生长育肥猪由于饲料中营养成分不足而影响其生长潜力的发挥。避免频繁地更换饲料，保证育肥猪均匀地生长。总之，该阶段饲料配方的选择应在新的生理特征的基础上，以尽量少的饲料费用保证生长育肥猪发挥正常的生长潜力。

（2）饲料调制　饲料的科学合理调制，对于提高育肥猪增重速度和饲料利用率，节省生产成本有重要作用。育肥猪的饲料调制一般要求缩小饲料容积，提高适口性和利用效率。对于精料应根据饲养标准规定的指标、饲料的营养价值、自身经济和卫生条件，将多种饲料按一定比例组合成配合饲料；青饲料常切碎、打浆生喂，粗料可进行粉碎浸泡、发酵后适量饲喂。

① 饲料粉碎和压片。玉米、高粱、大麦、小麦、稻谷等谷实饲料，都有一层硬种皮或兼有粗硬的颖壳，喂前粉碎或压片，可减少咀嚼消耗的能量，也有利于消化。粉碎的细度可分为细（颗粒直径1毫米以下）、中（颗粒直径1～1.84毫米）和粗（颗粒直径1.8～2.6毫米）三种。许多试验和实践证明，玉米等谷实粉碎的细度，以颗粒直径1.2～1.8毫米为好。肉猪吃起来爽口，采食量大，增重快，饲料利用率高。玉米粉碎过细，对食道和胃黏膜有损害。如在一项试验中，喂给粗粉玉米的猪，胃黏膜糜烂和溃疡的猪相应为8%和3%；喂中度粉碎玉米的猪，胃黏膜糜烂和溃疡的猪相应为14%和4%；而喂细磨玉米的猪，胃黏膜糜烂和溃疡的猪相应为46%和15%。玉米粉碎过细，也降低猪的采食量、增重和饲料利用率。据试验，喂给颗粒直径0.3～0.5毫米细粉配合饲料的肉猪，比喂给中等细度配合饲料的肉猪，延迟15天达到相同出栏体重。另一试验结果，吃颗粒直径1.2毫米配合饲料的肉猪日增重700～723克，而吃颗粒直径1.6毫米配合饲料的肉猪日增重758～780克。

谷实饲料的粉碎细度也不能绝对看待，当饲粮含有较多青粗饲料时，谷实粉碎细一些并不影响适口性，也不致造成胃溃疡。用大麦、小麦喂肉猪时，用压片机压成片状比粉碎效果好。

青绿饲料、块根块茎类、青贮料及瓜类饲料，可切碎或打浆拌入配合精料中一起喂猪，减少咀嚼，缩小体积，增加采食量。甜菜在喂量较大时必须粉碎，而且以细为好，否则容易导致消化不良而拉稀。

干粗饲料一般都应粉碎，以细为好，能缩小体积，改善适口性和增加采食量。

② 饲料生喂。玉米、高粱、大麦、小麦等谷实饲料及其加工副产物糠麸类，煮熟喂猪并不能提高其利用率，相反，煮熟会破坏其中的维生素，降低氨基酸的有效利用率。这类饲料由于煮熟过程的损失和营养物质的破坏，使其利用率比生喂降低10%，因此谷实饲料及其加工副产物最好生喂，不要煮成熟粥喂猪。生喂不仅效果好，而且可节省燃料和人工。

各种牧草、青草、野菜、树叶、萝卜、甜菜、白菜、瓜类及水生植物等青绿多汁饲料，都应粉碎或打浆生喂，煮熟会破坏其中的维生素，处理不当还会造成亚硝酸盐中毒。

马铃薯、甘薯及其粉渣煮熟喂能明显提高利用率。大豆、蚕豆炒熟或煮熟饲喂比生喂利用率高。含有害成分的饲料如棉仁饼、菜籽饼、轻度变质的饲料（含有真菌、霉菌以及食堂剩菜、剩饭、泔水），煮熟饲喂为好，能避免或减少猪中毒的可能性。

总之，喂猪常用的大多数饲料，都应当粉碎，配制成全价饲粮生喂，不仅饲养效果好，还能降低饲养成本，传统煮料喂猪的老习惯应当改变。

③ 饲料掺水量。配合好的干粉料不掺水，直接装入自动饲槽喂猪，省工省事。只要保证充足饮水，用粉料饲喂肉猪可达到良好的效果。饲喂干粉料要求的条件是猪栏内必须是硬地面（水泥或木板地面），否则抛撒到外面的饲料会造成浪费。

为了有利于肉猪采食，缩短饲喂时间，避免舍内有饲料粉尘，可将干粉料按1:0.5或1:1掺水，调成半干粉料或湿粉料，用槽子喂或在硬地面撒喂，另给饮水。料水的比例加大到1:(1.5～2)时，即成浓粥料或稀粥料，虽不致影响饲养效果，但必须用槽子喂，费工费事。

饲喂时，不要在饲料中掺入过多的水，当料水的比例超过1:2.5时，就会减少猪各种消化液的分泌，同时冲淡消化液，降低各种消化酶的活性，影响饲料的消化吸收，降低增重和饲料利用率。饲粮含水过多（超过70%～75%），也影响饲料氮的利用率和体蛋白质的沉积量，据试验，饲粮含水率提高到83%时，氮的利用率降低6.6%。另据试验表明，饲粮按1:1掺水时，肉猪每天体蛋白质沉积量为135.6克；饲粮按1:3掺水时，则每天体蛋白质沉积量降为121.3克。所以，要改变喂稀料的传统习惯。料水的比例以1:(0.5～2)以内、饲粮含水率在60%～70%为宜。从增重速度和饲料利用率看，肉猪喂湿粉料或半干粉料优于干粉料。

（3）饲料的形态 饲料分颗粒料和粉状料等不同形态。多数试验结果表明，对肉猪喂颗粒料优于干粉料，日增重和饲料利用率均提高8%～10%。但也有一些试验表明，肉猪喂湿粉料的效果并不比颗粒料差，而且颗粒料的成本高于粉状料。颗粒料中谷实的粉碎程度要比干粉料细一些，颗粒直径在肉猪生长阶段为7～16毫米较好。

（4）饲喂方法

① 育肥的饲养方式。有"自由采食（不限量采食）"和"定餐喂料（限量采食）"两种方式。自由采食是将饲粮装入自动饲槽，自动饲槽没有饲料就立即添加，保证自动饲槽中一直有料。自由采食省时省工，给料充足，猪的发育也比较整齐。但容易导致猪的"厌食"，造成饲料的浪费，不易观察猪群的异常变化（猪不是同时采食，也不是同时睡觉）。定餐喂料就是按顿添料，每餐吃饱。定餐喂料可以提高猪的采食量，促进生长，缩短出栏时间。但工作量大，对饲养员要求高（要保证猪只充分喂养，充分喂养就是让猪每餐吃饱、睡好，猪能吃多少就给它吃多少）。

② 给料给水的饲喂方法。在训练肉猪采取舍内吃睡、舍外排粪、大群密集饲养方式时，可在舍内喂饲栏水泥地面上撒半干粉料

或湿粉料，栏内设有足够水槽或自动饮水器。在小群栏内固定饲养时，要用槽饲喂或自动饲槽自由采食，另设水槽或饮水器。地面撒喂不合适，因饲料易与粪尿掺混，料损多。地面撒喂要保证有充足的采食时间，槽饲喂要保证每头猪有足够的槽位（至少30厘米），防止强夺弱食，同时确保充足的清洁饮水。

③日喂次数。肉猪每天喂几次要根据猪的年龄和饲粮组成来掌握。断奶后的仔猪，由于消化系统不完善，胃肠容积小，消化力差，而相对营养需要量多，应保证有较多的饲喂次数，小猪长到30千克以后，则可以适当减少饲喂次数，以每日3次为宜，即早、中、晚各1次，每次喂食时间的间隔应大致相同，每天最后一顿要安排在21：00左右；中猪和大猪阶段，胃肠容积扩大，消化能力增强，可适当减少饲喂次数。如果饲粮是精料型的，可每天饲喂2～3次；如果饲粮中包含较多的青饲料、干粗饲料或糟渣类饲料，则日喂3～4次。过多地增加饲喂次数不仅浪费人工，还影响猪的休息与消化。每次饲喂的间隔，应尽量保持均衡，饲喂时间应选择在猪食欲旺盛的时候。例如，夏季日喂2次时，以6：00和18：00饲喂为宜。喂食时，先喂精饲料，后喂青饲料，并做到少喂勤添，一般每顿分3次投料，让猪在半小时内吃完，饲槽不要剩料，然后每头猪喂青饲料0.5～1.0千克，青饲料洗干净不切碎，让猪咬、咀嚼，把更多的唾液带入胃内，以利于饲料的消化。

每头猪每天喂量，一般体重15～25千克的猪喂1.5千克，25～40千克的猪喂1.5～2千克，40千克以上的猪喂2.5千克以上。每顿喂量要基本保持均衡，可喂九分饱，使猪保持良好的食欲。饲料增减或换品种，要逐渐进行，使猪的消化机能逐渐适应。

育肥猪喂料应注意以下问题。一是定餐饲喂喂料量的估算。一般每天喂料量是猪体重的3%～5%。比如，20千克的猪，按5%计算，那么一天大概要喂1千克料。以后每1周，在此基础上增加150克，这样慢慢添加，那么到了大猪80千克后，每天饲料的用量，就按其体重的3%计算。当然这个估计方法也不是绝对的，要根据天气、猪群的健康状况来定。二是三餐喂料量不一样，提倡"早晚多，中午少"。一般晚餐占全天耗料量的40％，早餐占35％，中餐占25％。三是喂料要注意"先远后近"的原则，即添加饲料从远离饲料间的一端开始添料，保证每头猪采食量一致，以提高猪的整齐度。四是保证猪抢食。养肥猪就要让它多吃，吃得越多长得越快。怎么让猪多吃？得让它去抢。方法是每喂3～4天后可以减少1次喂料量，让猪有空腹感，下一顿再恢复正常料量。这样猪始终处于一种"抢料"的状况，增加了猪的采食量，提高了猪生长速度，猪可提前出栏。

（5）供给充足清洁的饮水　水是生物体细胞的重要组成部分，对调节体温、养分运输、消化、吸收和废物的排泄等有重要作用。育肥猪饮水量随环境温度、体重和饲料采食量而变化，在春、秋季，正常饮水量为采食饲料干重的4倍，占体重的16％左右，夏季约为6倍或体重的23％左右，冬季则可减半。供水方式宜采用自动饮水器或设置水槽。育肥猪的饮水应在饲喂以后进行，有条件的地方也可自由饮水，饮用水应保持清洁。在气温较低的季节里，最好能供应30～40℃的温水，以免小猪饮用温度过低的冷水而出现胃肠疾病。

### 2. 一般管理

（1）合理分群　群饲可以提高采食量，加快生长速度，有效地提高猪舍设备利用率以及劳动生产率，降低养猪生产成本。但如果分群不合理，圈养密度过大，未及时调教，会影响增重速度。所以，育肥猪应根据品种、体重和个体强弱，合理分群。同一群猪个体重相差不宜太大，小猪阶段不宜超过4～5千克，中猪阶段不宜超过7～10千克，并保持定群之后的相对稳定。因疾病或生长发育过程中拉大差别者，或者因强弱、体况过于悬殊的，应给予适当调整，在一般状况下，不应频繁调动。

① 适宜的密度和圈养数量。研究表明，体重15～60千克的育肥猪所需面积为0.8～1平方米，60千克以上的育肥猪为1.4平方米；在集约化或规模化养猪场，猪群的密度较高，每头育肥猪占用面积较少。一个7～9平方米的圈舍，可饲养体重10～25千克的

猪20～25头，饲养体重超过60千克的猪10～15头。

②分群的方法。

原窝原圈饲养：猪是群居动物，来源不同的猪并群容易出现剧烈的咬斗，相互攻击，强行争食，严重影响肉猪的生长。原窝猪原圈饲养就是将哺乳期的同窝猪一块转入生长育肥舍的同一个圈内。这样在哺乳期已形成的群居序位，生长育肥期保持不变，就可以避免咬斗而影响生长。

按杂交组合分群：不同杂交组合的杂种猪生活习性不同，对饲粮的要求不同，生长速度不同，上市的适宜体重也不同，如果同群饲养，不能充分发挥其各自特性，影响育肥效果。例如，太湖猪等本地猪的杂种猪，其特点是采食量大，不挑食，食后少活动，贪睡，胆子小，稍有干扰就会影响其正常采食和休息。杜洛克猪、苏白猪和大约克夏猪的杂种猪，则表现强悍、好斗，食后活动时间较多。如果把这两类杂种猪分到同一群内育肥，则前者抢不上槽，影响采食和生长；后者霸槽，吃得过多，长得过肥，影响胴体质量。不同杂交组合的猪对饲粮组成的要求不同，本地猪的杂种猪饲喂高蛋白质饲粮是浪费，而引入品种的杂种猪饲喂低蛋白质饲粮又会影响其瘦肉产量和肉品质量。把两者同时放在一群饲养，显然不能合理利用饲料，两者适宜上市体重不同，也会给管理上带来不便。因此，肉猪饲养时要按杂交组合分群，把同一杂交组合的仔猪分到同一群内饲养。这样，可避免因生活习性不同相互干扰采食和休息，喂给配制合理的饲粮，同一群内肉猪生长整齐，大体同期出栏，便于管理。

按体重大小、体质强弱分群：在一群猪中，体大强壮的个体一般在群内居高位次，体小体弱的个体居低位次，采食、饮水都受欺侮。体大强壮的个体可能长得过分肥胖，体小软弱的个体则发育落后，甚至变为僵猪。为避免这种强夺弱食的现象，饲养肉猪一开始就要按仔猪体重大小、体质强弱分别编群，病弱猪单独编群。

③分群时的注意事项。一是留弱不留强，拆多不拆少，夜并昼不并。就是把处于不利争斗地位或较弱小的个体留在原圈，将较强

的猪并进去；或将较少的群留在原圈，把猪多的群并进去；还可把两群猪合并后赶至另一圈，多在夜间并群。二是分群后要保持猪群稳定。把不同窝的仔猪编到同一群中，在最初2～3天内会频繁地发生相互咬斗较量，大体要经过1周时间，才能排定群内的位次关系，建立起比较安定的群居秩序，采食、饮水、活动、卧睡各自按所处位次行事，群内个体间相互干扰和冲突明显减少。一般来说，每次猪群重组，建立新的序位，大体1周内很少增重。所以，除淘汰个别病残猪或另圈优厚饲养外，猪群要保稳定。三是可以结合栏舍消毒，利用带有较强气味的药液（如澳费水、菌毒灭多）喷洒猪圈与猪的体表，减少咬斗。四是对于圈养密度的确定，应考虑育肥猪体格大小、猪舍设备、气候条件、饲养方式等因素，每圈饲养猪的头数过多，圈养密度过大，都会影响到育肥效果。

（2）及时调教　调教猪在固定地点排便、睡觉、进食和互不争食的习惯，不仅可简化日常管理工作，减轻劳动强度，还能保持猪舍的清洁干燥，形成舒适的居住环境。

要做好调教工作，首先要了解猪的生活习性和规律。猪喜欢睡卧，在适宜的圈养密度下，约有60％的时间躺卧或睡觉，猪一般喜躺卧于高处、平地、圈角黑暗处、垫草上，热天喜睡于风凉处，而冬天喜睡于温暖处；猪排粪有一定的地点，一般在洞口、门口、低处、湿处、圈角排便，并且往往是在喂食前后和睡觉刚起来时排便，此外，在进入新的环境，或受惊时排便较多。只要掌握这些习性，就能做好调教工作。调教成败的关键是要抓得早，猪群进入新圈立即开始调教，调教重点抓好如下两项工作。

① 防止强夺弱食。在新合群和新调圈时，猪要建立新的群居秩序。为使所有猪都能均匀采食，除了要有足够的饲槽长度外，对喜争食的猪要勤赶，使不敢采食的能够采食到饲料，帮助建立群居秩序，达到均匀采食。

② 固定地点。使猪群采食、睡觉、排便定位，保持猪舍干燥清洁。守候、勤赶、积粪、垫草等方法单独或交错使用，进行调教，有经验的饲养员，在调入新猪时，把圈栏打扫干净，将猪要卧

的地方铺上少量垫草，饲槽放上饲料，并在指定排便地点堆放少量粪便，然后将猪赶入，在近 2～3 天时间内，特别是白天，几乎所有时间都在猪舍守候、驱赶、调理。目的很明确，只要猪在新环境中按照人的要求，习惯了定点采食、睡觉、排便，那么饲养人员在这些猪出栏前，减少了很大的工作量，而且能保持猪舍卫生条件，对育肥猪的增重十分有益。因咬架、争斗所造成的损伤几乎没有。所以，这些看起来麻烦的工作，只要做好，是十分合算的。

（3）做好卫生防疫和驱虫工作

① 保持猪舍卫生。猪舍卫生与防病有密切的关系，必须做好猪舍的清洁卫生工作。

② 按防疫要求制订防疫计划，安排免疫程序。

③ 驱虫。猪的寄生虫主要有蛔虫、姜片吸虫、疥螨等。通常在 90 日龄进行第 1 次驱虫，在 135 日龄左右进行第 2 次驱虫。驱虫常用驱虫净（四咪唑），每千克体重为 20 毫克；或用丙硫咪唑，每千克体重为 100 毫克，拌料一次喂服，驱虫效果良好。

（4）保持圈舍环境卫生　育肥猪的栏舍和猪体要经常保持清洁，防止发生皮肤病和其他疾病。

（5）防止育肥猪过度运动和惊恐　生长猪在育肥过程中，应防止过度运动，这不仅会过多地消耗体内的能量，还会影响生长，更严重的是容易催患一种应激综合征。

（6）注意观察猪群　细致观察每头猪的精神状态和各项活动，以便及时发现异常猪只。当猪安静时，听呼吸有无异常，如喘、咳等；观察有无咬尾现象；观察采食时有无异常，如呕吐、食欲不好，采食少等；观察粪便的颜色、状态是否异常，如下痢或便秘等。通过细致观察，可以及时发现问题，采取有效措施，防患于未然，减少损失。

（7）减少猪群应激　猪应激不仅影响生长，而且降低机体抵抗力，应采取措施减少应激。

① 饲料更换。饲料更换有一个过渡期，当突然更换猪料时，会

出现换料应激，造成猪的采食量下降、增重极慢、消化不良或腹泻等。解决换料应激的常用办法是猪的原料配方和数量不要突然发生过大的变化。换料时，应用1周左右的时间梯度完成，前3天使用70％的前料加30％新料，后3～4天使用30％的前料加70％新料，然后再全部过渡为新的饲料。

② 转群。当猪被驱赶、捕捉或猪只转移到陌生的环境中去时就会出现转群应激。集约化养猪难以避免转群的过程，但转群时不要粗暴驱赶猪群，在转群前后3～5天内在日粮中补加些维生素、电解质等。

③ 增强抵抗力。应给猪补充足够的元素硒和维生素A、维生素D、维生素E，其不仅可以促进动物较快地增长，还可以使猪只在一定应激条件下保持好的生产性能，增强猪群的耐受性和抵抗力。给猪喂劣质饲料会大幅增加疾病和应激发生。近年来研究发现，硒和维生素E具有防应激、抗氧化、防止心肌和骨骼的衰退和促进末梢血管血液循环的作用，同时，当猪受到应激后，对营养需要量大，对硒和维生素E需要量提高。

④ 使用药物。在转群、移舍、免疫接种等生产环节中以及环境因素出现较大变化时使用抗应激药物缓解和减弱应激反应。如缓解热应激可以使用维生素C、维生素E和碳酸氢钠等；解除应激性酸中毒物质用5％碳酸氢钠液静脉注射；纠正激素失调及避免应激因子引起临床过敏病症的药物选用皮质激素、水杨酸钠、巴比妥钠、维生素C、维生素E和抗生素等。

（8）季节管理　春夏秋冬气候变化很大，只有掌握客观规律，加强季节性饲养管理，才能有利于猪的生长发育。

① 春季管理。春季气候温暖，青饲料幼嫩可口，是养猪的好季节。但春季空气湿度大，温暖潮湿的环境给病菌创造了大量繁殖的条件，加上早春气温忽高忽低，而猪刚刚越过冬季，体质较差，抵抗力较弱，容易感染疾病。因此，春季也是猪疾病多发的季节，必须做好防病工作。

在冬末春初，对猪舍要进行1次清理消毒，搞好猪舍的卫生并

---

保持猪舍通风透气，干燥舒适。寒潮来临时，要堵洞防风，避免猪受寒感冒。

消毒时可用新鲜生石灰按1:（10～15）的比例加水，搅拌成石灰乳，然后将石灰乳刷在猪舍的墙壁、地面、过道上即可。

春季还要注意给猪注射猪瘟、猪肺疫、猪丹毒等各种疫苗，以预防各种传染病的发生。

②夏季管理。夏季天气炎热，而猪汗腺不发达，尤其育肥猪皮下脂肪较厚，体内热量散发困难，使其耐热能力很差。到了盛夏，猪表现出焦躁不安，食量减少，生长缓慢，容易发病。因此，在夏季要注重做好防暑降温和清洁卫生工作。管理措施见表6-14。

表6-14　夏季管理措施

| 加强防暑降温 | 一是加强畜禽场绿化。绿化不仅可以美化环境，更能净化环境和改善环境小气候，有利于猪健康生长、生产。如茂密的树木可以遮挡强烈的阳光辐射（夏天可降低畜禽舍环境温度3～4℃，减轻热辐射80%），过滤空气中的微粒和微生物，叶面水分蒸发又可吸收大量热量。植物进行光合作用吸收二氧化碳而放出氧气，使场内有害气体减少25%，尘埃减少30%～66.5%，恶臭减少50%，噪声减少25%，空气中细菌数减少22%～79%。在畜禽场四周，特别是南边和西边多种一些高大的乔木，道路两边种植花草，猪舍中间种植一些植物；猪舍南侧、西侧种植爬壁植物或丝瓜、葫芦等植物，攀爬到屋顶、运动场顶棚，可以起到较好的遮阳作用<br><br>二是加强猪舍的隔热防晒。加强隔热建设，猪舍屋顶、墙壁等采用隔热性能良好的材料（如泡沫塑料屋顶、泥巴屋顶等）、结构合理（如多层结构）。屋顶遮阳，猪舍屋顶上方1米左右高度安装遮光网（所有屋面形式均适合），可使舍内温度下降2～3℃。所有猪舍南面屋檐下安装遮光网，可避免阳光直射进舍内猪身上。这种网可挡住50%～100%的紫外线（遮光率为50%～100%）。可以在屋顶上面铺设30～40厘米厚的垫料（稻草、麦秆或玉米秸秆等）。用白漆或石灰水将屋顶涂白，增强屋顶反射能力<br><br>三是加强猪舍通风。猪舍通风一方面可以加大气流流动，使猪体感到舒适，另一方面可以增加舍内空气中的氧含量。猪舍内安装有效的通风设备，定期对设备进行维修和保养，使设备正常运转，提高猪舍的空气对流速度，有利于缓解热应激。封闭舍或容易封闭的开放舍，可采用负压纵向通风，在进气口安装湿帘，降温效果良好，不能封闭的猪舍，可采用正压通风即送风，加大舍内空气流动，有利于缓解热应激<br><br>四是加强蒸发散热。生长、育肥猪舍一般均为全敞开式，猪可自由采食。生长、育肥猪所需的温度比种公猪、怀孕母猪要高，它可通过身体接触水泥地面而散发部分热量，必要的话，也可在小区域内安装喷水消暑设备 |
| --- | --- |

续表

| 科学饲养管理 | 一是调整饲粮营养浓度。由于高温引起采食量下降、产热增加，因此，必须根据采食量减少情况，相应提高日粮营养浓度，特别是能量和维生素水平。如果营养浓度提高10%意味着采食量恢复10%。可以通过使用血浆蛋白粉、鱼粉来提高日粮蛋白质、赖氨酸水平；通过使用脂肪（添加5%左右）、膨化大豆等来提高日粮能量水平，并可减少体增热；可以减少使用含粗纤维高的麸皮等原料，以减少体增热。增加饲粮中维生素E（200毫克/千克）、维生素C（200~500毫克/千克）的含量和适量添加$NaHCO_3$（250毫克/千克），以提高猪的免疫力，增强抗热应激能力<br><br>二是保证饲料新鲜。夏季高温高湿的气候环境容易引起饲料发霉变质，因此，必须从源头上把好进料关，并将饲料保存在通风干燥的环境中，经常检查饲料的质量，保证饲料新鲜。如有必要可在饲料中添加霉菌毒素处理剂，如霉消安、白安明等；经常清理投料场地，防止投喂饲料发霉变质<br><br>三是科学饲喂。把干喂改为湿喂或采用颗粒饲料，增加猪采食量。湿料可以增加采食量10%左右，但天热湿料饲料容易变酸变质，要现拌现喂，防止高温酸败变质，当餐没有吃完的饲料一定要清扫干净，不能与下一餐饲料混淆。饲养员应注意掌握投饲量，以免造成不必要的饲料浪费；调整饲喂时间，增加饲喂次数。早上提前至5:00~6:00喂料、下午推迟到18:00~19:00喂料，尽量避开天气炎热时投料，夜间（22:00~23:00）加喂1次，中午不喂料<br><br>四是保证清洁饮水。高温炎热天气，猪呼吸快，体内水分散失较多，饮水量明显增加，因此，要保证饮水充足不间断。水温较低的深井水或冰凉水有利于增加采食量，缓解热应激。饮用的水水质良好，清洁卫生<br><br>五是降低猪群饲养密度。降低猪群密度，可避免拥挤，改善猪群空气质量，减少热应激。高温季节难养，常出现倒槽不吃食，影响生长。一般在高温季节未到之前将肥猪出售，若不出售，应比平时降低10%~15%的饲养密度，每头猪占圈面积1~1.2平方米。喷水降温，采取早晚喂料，中午加喂青料或稀料 |
| --- | --- |
| 严格兽医管理 | 一是注意环境卫生。夏季，猪体内外寄生虫及猪舍内外的蚊蝇等有害昆虫容易大量繁殖，因此必须保持环境卫生，勤清扫、冲洗、勤通风，清理地下沟渠积水，对产生的猪粪进行无害化处理，同时要对猪群定期驱虫。由于夏季高温多湿易发仔猪球虫病，应考虑对哺乳仔猪使用抗球虫药，如白球清、三字球虫粉等。猪舍内安装纱网门窗防蚊蝇侵扰，同时全场猪饲粮中添加蝇得净，按50克/吨饲粮添加混饲，连用1个月，同时结合使用加强蝇必净，能有效地控制猪场苍蝇<br><br>二是猪舍定期消毒措施。夏季有利于细菌的生长繁殖，猪舍的定期消毒工作是切断疫病传播途径、消灭传染源的好办法。因此，要认真做好栏舍、场地、用具、器械、排水沟渠、转猪台以及猪体等消毒工作 |

续表

| 严格兽医管理 | 三是加强猪群免疫接种。严格按照有关免疫程序注射各种疫苗，并做好记录，确保免疫到位。确保疫苗的采购、运输、保存过程规范，防止可能出现疫苗冷链的中断，造成疫苗质量下降或失效，稀释后的疫苗应放在冷藏箱中并在1小时内用完 |
| :---: | :--- |
| | 四是做好防暑保健工作。天气炎热的时候，可应用开胃健脾、清热消暑的中草药协助猪群防暑，如大黄粉、大青叶、板蓝根、山楂、苍术、陈皮、槟榔、黄芩、大曲等配制成饲料添加剂，添加量为0.8%～1%，可缓解炎热环境对商品猪的影响，提高增重和饲料利用率等 |

③ 秋季管理。秋季气温适宜，饲料充足，品质好，是猪生长发育的好季节。因此，应充分利用这个大好时机，做好饲料的储备和催肥工作。

④ 冬季管理。冬季是一年中气候最寒冷的季节。饲养管理不善容易影响育肥猪生长并诱发多种疾病。冬季要注意防寒保暖。冬季管理措施见表6-15。

表6-15　冬季管理措施

| 加强防寒保暖 | 一是减少猪舍的热量散失。冬季到来时要检修畜舍，封闭开露部分。舍内可以使用保温材料，如塑料布、彩条布等设置顶棚，窗户和门挂上棉帘 |
| :---: | :--- |
| | 二是减少畜体散热。堵塞墙体和门窗的缝隙、粪道口等，防止冷风直吹猪体。维护好饮水系统，避免淋湿猪体 |
| 科学饲养管理 | 一是营养调整。提高日粮能量浓度，肉猪添加1%～2%的动物油脂。仔猪和育肥猪后期日粮中添加2%～3%的大豆油，油脂还可改善饲料适口性。增加维生素添加量，维持黏膜系统完整性 |
| | 二是饲喂程序调整。早上早喂，晚上关灯前让猪吃饱吃好 |
| | 三是供给洁净温暖的饮水。冬天让猪饮用温水，可以减少热量散失 |
| | 四是保持适宜的饲养密度 |
| 加强卫生管理 | 保持猪舍清洁卫生，注意适量通风换气，引种的隔离观察。在猪舍内勤清粪便，勤换垫草，并适当增加饲养密度，保证猪舍干燥、温暖。按照消毒程序严格消毒 |

（9）做好记录　详细记录猪的变动情况以及采食、饮水、用药、防疫、环境变化等情况，有利于进行总结和核算。

## 四、育肥猪的出栏管理

出栏管理主要是确定适宜的出栏时间，肉猪多大体重出栏是生产者必须考虑的一个经济问题，不同的出栏体重和出栏时间直接影响养殖效益。确定出栏体重必须考虑如下方面。

### （一）考虑胴体体重和胴体瘦肉率

在一定的饲养管理条件下，肉猪长到一定体重时，就会达到增重高峰，如果再饲养会影响饲料的转化率。不同的品种、类型和杂交组合，增重高峰出现的时间和高峰持续的时间有较大差异。瘦肉型品种、配套系杂交猪、大型品种等，增重高峰出现的晚，高峰持续时间较长，出栏体重应相对较大。另外，随着体重的增长，胴体的瘦肉率降低，出栏体重越大，胴体越肥，生产成本越高。

### （二）考虑不同的市场需求

养猪生产是为满足各类市场需要的商品生产，市场要求千差万别。如国际市场对肉猪的胴体组成要求很高，我国香港地区及东南亚市场活大猪以体重在90千克左右、瘦肉率58%以上为宜，活中猪体重不应超过40千克；供日本及欧美市场，以瘦肉率60%以上、体重110～120千克为宜；国内市场情况较为复杂，在大中城市要求瘦肉率较高的胴体，且以本地猪为母本的二、三元杂交猪为主，出栏体重以90～100千克为宜，农村市场则因广大农民劳动强度大，喜爱较肥一些的胴体，出栏体重可更大些。

### （三）考虑经济效益

养猪的目的是获得经济效益，而养猪的经济效益高低受到猪种质量、生产成本和产品市场价格的影响。出栏体重越小，单位增重耗料越少，饲养成本越低，但其他成本的分摊额度越高，售价等级也越低，很不经济；出栏体重过大，单位产品的非饲养成本分摊额度减少，但增重高峰过后，增重减慢，且后期增重的成分主要是脂肪，而脂肪沉积的能量消耗量大（据研究，沉积1千克脂肪所消耗的能量是生长同量瘦肉耗能量的6倍以上），这样导致饲料利用率下降，饲养成本明显增高，同时由于胴体脂肪多，售价等级低，也不经济。

另外，活猪价格和仔猪价格也会影响到猪的出栏体重。如毛猪市场价格较高，仔猪短缺或价格过高时，大的出栏体重比小的出栏体重可以获得更好的经济效益。因此，饲养者必须综合诸因素，根据具体情况灵活确定适宜的出栏体重和出栏时间。生产中，杜长大三元杂交肉猪的出栏体重一般是90～100千克。

## 五、生产中常见问题及解决措施

### （一）僵猪的发生原因及脱僵措施

僵猪一般又叫"小老猪"。在猪生长发育的某一阶段，由于遭到某些不利因素的影响，使猪长期发育停滞，虽饲养时间较长，但体格小，被毛粗乱，极度消瘦，形成两头尖、中间粗的"刺滑猪"。这种猪吃料不长肉，给养猪生产带来很大的损失。

#### 1. 原因

造成僵猪的原因一是母猪在妊娠期饲养不良，母体内的营养供给不能满足胎儿生长发育的需要，致使胎儿发育受阻，产出初生重很小的"胎僵"仔猪；二是母猪在泌乳期饲养不当，泌乳不足，或对仔猪管理不善，如初生弱小的仔猪长期吸吮干瘪的乳头，致使仔猪发生"奶僵"；三是仔猪长期患寄生虫病及代谢性疾病，形成"病僵"；四是仔猪断奶后饲料单一，营养不全，特别是缺乏蛋白质、矿物质和维生素，导致断奶后仔猪长期发育停滞而形成"食僵"。

#### 2. 预防措施

形成僵猪的原因是多方面的，也是互有联系的，要防止僵猪的出现和使僵猪脱僵，必须采取以下综合措施。

① 加强母猪妊娠后期和泌乳期的饲养，保证仔猪在胎儿期能获得充分发育，在哺乳期能吃到较多营养丰富的乳汁。

② 合理给哺乳猪固定乳头，提早补料，提高仔猪断奶体重，以保证仔猪健康发育。

③ 做好仔猪的断奶工作，做到饲料、环境和饲养管理措施三个逐渐过渡，避免断奶仔猪产生各种应激反应。

④ 搞好环境卫生，保证母猪舍温暖、干燥、空气新鲜、阳光充足。做好各种疾病的预防工作，定期驱虫，减少疾病。

### 3. 脱僵措施

发现僵猪，及时分析致僵原因，排除致僵因素，单独喂养，加强管理，有虫驱虫，有病治病，并改善营养，加喂饲料添加剂，促进机体生理机能的调整，恢复正常生长发育。一般情况下，在僵猪饲粮中，加喂0.75%～1.25%的土霉素碱，连喂7天，待发育正常后加0.4%，每月1次，连喂5天，适当增加动物性饲料和健胃药，以达到宽肠健胃、促进食欲、增加营养的目的，并使用复合维生素添加剂、微量元素添加剂、生长促进剂和催肥剂，促使僵猪脱僵，加速催肥。

### （二）育肥猪延期出栏的原因及解决措施

养猪生产过程中，育肥猪不能在有效生长天数内达到预期体重而延长育肥期，导致饲养成本增加，减少养殖利润。

### 1. 原因分析

在长期的工作实践中，肥猪延期出栏常由环境、品种、饲料、管理、疾病等因素而造成。

（1）品种方面　一般来说，良种猪出栏快，育肥期短，而本地猪或土洋结合育肥猪生长速度要慢一些，良种猪正常条件下在150～160日龄均能达到出栏体重在100千克左右，而非良种猪由于性成熟、体成熟比较早，过早地沉积脂肪，后期生长速度减慢，不能按时出栏。有些猪场盲目引种，带来了不良影响，如猪生活力差、应激综合征、PSE劣质肉等，既减慢了生长速度，也影响了猪肉品质。

（2）营养方面　不同生长阶段的育肥猪所需营养是不同的，因此，要根据猪只的生长时期来确定饲料的营养。质量低劣、营养不全、营养失调或吸收率低的饲料都会导致猪不能达到预期日增重。

长期供给低蛋白质、钙磷比例失调、微量元素缺乏、维生素不足或营养被破坏的饲料都会引起猪营养不良，生长减缓、停滞甚至呈现负增长。如仔猪在哺乳阶段未打好基础，导致后期生长速度减慢，易得病，究其原因是由于不能及时补料，诱食料质量差，严重影响其生长发育，致使仔猪体质较弱，生长缓慢；饲料中添加过多的不饱和脂肪酸，特别是腐败脂肪酸导致维生素破坏，玉米含量过高，铜的含量过高，缺乏维生素A、维生素E、维生素$B_1$，均可诱发猪的胃溃疡、营养元素之间的拮抗作用和其他一些疾病。

（3）管理方面　饲养管理制度不健全或不严格执行所定制度，都会造成母猪产弱仔、哺乳仔猪不健壮、育肥猪不健康，影响生长。如初产母猪配种过早或母猪胎次过高都可能生产弱仔；环境卫生差、通风不良、温度过高或过低、消毒措施不严格、防疫体系不健全，常导致猪只发育不整齐、体质差、易得病。在冬季如果既无采暖设备也无保温措施，就容易导致舍内温度过低、圈舍潮湿阴冷，饲料冷冻；在夏季如果无降温设备和通风设施，就容易导致舍内温度过高、湿度过大、氨气过浓，粪尿得不到及时处理等，都会引起猪只消化系统或呼吸道疾病，影响育肥猪的生长发育。

（4）疫病方面　由于猪病种类和混合感染现象增多，养殖场出于对猪只保健防病的目的，采取经常性投药，而导致猪群的抗药性增强，体内有益菌减少，影响营养元素的吸收。例如，磺胺类、呋喃类、红霉素类等影响钙质的吸收，导致体质弱，增长速度慢。相反，有些猪场存有侥幸心理，不注重整体卫生防疫和消毒，不重视疫苗预防，如蓝耳病、隐型猪瘟、气喘病、链球菌等疾病影响其生长甚至死亡。其他方面还有季节因素、过多的应激、水源不足等。

**2. 防治方法**

（1）选好猪种　瘦肉型猪比兼用型和脂肪型猪对饲料的利用率高，而且增重快，育肥期短。尤其是父本，影响全场效益，优良的父本要表现出良好的产肉性能，饲料利用率、日增重、屠宰率、瘦肉率高、腿臀肌肉发达、背膘薄和性欲好等生产性能；母本的选择要表现出良好的繁殖性能，产仔多、泌乳力强、分娩指数高。

山东省农业科学院畜牧发展中心的杜洛克猪窝产活仔数10.36头，25～100千克体重的猪平均日增重956克，料重比为2.67:1；大约克夏猪窝产活仔数11.26头，25～100千克体重的猪平均日增重922克，料重比2.71:1；长白猪窝产活仔数11.09头，25～100千克体重的猪平均日增重858克，料重比2.70:1。优良的公猪和母猪品质，保证了仔猪和育肥猪的成活率、生长速度以及胴体瘦肉率，提高了经济效益。

（2）营养物质 根据不同的生长阶段选择营养全面的饲料原料，并清楚每种饲料原料所能提供的营养物质和每种营养物质的需要量来配制适宜、合理的日粮。优质的饲料原料要适口性好、消化率高、抗营养因子含量低。而优质的饲料营养则必须满足猪的生长需要，粗纤维水平适当，适口性好，保证消化良好，不便秘，不排稀粪，能够生产出优质的胴体，而且成本低。

（3）日常管理 提高转群整齐度和转群窝重。猪场母猪1～2胎、3～5胎、6胎以后之间比例以3:6:1较为合理，这种比例有利于提高猪场的产活仔数、强仔数、成活率，加强妊娠母猪和哺乳母猪的饲养管理，怀孕后期和哺乳期增大采食量，提高仔猪的初生重和母猪的泌乳力；哺乳仔猪尽快诱食，创造良好的生长条件，提高断奶重。

根据来源、品种、强弱、体重大小等合理分群，减少应激，遵循"留弱不留强，拆多不拆少，夜并昼不并"的原则；及时调教，尽快养成三点定位，保持合理群体规模和饲养密度，做好防暑降温和冬季保温、合理的通风换气、适宜的光照时间和强度等工作，为猪创造良好的生长条件。加强消毒工作，在转入育肥猪前猪舍彻底冲洗消毒，空栏7天，转入后要坚持每7天消毒1次，消毒药每7天更换1次，降低猪舍内细菌和病毒的含量。搞好防疫和驱虫工作，要坚持以预防为主、治疗为辅的原则。仔猪在70日龄前要进行猪瘟、猪丹毒、仔猪副伤寒、气喘病、水肿病、蓝耳病等疾病的免疫接种。根据不同季节选择不同的饲料配方，比如在夏季可降低玉米的含量，而在冬季则相反。猪只打架、惊吓、温度过高或过低、饲料和饮水不足等影响猪只生长的应激，应尽量避免。

虽然育肥期是养殖场的最后一环，但其潜在因素对育肥猪的影响也是很大的，因此在猪的品种、饲料、饲养管理、疫病防治方面都要提高认识，不能麻痹，否则得不偿失。

## 第三节　瘦肉型猪生态养殖技术

发酵床零排放生态养猪就是用锯末、秸秆、稻壳、米糠、树叶等农林业生产下脚料配以专门的微生态制剂——益生菌来垫圈养猪，猪在垫料上生活，垫料里的特殊有益微生物能够迅速降解猪的粪尿排泄物。这样，不需要冲洗猪舍，从而没有任何废弃物排出猪场，猪出栏后，垫料清出圈舍就是优质有机肥。从而创造出一种零排放、无污染的生态养猪模式。

### 一、发酵床生态养猪的特点

发酵床生态养猪的特点如下。

一是降低生产成本。发酵床生态养猪省去了传统养猪模式中不可或缺的粪污处理系统（如沼气池等）投资，提高了土地的利用效率。可以节省人工（无需清粪和排污）、用水（无需每天冲洗圈舍，可节约用水90％以上）和饲料（猪的粪便在发酵床上一般只需3天就会被微生物分解，粪便给微生物提供了丰富营养，促使有益菌不断繁殖，形成菌体蛋白，猪吃了这些菌体蛋白不但补充了营养，还能提高免疫力。另外，由于猪的饲料和饮水中也添加了微生态制剂，在胃肠道内存在大量有益菌，这些有益菌中的一些纤维素酶、半纤维素酶类能够分解秸秆中纤维素、半纤维素等，采用这种方法养殖，可以增加粗饲料的比例，减少精料用量，从而降低饲养成本。加之猪生活环境舒适，生长速度快，一般可提前10天出栏。根据生产实践，节省饲料一般都在10％以上）、用药（猪生活在发酵床上，更健康，不易生病，可减少用药）、能源（发酵床养猪冬暖夏凉，不用采用地暖、空调等设备，大大节约了能源）。冬天发酵产生的热量可以让地表温度达到20℃左右，解决了圈舍保温问题；夏天，只是通过简单的圈舍通风和遮阴，就解决了圈舍炎热的问题。

二是垫料和猪的粪尿混合发酵后，直接变成优质的有机肥。

三是提高了猪肉品质，更有市场竞争优势。

目前用该方式养猪的企业，生猪收购价格比普通方式每千克高出0.4～1.0元，而在消费市场上，猪肝的价格是普通养殖方式的数倍。

## 二、发酵床生态养猪的技术路线

发酵床生态养猪的技术路线见图6-1。

## 三、发酵床生态养猪的操作要点

### （一）猪舍的建设

发酵床养猪的猪舍可以在原建猪舍的基础上稍加改造，也可以用温室大棚。一般要求猪舍东西走向、坐北朝南，充分采光，通风良好。

图6-1　发酵床生态养猪的技术路线

（二）发酵床类型

发酵床分地下式发酵床和地上式发酵床两种。南方地下水位较高，一般采用地上式发酵床，地上式发酵床在地面上砌成，要求有一定深度，再填入已经制成的有机垫料。北方地下水位较低，一般采用地下式发酵床，地下式发酵床要求向地面以下深挖90～100厘米，填满制成的有机垫料。

（三）垫料制作

发酵床主要由有机垫料组成，垫料主要成分是稻壳、锯末、树皮木屑碎片、豆腐渣、酒糟、粉碎秸秆、干生牛粪等，占90%，其他10%是土和少量的粗盐。猪舍填垫总厚度约90厘米。条件好的可先铺30～40厘米深的木段、竹片，然后铺上锯屑、秸秆和稻壳等。秸秆可放在下面，然后再铺上锯末。土的用量为总材料的10%左右，要求是没有用过化肥农药的干净泥土。盐用量为总材料的0.3%。益生菌菌液每平方米用2～10千克。将菌液、稻壳、锯末等按一定比例混合，使总含水量达到60%，保证有益菌大量繁殖。用手紧握材料，手指缝隙湿润，但不至于滴水。加入少量酒糟、稻壳、焦炭等发酵也很理想。材料准备好后，在猪进圈之前要预先发酵，使材料的温度达50℃，以杀死病原菌。而50℃的高温不会伤害而且有利于乳酸菌、酵母菌、光合作用细菌等益生菌的繁殖。猪进圈前要把床面材料搅翻以便使其散热。材料不同，发酵温度不一样。

（四）育肥猪的导入和发酵床管理

一般育肥猪导入时体重为20千克以上，导入后不需特殊管理。同一猪舍内的猪尽量体重接近，这样可以保证集中出栏，效率高。发酵床养猪总体来讲与常规养猪的日常管理相似，但也有些不同，其管理要点如下。

1. 猪的饲养密度

根据发酵床的情况和季节，饲养密度不同。一般以每头猪占地1.2～1.5平方米为宜，小猪可适当增加饲养密度。如果管理细致，更高的密度也能维持发酵床的良好状态。

## 2. 发酵床面的干湿

发酵床面不能过于干燥，一定的湿度有利于微生物繁殖，如果过于干燥还可能会导致猪发生呼吸系统疾病，可定期在床面喷洒益生菌扩大液。床面湿度必须控制在60%左右，水分过多应打开通风口调节湿度，过湿部分及时清除。

## 3. 驱虫

导入前一定要用相应的药物驱除寄生虫，防止将寄生虫带入发酵床，以免猪在啃食菌丝时将虫卵再次带入体内而发病。

## 4. 密切注意益生菌的活性

必要时要再加入益生菌液调节益生菌的活性，以保证发酵能正常进行。猪舍要定期喷洒益生菌液。

## 5. 控制饲喂量

为利于猪拱翻地面，猪的饲料喂量应控制在正常量的80%。猪一般在固定的地方排粪、排尿，当粪尿成堆时挖坑埋上即可。

## 6. 禁止化学药物

猪舍内禁止使用化学药品和抗生素类药物，防止杀灭和抑制益生菌，使得益生菌的活性降低。

## 7. 通风换气

圈舍内湿气大，必须注意通风换气。

# 第七章
# 瘦肉型猪的疾病防控技术

疾病是影响瘦肉型猪高效养殖的主要因素，做好疾病的防治工作，不仅可以维持猪体健康，促进生产潜力充分发挥，而且能够提高产品质量，减少环境污染。

## 第一节　猪病诊断

及时而正确的诊断是猪场防治疾病的重要环节。疾病诊断的步骤和方法包括现场资料调查分析、临床检查诊断、病理剖检诊断等。

### 一、现场资料调查分析

现场资料调查分析就是有针对性地进行一些调查了解。了解猪群的发病时间、发病年龄和传播速度，由此可以推断该病是急性病还是慢性病。如突然大批死亡，可提示中毒性疾病或环境应激性疾病；营养代谢病一般呈慢性经过。了解周围疫情，可以分析本次发病与过去疫情的关系；了解发病后病情变化，由此分析疾病的发展趋势，如营养代谢病，开始症状轻，若缺乏的营养不能补充或补充不当，就日益加重；了解猪场防疫情况、卫生状况、环境条件和发病前用药情况，可为诊断提供有价值的参考。

## 二、临床检查诊断

临床诊断就是对猪的外部行为表现，通过人的感官或借助于简单的仪器如体温计、听诊器等进行疾病的判断。

### （一）个体检查

#### 1. 精神状态的检查

将猪赶起进行检查，健康猪两眼有神，行动敏捷，步态平稳，随大群活动，对来人有接近的行为，发出"哼哼"的声音，并有警惕性。否则就可能是患病猪。

#### 2. 姿势状态的检查

包括猪群运动、休息的姿势状态。健康猪的姿势自然、动作灵活而协调，站立时身体自然正直，四肢直立。躺卧休息时多呈侧卧式，四肢伸展，呼吸均匀，互不挤压。

#### 3. 被毛和皮肤的检查

健康猪被毛光亮、整洁，皮肤颜色正常，有弹性，鼻盘湿润，液体清亮。患有慢性消耗性疾病时被毛粗乱、卷曲、无光泽。饲料中锌缺乏、维生素A缺乏，或寄生虫病时表现脱毛，有瘙痒表示有疥螨，并且皮肤增厚、弹性降低。患猪瘟、猪丹毒、猪链球菌病和猪繁殖与呼吸综合征等皮肤发红、发紫，有出血点或斑。猪丹毒有不规则的突出于皮肤的疹块。

#### 4. 采食和饮水的检查

健康猪大口吃食并与其他猪争抢，分顿饲喂的饲槽中不剩料，饮水量正常。患病猪采食量降低，拒食，异食，不接近料槽或吃几口就离开，饮水骤增、骤减或喝尿、脏水等。

#### 5. 粪便和尿液的检查

健康猪粪便自然成形，不干、不稀，颜色随饲料而变；尿液清亮无色或稍黄，尿量正常。猪瘟(早期)、猪丹毒、仔猪副伤寒等传染病、普通便秘及肠蠕动迟缓的病猪粪便干燥，呈羊粪样，坚硬、色深；猪传染性胃肠炎、流行性腹泻、仔猪黄痢、猪瘟、仔猪副伤寒等传染病、消化不良及一些中毒性疾病，粪便稀软，甚至水样，常混有未消化的饲料；饲料中铜的含量增多，胃或肠前端出血、粪便发黑色，肠道后端出血、粪便有鲜红的血液；假膜性肠炎，粪便表面附有黏液；如寄生虫病，粪便有虫体；钩端螺旋体病，附红细胞体病或猪瘟等，尿液浑浊、色深，呈红色、棕色、茶色。

### 6. 排便动作

健康猪排粪时，背稍微拱起，后肢张开，稍微用力。如便秘，出现背部拱起幅度增大，后肢弯曲，严重者长时间的用力排便动作；如腹泻，排粪次数频繁、失禁，没有排便动作即行排粪，并且后肢及臀部粘有粪便。健康猪排尿时，母猪背稍微拱起，后肢张开下蹲；公猪站立，尿呈股状并且断续地射出。排尿异常常与疾病有关，如泌尿生殖系统的疾病，尿频、多尿少尿、无尿、尿闭、尿淋漓、尿失禁、尿痛苦等。

### 7. 呼吸的检查

健康猪呼吸均匀，胸腹壁起伏平稳、基本一致，呼气、吸气的声音韵律一致，每分钟呼吸18～30次。患病猪，如猪传染性胸膜性肺炎、猪肺疫、气喘病等，呼吸困难，胸腹壁起伏的幅度差异很大，有的胸壁起伏动作特别明显，腹壁动作很小，有的腹壁起伏动作特别明显，胸壁动作很小；呼气时间延长，拱背，严重的肛门突出；吸气时间延长，口张大，鼻孔扩张，四肢外伸，头颈伸展，胸腔扩张。

### 8. 体温的检查

健康猪体温基本一致，体温（直肠温度）38～39.5℃。患病猪如猪瘟、猪丹毒、高致病性猪蓝耳病等传染性疾病，体温升高，有的稽留不退；如氢氰酸中毒、亚硝酸盐中毒等中毒性疾病，仔猪贫血以及一些慢性消耗性疾病，体温降低；如低血糖，皮温不均，末梢冷。

### 9. 眼结膜及天然孔的检查

健康猪天然孔周围清洁，眼结膜呈粉红色；患病猪天然孔的非正常分泌物增多。如猪流感，鼻分泌物增多；猪传染性胸膜性肺炎，口鼻流出血性泡沫样液体；炭疽，鼻流血；口蹄疫、猪水疱病、水疱性口炎等，口腔流涎；猪瘟、仔猪副伤寒、高致病性猪蓝耳病等，眼角处有分泌物，眼睛不能睁开；传染性萎缩性鼻炎，眼窝下方有半月形的褐色流泪的痕迹；阴道炎、子宫内膜炎等，阴门有脓性分泌物流出；猪传染性胃肠炎、流行性腹泻、猪瘟和仔猪副伤寒等，肛门周围粘有不洁的粪便；猪疥螨，耳内有厚的一层不洁物；仔猪缺铁性贫血、附红细胞体病、钩端螺旋体病、新生仔猪溶血性贫血等，眼结膜苍白、潮红、黄染；猪瘟、水肿病、高致病性蓝耳病等，猪眼睑肿胀。

**10. 体表淋巴结的检查**

体表淋巴结的检查对诊断某些传染病有很大的意义。对体表淋巴结进行视诊、触诊时，主要注意其位置、大小、形状、硬度及表面状态。患猪瘟、猪丹毒以及猪圆环病毒病等时，腹股沟淋巴结可见明显的肿胀。

**（二）群体检查**

规模化猪场的群体检查除了对猪群的检查外，还应了解猪群的变动、环境条件以及饲养管理。兽医人员应每天对全场的猪群进行1次检查，检查时应从产仔舍开始，依次为保育舍、妊娠母猪舍、待配猪舍、公猪舍、后备猪舍、育肥猪舍，如有新引进的猪待最后进行观察。检查的内容主要有猪舍的环境温度、湿度、空气质量，料槽、地面(产床、保育床)、饮水器等完整程度，猪的体况、身体的清洁度、采食与饮水情况等。

猪舍中的温度随着猪群的不同而不同，仔猪所需的温度较高，而大猪需要的温度相对较低。猪舍中空气的相对湿度60%～80%较适宜。空气要新鲜，进入后人闻不到刺激性的气味、没有刺眼睛的现象。否则，空气不新鲜，应及时通风换气。饮水器的安装应满足猪饮水所需，并保持畅通。料槽应根据不同的饲喂方式安装，满足一窝内所有猪的采食需要，并且不漏料。地面、墙面应便于清扫、冲洗、消毒，地面不能太滑。

### 三、病理剖检诊断

（一）猪的剖检方法

猪的剖检采用背卧式，为了使尸体保持背位，需切断四肢内侧所有肌肉和髋关节的圆韧带，使四肢平摊在地上，借以抵住躯体，保持不倒。然后再从颈、胸、腹的正中侧切开皮肤，只在腹侧剥皮。如果是大猪，又属非传染病死亡，皮肤可以加工利用时，建议仍按常规方法剥皮，然后再切断四肢内侧肌肉，使尸体保持背位。

**1. 皮下检查**

皮下检查在剥皮过程中进行。除检查皮下有无充血、炎症、出血、淤血（血管紧张，从血管断端流出多量暗红色血液）、水肿（多呈胶冻样）等病变外，还必须检查体表淋巴结的大小、颜色、有无出血，是否充血，有无水肿、坏死、化脓等病变。小猪（断奶前）还要检查肋骨和肋软骨交界处有无串珠样肿大。

**2. 剖开腹腔和腹腔脏器的摘出**

从剑状软骨后方沿白线由前向后切开腹壁至耻骨前缘，观察腹腔器官浆膜是否光滑，肠壁有无粘连；再沿肋骨弓将腹壁两侧切开，使腹腔器官全部暴露。首先摘出肝、脾及网膜，依次为胃、十二指肠、小肠、大肠和直肠，最后摘出肾脏。在分离肠系膜时，要注意观察肠浆膜有无出血，肠系膜有无出血、水肿，肠系膜淋巴结有无肿胀、出血、坏死。

**3. 剖开胸腔和胸腔脏器的摘出**

先用刀分离胸壁两侧表面的脂肪和肌肉，检查胸腔的压力，用刀切断两侧肋骨与肋软骨的接合部，再切断其他软组织，除去胸壁腹面，胸腔即可露出。检查胸腔、心包腔有无积液及其性状，胸膜是否光滑，有无粘连。

分离咽喉头、气管、食道周围的肌肉和结缔组织，将喉头、气管、食道、心和肺一同摘出。

**4. 剖检小猪**

可自下颌沿颈部、腹部正中线至肛门切开，暴露胸腹腔，切开耻骨联合，露出骨盆腔。然后将口腔、颈部、胸腔、腹腔和骨盆腔的器官一起取出。

**5. 剖开颅腔**

可在脏器检查后进行。清除头部的皮肤和肌肉，在两眼眶之间横劈颞骨，然后再将两侧颞骨(与颧骨平行)及枕骨髁劈开，即可掀掉颅顶骨，暴露颅腔。

检查脑膜有无充血、出血。必要时取材送检。

（二）猪常见的病理变化及可能的疾病和主要猪病的剖检变化

猪常见的病理变化及可能的疾病见表7-1。

表7-1　猪常见的病理变化及可能的疾病

| 器官 | 病理变化 | 可能发生的疾病 |
|---|---|---|
| 淋巴结 | 颌下淋巴结肿大，出血性坏死 | 猪炭疽、链球菌病 |
| | 全身淋巴结有大理石样出血变化 | 猪瘟 |
| | 咽、颈及肠系膜淋巴结黄白色干酪样坏死灶 | 猪结核 |
| | 淋巴结充血、水肿、小点状出血 | 急性猪肺疫、猪丹毒、链球菌病 |
| | 支气管淋巴结、肠系膜淋巴结髓样肿胀 | 猪气喘病、猪肺疫、传染性胸膜肺炎、副伤寒 |
| 肝 | 坏死小灶 | 沙门菌病、弓形体病、李氏杆菌病、伪狂犬病 |
| | 胆囊出血 | 猪瘟、胆囊炎 |
| 脾 | 脾边缘有出血性梗死灶 | 猪瘟、链球菌病 |
| | 稍肿大，呈樱桃红色 | 猪丹毒 |
| | 淤血肿大，灶状坏死 | 弓形体病 |
| | 脾边缘有小点状出血 | 仔猪红痢 |
| 胃 | 胃黏膜斑点状出血，溃疡 | 猪瘟、胃溃疡 |
| | 胃黏膜充血、卡他性炎症，呈大红布样 | 猪丹毒、食物中毒 |
| | 胃黏膜下水肿 | 水肿病 |

续表

| 器官 | 病理变化 | 可能发生的疾病 |
|---|---|---|
| 小肠 | 黏膜小点状出血 | 猪瘟 |
| | 节段状出血性坏死，浆膜下有小气泡 | 仔猪红痢 |
| | 以十二指肠为主的出血性、卡他性炎症 | 仔猪黄痢、猪丹毒、食物中毒 |
| 大肠 | 盲肠、结肠黏膜灶状或弥漫性坏死 | 慢性副伤寒 |
| | 盲肠、结肠黏膜扣状溃疡 | 猪瘟 |
| | 卡他性、出血性炎症 | 猪痢疾、胃肠炎、食物中毒 |
| | 黏膜下高度水肿 | 水肿病 |
| 肺 | 出血斑点 | 猪瘟 |
| | 纤维素性肺炎 | 猪肺炎、传染性胸膜肺炎 |
| | 心叶、尖叶、中间叶肝样变 | 气喘病 |
| | 水肿，小点状坏死 | 弓形体病 |
| 心脏 | 心外膜斑点出血 | 猪瘟、猪肺疫、链球菌病 |
| | 心肌条纹状坏死带 | 口蹄疫 |
| | 纤维素性心外膜炎 | 猪肺疫 |
| | 心瓣膜菜花样增生物 | 慢性猪丹毒 |
| | 心肌内有米粒大灰白色包囊泡 | 猪囊尾蚴病 |
| 肾 | 苍白，小点状出血 | 猪瘟 |
| | 高度淤血，小点状出血 | 急性出血 |
| 膀胱 | 黏膜层有出血斑点 | 猪瘟 |
| 浆膜及浆膜腔 | 浆膜出血 | 猪瘟、链球菌病 |
| | 纤维素性胸膜炎及粘连 | 猪肺疫、气喘病 |
| | 积液 | 传染性胸膜肺炎、弓形体病 |
| 睾丸 | 1个或2个睾丸肿大、发炎、坏死或萎缩 | 乙型脑炎、布氏杆菌病 |
| 肌肉 | 臀肌、肩胛肌、咬肌等处有米粒大囊包 | 猪囊尾蚴病 |
| | 肌肉组织出血、坏死，含气泡 | 恶性水肿 |
| | 腹斜肌、大腿肌、肋间肌等处见有与肌纤维平行的毛根状小体 | 肌肉孢子虫病 |
| 血液 | 血液凝固不良 | 链球菌病、中毒性疾病 |

# 第二节 猪病综合防治

## 一、科学的饲养管理

科学的饲养管理可以增强猪群的抵抗力和适应力，从而提高猪体的抗病力。

### （一）满足营养需要

猪体摄取的营养成分和含量不仅影响生产性能，更会影响健康。要供给全价平衡日粮，保证营养全面充足。选用优质饲料原料是保证供给猪群全价营养日粮、防止营养代谢病和霉菌毒素中毒病发生的前提条件；按照猪群不同时期各个阶段的营养需要量，科学设计配方，合理加工调制，保证日粮的全价性和平衡性；重视饲料的储存，防止饲料腐败变质和污染。

### （二）供给充足卫生的饮水

水是最廉价的营养素，也是最重要的营养素，水的供应情况和卫生状况对维护猪体健康有着重要作用，必须保证充足而洁净卫生的饮水。

### （三）保持适宜的环境条件

根据季节气候的差异，做好小气候环境的控制，适当调整饲养密度，加强通风，改善猪舍的空气环境。做好防暑降温、防寒保温、卫生清洁工作，使猪群生活在一个舒适、安静、干燥、卫生的环境中。

### （四）实行标准化饲养

着重抓好母猪进产房前和分娩前的猪体消毒、初生仔猪吃好初奶、固定乳头和饮水开食的正确调教、断奶和保育期饲料的过渡等几个问题，减少应激，防止母猪MMA综合病、仔猪断奶综合征等病的发生。

（五）减少应激发生

捕捉、转群、断尾、免疫接种、运输、饲料转换、无规律的供水供料等生产管理因素，以及饲料营养不平衡或营养缺乏、温度过高或过低、湿度过大或过小、不适宜的光照、突然的音响等环境因素，都可引起应激。加强饲养管理和改善环境条件，避免和减轻应激因素对猪群的不良影响，也可以在应激发生的前后2天内在饲料或饮水中加入维生素C、维生素E和电解多维以及镇静剂等。

## 二、加强隔离卫生

### （一）科学选址和合理布局

按照要求选择场址和规划布局。

### （二）严格引种

到洁净的种猪场引种，引入后要进行为期8周的隔离观察饲养，确认未携带有传染病后方可入场。

### （三）加强隔离

#### 1. 场大门口消毒

猪场大门必须设立宽于门口、长于大型载货汽车车轮一周半的水泥结构的消毒池，并装有喷洒消毒设施。人员进场时应经过消毒人员通道，严禁闲人进场，外来人员来访必须在值班室登记，把好防疫第一关。

#### 2. 设置围墙或防疫沟

生产区最好有围墙或防疫沟，并且在围墙外种植荆棘类植物，形成防疫林带，只留人员入口、饲料入口和出猪台，减少与外界的直接联系。

#### 3. 场区内隔离消毒

生活管理区和生产区之间的人员入口和饲料入口应以消毒池隔开，人员必须在更衣室沐浴、更衣、换鞋，经严格消毒后方可进入生产区，生产区的每栋猪舍门口必须设立消毒脚盆，生产人员经过脚盆再次消毒工作鞋后进入猪舍，生产人员不得互相"串舍"，各猪舍用具不得混用。

### 4. 外来车辆消毒

外来车辆必须在场外经严格冲洗消毒后才能进入生活管理区和靠近装猪台，严禁任何车辆和外人进入生产区。

### 5. 加强装猪台的卫生管理

装猪台平常应关闭，严防外人和动物进入；禁止外人（特别是猪贩）上装猪台，卖猪时饲养人员不准接触运猪车；任何猪只一经赶至装猪台，不得再返回原猪舍；装猪后对装猪台进行严格消毒。

### 6. 种猪场应设种猪选购室

选购室最好和生产区保持一定的距离，介于生活区和生产区之间，以隔墙（留密封玻璃观察窗）或栅栏隔开，外来人员进入种猪选购室之前必须先更衣换鞋、消毒，在选购室挑选种猪。

### 7. 注意饲料的污染

饲料应由本场生产区外的饲料车运到饲料周转仓库，再由生产区内的车辆转运到每栋猪舍，严禁将饲料直接运入生产区内。生产区内的任何物品、工具（包括车辆），除特殊情况外不得离开生产区，任何物品进入生产区必须经过严格消毒，特别是饲料袋应先熏蒸消毒后才能装料进入生产区。有条件的猪场最好使用饲料塔，以避免已污染的饲料袋引入疫病。场内生活区严禁饲养畜禽。尽量避免猪、狗、禽鸟进入生产区。生产区内肉食品要由场内供给，严禁从场外带入偶蹄兽的肉类及其制品。

### 8. 禁止与其他养殖场接触

全场工作人员禁止兼任其他畜牧场的饲养、技术工作和屠宰贩卖工作。保证生产区与外界环境有良好的隔离状态，全面预防外界病原侵入猪场内。休假返场的生产人员必须在生活管理区隔离2天后，方可进入生产区工作，猪场后勤人员应尽量避免进入生产区。

### 9. 采用全进全出的饲养制度

全进全出的饲养制度是有效防止疾病传播的措施之一。全进全出使得猪场能够做到净场和充分的消毒，切断了疾病传播的途径，从而避免患病猪或病原携带者将病原传染给日龄较小的猪群。

（四）卫生管理

### 1. 保持猪舍和猪舍周围环境卫生

及时清理猪舍的污物、污水和垃圾，定期打扫猪舍和设备用具的灰尘，每天进行适量的通风，保持猪舍清洁卫生；不在猪舍周围和道路上堆放废弃物和垃圾。

### 2. 保持饲料和饮水卫生

饲料不霉变，不被病原污染，饲喂用具勤清洁消毒；饮用水符合卫生标准，水质良好，饮水用具要清洁，饮水系统要定期消毒。

### 3. 废弃物要无害化处理

猪场的主要废弃物有粪便和病死猪，粪便堆放要远离猪舍，最好设置专门的储粪场，病死猪不要随意出售或乱扔乱放，按要求进行无害化处理，防止传播疾病。

（1）粪便处理

① 用作肥料。猪场粪污最经济的利用途径是作肥料还田。粪肥还田可改良土壤，提高作物产量，生产无公害绿色食品，促进农业良性循环和农牧结合。猪粪用作肥料时，有的将鲜粪作基肥直接施入土壤，也可将猪粪发酵、腐熟堆肥后再施用。一般来说，为防止鲜粪中的微生物、寄生虫等对土壤造成污染，以及为提高肥效，粪便应经发酵或高温腐熟处理后再使用，这样安全性更高。

腐熟堆肥过程也就是好气性微生物分解粪便中有机物的过程，分解过程中释放大量热能，使肥堆的温度升高，一般可达60～65℃，可杀死其中的病原微生物和寄生虫卵等，有机物则大多分解成腐殖质，有一部分分解成无机盐类。腐熟堆肥必须创造适宜条件，堆肥时要有适当的空气，如粪堆上插秸秆或设通气孔保持良好的通气条件，以保证好气性微生物繁殖。为加快发酵速度，也可在堆底铺设送风管，头20天经常强制送风；同时应保持60%左右的含水量，水分过少影响微生物繁殖，水分过多又易造成厌氧条件，不利于有氧发酵；另外，须保持肥料适宜的碳氮比（26～35):1，碳比例过大，分解过程缓慢，过低则使过剩的氮转变成氨而丧失掉。鲜猪粪的碳氮比约为12:1，碳的比例不足，可加入秸秆、杂草等来调节碳氮比。自然堆肥效率较低，占地面积大，目前已有各种堆肥设备（如发酵塔、发酵池等）用于猪场粪污处理，效率高、占地少、效果好。

②生产沼气。固态或液态粪污都可生产沼气。沼气是厌氧微生物（主要是甲烷细菌）分解粪污中含碳有机物而产生的一种混合气体，其中甲烷约占$60\%\sim75\%$，二氧化碳占$25\%\sim40\%$，还有少量氧、氢、一氧化碳、硫化氢等气体。沼气可用于照明、作燃料或发电等。沼气池在厌氧发酵过程中可杀死病原微生物和寄生虫，发酵粪便产气后的沼渣还可再用作肥料。目前，在我国推广面积较大的是常温发酵，因此，大部分地区存在低温季节产气少，甚至不产气的问题，此外，用沼液、沼渣施肥，施用和运输不便，并且因只进行沼气发酵一级处理，往往不能做到无害化，有机物降解不完全，常导致二次污染。如果用产生的沼气加温，进行中温发酵，或采用高效厌氧消化池，可提高产气效率、缩短发酵时间，对沼液用生物塘进行二次处理，可进一步降低有机物含量，减少二次污染。

③生产动物蛋白。可以用猪粪作为培养基生产蝇蛆、蚯蚓等动物蛋白饲料。

（2）污水处理　猪场必须专设排水设施，以便及时排除雨、雪水及生产污水。全场排水网分主干和支干，主干主要是配合道路网设置的路旁排水沟，将全场地面径流或污水汇集到几条主干道内排出；支干主要是各运动场的排水沟，设于运动场边缘，利用场地倾斜度，使水流入沟中排走。排水沟的宽度和深度可根据地势和排水量而定，沟底、沟壁应夯实，暗沟可用水管或砖砌，如暗沟过长（超过200米），应增设沉淀井，以免污物淤塞，影响排水。但应注意，沉淀井距供水水源应在200米以上，以免造成污染。大型猪场污水排放量很大，在没有较大面积的农田或鱼塘消纳时，为避免造成环境污染，应利用物理的、化学的、生物学的方法进行综合处理，达到无害化，然后再用于灌溉或排入鱼塘。

污水处理可采用两级或三级处理。两级处理包括预处理（一级处理）和好氧生物处理（二级处理）。一级处理是用沉淀分离等物理方法将污水中悬浮物和可沉降颗粒分离出去，常采用沉淀池、固液分离机等设备，再用厌氧处理降解部分有机物，杀灭部分病原微生物；二级处理是用生物方法，让好氧生物进一步分解污水中的胶体和溶解的有机物，并杀灭病原微生物，常用方法有生物滤池、活性污泥、生物转盘等。牧场污水一般经两级处理即达到排放或利用要求，当处理后要排入卫生要求较高的水体时，则须进行三级处理。

（3）病死猪的处理　病死猪必须及时地无害化处理病，坚决不能图私利而出售。处理方法如下。

① 焚烧法。焚烧是一种较完善的方法，但不能利用产品，且成本高。对一些危害人、畜健康极为严重的传染病病畜的尸体，有必要采用此法。焚烧时，先在地上挖一十字形沟（沟长约2.6米，宽0.75～1.0米，深0.5～0.7米），在沟的底部放木柴和干草作引火用，于十字沟交叉处铺上横木，其上放置畜尸，畜尸四周用木柴围上，然后洒上煤油焚烧，尸体烧成黑炭为止。或用专门的焚烧炉焚烧。尸体或粪便焚烧的壕沟见图7-1。

② 发酵烘干处理法。此法是将猪的尸体放入特制的机械内，加入发酵菌种，给予一定温度（90℃以上）和发酵时间（24小时），绞碎烘干，最后制成肉骨粉或有机肥。此法是一种较好的资源化处

图7-1　尸体或粪便焚烧的壕沟

理途径。

③ 土埋法。是利用土壤的自净作用使其无害化。此法虽简单但不理想，因其无害化过程缓慢，某些病原微生物能长期生存，从而污染土壤和地下水，并会造成二次污染，所以不是最彻底的无害化处理方法。采用土埋法，必须遵守卫生要求，埋尸坑远离畜舍、放牧地、居民点和水源，地势高燥，尸体掩埋深度不小于2米。掩埋前在坑底铺上2～5厘米厚的石灰，尸体投入后，再撒上石灰或洒上消毒药剂，埋尸坑四周最好设栅栏并做上标记。

④ 发酵法。将尸体抛入尸坑内，利用生物热的方法进行发酵，从而起到消毒灭菌的作用。尸坑一般为井式，深达9～10米，直径2～3米，坑口有一个木盖，坑口高出地面30厘米左右。将尸体投入坑内，堆到距坑口1.5米处，盖封木盖，经3～5个月发酵处理后，尸体即可完全腐败分解。

**4. 灭鼠和杀虫**

（1）灭鼠　鼠是人、畜多种传染病的传播媒介，鼠还盗食饲料，污染饲料和饮水，危害极大。

① 防止鼠类进入建筑物。鼠类多从墙基、天窗、瓦顶等处窜入室内，因此，墙基最好用水泥制成，碎石和砖砌的墙基，应用灰浆抹缝。墙面应平直光滑。为防止鼠类爬上屋顶，可将墙角处做成圆弧形。墙体上部与天棚衔接处应砌实，不留空隙。瓦顶房屋应缩小瓦缝和瓦、椽间的空隙并填实。用砖、石铺设的地面和畜床，应衔接紧密并用水泥灰浆填缝。各种管道周围要用水泥填平。通气孔、地脚窗、排水沟（粪尿沟）出口均应安装孔径小于1厘米的铁丝网，以防鼠窜入。

② 器械灭鼠。器械灭鼠方法简单易行，效果可靠，对人、畜无害。灭鼠器械种类繁多，主要有夹、关、压、卡、翻、扣、淹、粘、电等。

③ 化学灭鼠。化学灭鼠效率高、使用方便、成本低、见效快，缺点是能引起人、畜中毒，有些老鼠对药剂有选择性、拒食性和耐药性。所以，使用时须选好药剂和注意使用方法，以保安全有效。

灭鼠药剂种类很多，主要有灭鼠剂、熏蒸剂、烟剂、化学绝育剂等。猪场的饲料库和猪舍是灭鼠的重要区域。饲料库可用熏蒸剂毒杀。投放毒饵时，要防止毒饵混入饲料中。在采用全进全出制的生产程序时，可结合舍内消毒时一并进行。鼠尸应及时清理，以防被人、畜误食而发生二次中毒。

注意选用老鼠长期吃惯了的食物作饵料，突然投放，饵料充足，分布广泛，以保证灭鼠的效果。

（2）灭蚊蝇　猪场易滋生蚊、蝇等有害昆虫，骚扰人、畜和传播疾病，给人、畜健康带来危害，应采取综合措施杀灭。

① 环境卫生。搞好猪场环境卫生，保持环境清洁、干燥，是杀灭蚊蝇的基本措施。蚊虫需在水中产卵、孵化和发育，蝇蛆也需在潮湿的环境及粪便等废弃物中生长。因此，填平无用的污水池、土坑、水沟和洼地。保持排水系统畅通，对阴沟、沟渠等定期疏通，勿使污水储积。对储水池等容器加盖，以防蚊蝇飞入产卵。对不能清除或加盖的防火储水器，在蚊蝇滋生季节，应定期换水。永久性水体（如鱼塘、池塘等），蚊虫多滋生在水浅而有植被的边缘区域，修整边岸，加大坡度和填充浅湾，能有效地防止蚊虫滋生。畜舍内的粪便应定时清除，并及时处理，储粪池应加盖并保持四周环境的清洁。

② 化学杀灭。化学杀灭是使用天然或合成的毒物，以不同的剂型（粉剂、乳剂、油剂、水悬剂、颗粒剂、缓释剂等），通过不同途径（胃毒、触杀、熏杀、内吸等），毒杀或驱逐蚊蝇。化学杀虫法具有使用方便、见效快等优点，是当前杀灭蚊蝇的较好方法。

马拉硫磷：为有机磷杀虫剂，是世界卫生组织推荐用的室内滞留喷洒杀虫剂，其杀虫作用强而快，具有胃毒、触毒作用，也可作熏杀，杀虫范围广，可杀灭蚊、蝇、蛆、虱等，对人、畜的毒害小，故适于畜舍内使用。

敌敌畏：为有机磷杀虫剂，具有胃毒、触毒和熏杀作用，杀虫范围广，可杀灭蚊、蝇等多种害虫，杀虫效果好。但对人、畜有较大毒害，易被皮肤吸收而中毒，故在畜舍内使用时，应特别注意安全。

合成拟菊酯：是一种神经毒药剂，可使蚊蝇等迅速呈现神经麻痹而死亡。杀虫力强，特别是对蚊的毒效比敌敌畏、马拉硫磷等高10倍以上，对蝇类因不产生抗药性，故可长期使用。

③ 物理杀灭。利用机械方法以及光、声、电等物理方法，捕杀、诱杀或驱逐蚊蝇。我国生产的多种紫外线或其他光诱器，特别是四周装有电栅、通有将220V变为5500V的10mA电流的蚊蝇光诱器，效果良好。此外，还有可以发出声波或超声波并能将蚊蝇驱逐的电子驱蚊器等，都具有防除效果。

④ 生物杀灭。利用天敌杀灭害虫，如池塘养鱼即可达到用鱼类治蚊的目的。此外，应用细菌制剂——内菌素杀灭吸血蚊的幼虫，效果良好。

## 三、严格消毒

消毒是指用化学或物理的方法杀灭或清除传播媒介上的病原微生物，使之达到无传播感染水平的处理，即不再有传播感染的危险。消毒是保证猪群健康和正常生产的重要技术措施。

### （一）消毒方法

猪场的消毒方法主要有机械性清除（如清扫、铲刮、冲洗等机械方法和适当通风）、物理消毒（如紫外线和火焰、煮沸与蒸汽等高温消毒）、化学药物消毒和生物消毒等消毒方法。

化学药物消毒是养殖生产中常用的方法，是利用化学药物杀灭病原微生物以达到预防感染和传染病的传播和流行的方法。

#### 1. 浸泡法

主要用于消毒器械、用具、衣物等。一般洗涤干净后再行浸泡，药液要浸过物体，浸泡时间以长些为好，水温以高些为好。在猪舍进门处消毒槽内，可用浸泡药物的草垫或草袋对人员的靴鞋消毒。

#### 2. 喷洒法

喷洒地面、墙壁、舍内固定设备等，可用细眼喷壶；对舍内空间消毒，则用喷雾器。喷洒要全面，药液要喷到物体的各个部位。

### 3. 熏蒸法

适用于可以密闭的猪舍。这种方法简便、省事，对房屋结构无损，消毒全面，猪场常用。常用的药物有福尔马林（40%的甲醛水溶液）、过氧乙酸水溶液。为加速蒸发，常利用高锰酸钾的氧化作用。实际操作中要严格遵守下列基本要点：畜舍及设备必须清洗干净，因为气体不能渗透到猪粪和污物中去，所以不能发挥应有的效力；畜舍要密封，不能漏气，应将进出气口、门窗和排气扇等的缝隙糊严。

### 4. 气雾法

气雾粒子是悬浮在空气中的气体与液体的微粒，直径小于200纳米，分子量极轻，能悬浮在空气中较长时间，可到处漂移穿透到畜舍内的周围及其空隙。气雾是消毒液从气雾发生器中喷射出的雾状微粒，是消灭气携病原微生物的理想办法。全面消毒猪舍空间，每立方米用5%的过氧乙酸溶液2.5毫升喷雾。

### （二）常用的消毒剂

常用的消毒剂见表7-2。

表7-2　常用的消毒剂

| 类型 | 名称 | 性状和性质 | 使用方法 |
|---|---|---|---|
| 含氯消毒剂 | 漂白粉（含氯石灰含有效氯25%～30%） | 白色颗粒状粉末，有氯臭味，久置空气中失效，大部分溶于水和醇 | 5%～20%的悬浮液环境消毒，饮水消毒每50升加1克；1%～5%的澄清液用于食槽、玻璃器皿、非金属用具消毒等，宜现配现用 |
| | 漂白粉精 | 白色结晶，有氯臭味，含氯稳定 | 0.5%～1.5%用于地面、墙壁消毒，0.3～0.4克/千克饮水消毒 |
| | 氯胺-T（含有效氯24%～26%） | 为含氯的有机化合物，白色微黄晶体，有氯臭味。对细菌的繁殖体及芽孢、病毒、真菌孢子有杀灭作用。杀菌作用慢，但性质稳定 | 0.2%～0.5%水溶液喷雾用于室内空气及表面消毒，1%～2%浸泡物品、器材消毒；3%的溶液用于排泄物和分泌物的消毒；黏膜消毒，0.1%～0.5%；饮水消毒，1升水用2～4毫克。配制消毒液时，如果加入一定量的氯化铵，大大提高消毒能力 |

续表

| 类型 | 名称 | 性状和性质 | 使用方法 |
|---|---|---|---|
| 含氯消毒剂 | 二氯异氰尿酸钠（含有效氯60%～64%,优氯净）、强力消毒净、84消毒液、速效净等均含有二氯异氰尿酸钠 | 白色晶粉，有氯臭。室温下保存半年仅降低有效氯0.16%。是一种安全、广谱和长效的消毒剂，不遗留残余毒性 | 一般0.5%～1%溶液可以杀灭细菌和病毒，5%～10%的溶液用于杀灭芽孢。环境器具消毒，0.015%～0.02%；饮水消毒，每升水4～6毫克，作用30分钟。本品宜现用现配注意：三氯异氰尿酸钠，其性质特点和作用同二氯异氰尿酸钠基本相同。球虫囊消毒每10升水中加入10～20克 |
| | 二氧化氯（益康、消毒王、超氯） | 白色粉末，有氯臭，易溶于水，易湿潮。可快速地杀灭所有病原微生物，制剂有效氯含量5%。具有高效、低毒、除臭和不残留的特点 | 可用于畜禽舍、场地、器具、种蛋、屠宰厂、饮水消毒和带畜消毒。含有效氯5%时，环境消毒，每升水加药5～10毫升，泼洒或喷雾消毒；饮水消毒，100升水加药5～10毫升；用具、食槽消毒，每升水加药5毫克，浸泡5～10分钟。现配现用 |
| 碘类消毒剂 | 碘酊（碘酒） | 为碘的醇溶液，红棕色澄清液体，微溶于水，易溶于乙醚、氯仿等有机溶剂，杀菌力强 | 2%～2.5%用于皮肤消毒 |
| | 碘伏（络合碘） | 红棕色液体，随着有效碘含量的下降逐渐向黄色转变。碘与表面活化剂及增溶剂形成的无定形络合物，其实质是一种含碘的表面活性剂，主要剂型为聚乙烯吡咯烷酮碘和聚乙烯醇碘等，性质稳定，对皮肤无害 | 0.5%～1%用于皮肤消毒剂，10毫克/升浓度用于饮水消毒 |
| | 威力碘 | 红棕色液体。本品含碘0.5% | 1%～2%用于畜舍、家畜体表及环境消毒。5%用于手术器械、手术部位消毒 |

续表

| 类型 | 名称 | 性状和性质 | 使用方法 |
|---|---|---|---|
| 醛类消毒剂 | 福尔马林（含36%～40%甲醛水溶液） | 无色有刺激性气味的液体，90℃下易生成沉淀。对细菌繁殖体及芽孢、病毒和真菌均有杀灭作用，广泛用于防腐消毒 | 1%～2%环境消毒，与高锰酸钾配伍熏蒸消毒畜禽房舍等，可使用不同级别的浓度 |
| | 戊二醛 | 无色油状体，味苦。有微弱甲醛气味，挥发度较低。可与水、酒精以任何比例稀释，溶液呈弱酸性。碱性溶液有强大的灭菌作用 | 2%水溶液，用0.3%碳酸氢钠调整pH值在7.5～8.5范围可消毒，不能用于热灭菌的精密仪器、器材的消毒 |
| | 多聚甲醛（含甲醛91%～99%） | 为甲醛的聚合物，有甲醛臭味，为白色疏松粉末，常温下不可分解出甲醛气体，加热时分解加快，释放出甲醛气体与少量水蒸气。难溶于水，但能溶于热水，加热至150℃时，可全部蒸发为气体 | 多聚甲醛的气体与水溶液，均能杀灭各种类型病原微生物。1%～5%溶液作用10～30分钟，可杀灭除细菌芽孢以外的各种细菌和病毒；杀灭芽孢时，需8%浓度作用6小时。用于熏蒸消毒，用量为每立方米3～10克，消毒时间为6小时 |
| 氧化剂类 | 过氧乙酸 | 无色透明酸性液体，易挥发，具有浓烈刺激性，不稳定，对皮肤、黏膜有腐蚀性。对多种细菌和病毒杀灭效果好 | 400～2000毫克/升，浸泡2～120分钟；0.1%～0.5%擦拭物品表面；或0.5%～5%环境消毒，0.2%器械消毒 |
| | 过氧化氢（双氧水） | 无色透明，无异味，微酸苦，易溶于水，在水中分解成水和氧。可快速灭活多种微生物 | 1%～2%创面消毒；0.3%～1%黏膜消毒 |
| | 过氧戊二酸 | 有固体和液体两种。固体难溶于水，为白色粉末，有轻度刺激性作用，易溶于乙醇、氯仿、乙酸 | 2%器械浸泡消毒和物体表面擦拭，0.5%皮肤消毒，雾化气溶胶用于空气消毒 |

| 类型 | 名称 | 性状和性质 | 使用方法 |
|------|------|-----------|---------|
| 氧化剂类 | 臭氧 | 臭氧（$O_3$）是氧气（$O_2$）的同素异构体，在常温下为淡蓝色气体，有鱼腥臭味，极不稳定，易溶于水。臭氧对细菌繁殖体、病毒真菌和枯草杆菌黑色变种芽孢有较好的杀灭作用；对原虫和虫卵也有很好的杀灭作用 | 30毫克/米³，15分钟室内空气消毒；0.5毫克/升10分钟，用于水消毒；15～20毫克/升用于污水消毒 |
| | 高锰酸钾 | 紫黑色斜方形结晶或结晶性粉末，无臭，易溶于水，容易因其浓度不同而呈暗紫色至粉红色。低浓度可杀死多种细菌的繁殖体，高浓度（2%～5%）在24小时内可杀灭细菌芽孢，在酸性溶液中可以明显提高杀菌作用 | 0.1%溶液可用于猪的饮水消毒，杀灭肠道病原微生物；0.1%创面和黏膜消毒；0.01%～0.02%消化道清洗；用于体表消毒时使用的浓度为0.1%～0.2% |
| 复合酚类 | 苯酚（石炭酸） | 白色针状结晶，弱碱性，易溶于水，有芳香味 | 杀菌力强，3%～5%用于环境与器械消毒，2%用于皮肤消毒 |
| | 煤酚皂（来苏尔） | 由煤酚和植物油、氢氧化钠按一定比例配制而成。无色，见光和空气变为深褐色，与水混合成为乳状液体。毒性较低 | 3%～5%用于环境消毒；5%～10%用于器械消毒、处理污物；2%的溶液用于术前、术后和皮肤消毒 |
| | 复合酚（农福、消毒净、消毒灵） | 由冰醋酸、混合酚、十二烷基苯磺酸、煤焦油按一定比例混合而成，为棕色黏稠状液体，有煤焦油臭味，对多种细菌和病毒有杀灭作用 | 用水稀释100～300倍后，用于环境、禽舍、器具的喷雾消毒，稀释用水温度不低于8℃；1:200杀灭烈性传染病，如口蹄疫；1:（300～400）药浴或擦拭皮肤，药浴25～30分钟，可以防治猪、牛、羊螨虫等皮肤寄生虫病，效果良好 |

瘦肉型猪高效饲养技术

续表

| 类型 | 名称 | 性状和性质 | 使用方法 |
|---|---|---|---|
| 复合酚类 | 氯甲酚溶液（菌球杀） | 为甲酚的氯代衍生物，一般为5%的溶液。杀菌作用强，毒性较小 | 主要用于禽舍、用具、污染物的消毒。用水稀释30~100倍后用于环境、畜禽舍的喷雾消毒 |
| 表面和性剂（双链季铵盐类毒剂） | 新洁尔灭（苯扎溴铵）。市售的一般为浓度5%的苯扎溴铵水溶液 | 无色或淡黄色液体，振摇产生大量泡沫。对革兰阴性细菌的杀灭效果比对革兰阳性菌强，能杀灭有囊膜的亲脂病毒，不能杀灭亲水病毒、芽孢菌、结核菌，易产生耐药性 | 皮肤、器械消毒用0.1%的溶液（以苯扎溴铵计），黏膜、创口消毒用0.02%以下的溶液，0.5%~1%溶液用于手术局部消毒 |
| | 度米芬（杜米芬） | 白色或微白色片状结晶，能溶于水和乙醇。主要用于细菌病原，消毒能力强，毒性小，可用于环境、皮肤、黏膜、器械和创口的消毒 | 皮肤、器械消毒用0.05%~0.1%的溶液，带畜禽消毒用0.05%的溶液喷雾 |
| | 葵甲溴铵溶液（百毒杀）。市售浓度一般为10%葵甲溴铵溶液 | 白色、无臭、无刺激性、无腐蚀性的溶液剂。本品性质稳定，不受环境酸碱度、水质硬度、粪便血污等有机物及光、热影响，可长期保存，且适用范围广 | 饮水消毒，日常1:(2000~4000)倍，可长期使用；发病期间1:(1000~2000)连用7天；畜禽舍以及带畜消毒，日常1:600；疫病期间1:(200~400)喷雾、洗刷、浸泡 |
| | 双氯苯胍己烷 | 白色结晶粉末，微溶于水和乙醇 | 0.5%环境消毒，0.3%器械消毒，0.02%皮肤消毒 |
| | 环氧乙烷（烷基化合物） | 常温无色气体，沸点10.3℃，易燃、易爆、有毒 | 50毫克/升密闭容器内用于器械、敷料等消毒 |
| | 氯己定（洗必泰） | 白色结晶，微溶于水，易溶于醇，禁忌与氯化汞配伍 | 0.022%~0.05%水溶液，术前洗手浸泡5分钟；0.01%~0.025%用于腹腔、膀胱等的冲洗 |
| | 辛氨乙甘酸溶液（菌毒清） | 黄色澄清液体，有微腥臭，味微苦，强力振摇则产生大量泡沫，忌与其他消毒剂合用；不宜用于粪便、污秽物及污水的消毒 | 主要用于杀灭细菌，无刺激性，毒性小。1:(100~200)倍稀释环境消毒；0.2%溶液浸泡种蛋消毒 |

续表

| 类型 | 名称 | 性状和性质 | 使用方法 |
|---|---|---|---|
| 醇类消毒剂 | 乙醇（酒精） | 无色透明液体，易挥发，易燃，可与水和挥发油任意混合。无水乙醇含乙醇量为95%以上。主要通过使细菌菌体蛋白凝固并脱水而发挥杀菌作用。以70%～75%乙醇杀菌能力最强。对组织有刺激作用，浓度越大刺激性越强 | 70%～75%用于皮肤、注射部位和手术器械、实验台面消毒，作用时间3分钟。注意：不能作为灭菌剂使用，不能用于黏膜消毒；浸泡消毒时，消毒物品不能带有过多水分，物品要清洁 |
| | 异丙醇 | 无色透明液体，易挥发，易燃，具有乙醇和丙酮混合气味，与水和大多数有机溶剂可混溶。作用浓度为50%～70%，过浓过稀，杀菌作用都会减弱 | 50%～70%的水溶液涂擦与浸泡，作用时间5～60分钟。只能用于物体表面和环境消毒。杀菌效果优于乙醇，但毒性也高于乙醇。有轻度的蓄积和致癌作用 |
| 强碱类 | 氢氧化钠（火碱） | 白色干燥的颗粒，棒状、块状、片状结晶，易溶于水和乙醇，易吸收空气中的$CO_2$形成碳酸钠或碳酸氢钠盐。对细菌繁殖体、芽孢体和病毒有很强的杀灭作用，对寄生虫卵也有杀灭作用，浓度增大，作用增强 | 2%～4%溶液可杀死病毒和繁殖型细菌，30%溶液10分钟可杀死芽孢，4%溶液45分钟杀死芽孢，如加入10%食盐能增强杀芽孢能力。2%～4%的热溶液用于喷洒或洗刷消毒，畜禽舍、仓库、墙壁、工作间、入口处、运输车辆、饮饲用具等；5%用于炭疽消毒 |
| | 生石灰（氧化钙） | 白色或灰白色块状或粉末，无臭，易吸水，加水后生成氢氧化钙 | 加水配制10%～20%石灰乳涂刷畜舍墙壁、畜栏等消毒 |
| | 草木灰（新鲜草木灰主要含氢氧化钾） | 取筛过的草木灰10～15千克，加水35～40千克，搅拌均匀，持续煮沸1小时，补足蒸发的水分即成20%～30%草木灰 | 20%～30%草木灰可用于圈舍、运动场、墙壁及食槽的消毒。应注意水温在50～70℃ |

| 类型 | 名称 | 性状和性质 | 使用方法 |
|---|---|---|---|
| 酸类 | 无机酸（硫酸和盐酸） | 具有强烈的刺激性和腐蚀性，生产中较少使用 | 0.5摩尔/升的硫酸处理排泄物、痰液等，30分钟可杀死多数结核杆菌。2%盐酸用于消毒皮张 |
| | 乳酸 | 微黄色透明液体，无臭，微酸味，有吸湿性 | 蒸气用于空气消毒，亦可用于与其他醛类配伍 |
| | 醋酸 | 浓烈酸味 | 5~10毫升/米³加等量水，蒸发消毒房间空气 |
| | 十一烯酸 | 黄色油状溶液，溶于乙醇 | 5%~10%十一烯酸醇溶液于皮肤、物体表面消毒 |
| 重金属类 | 甲紫（龙胆紫） | 深绿色块状，溶于水和乙醇 | 1%~3%溶液用于浅表创面消毒、防腐 |
| | 硫柳汞 | 不沉淀蛋白质 | 0.01%用于生物制品防腐；1%用于皮肤或手术部位消毒 |
| 高效复方消毒剂 | 复方含氯消毒剂 | 常选的含氯成分主要为次氯酸钠、次氯酸钙、二氯异氰尿酸钠、氯化磷酸三钠、二氯二甲基海因等，配伍成分主要为表面活性剂、助洗剂、防腐剂、稳定剂等 | 按说明使用 |
| | 复方季铵盐类消毒剂 | 作为复配的季铵盐类消毒剂主要以十二烷基二甲基乙基苄基氯化铵、二甲基苄基溴化铵为多，其他的季铵盐为二甲乙基苄基氯化铵以及双癸季铵盐，如双癸甲溴化铵、双十烷基二甲基氯化铵等<br>常用的配伍剂主要有醛类（戊二醛、甲醛）、醇类（乙醇、异丙醇）、过氧化物类（二氧化氯、过氧乙酸）以及氯己定等 | 0.01%~0.02%溶液环境、物体表面浸泡或擦拭消毒，作用时间15~30分钟，复方季铵盐类消毒剂原液皮肤擦拭消毒，作用时间3~5分钟 |

续表

| 类型 | 名称 | 性状和性质 | 使用方法 |
|---|---|---|---|
| 高效复方消毒剂 | 含碘复方消毒剂（常见的为聚乙烯吡咯烷酮、聚乙氧基乙醇等） | 碘与表面活性剂的无定形络合物碘伏，是碘类复方消毒剂中最常用的剂型。阴离子表面活性剂、阳离子表面活性剂和非离子表面活性剂均可作为碘的载体制成碘伏，但其中以非离子型表面活性剂最稳定，故选用的较多 | 如聚乙烯基吡咯酮碘，制成10%的水溶液（含有效碘500毫克/升）喷洒或喷雾消毒，可以有效杀灭新城疫、法氏囊、禽流感、支原体、大肠杆菌、沙门氏菌、蓝耳病等，还能杀亚畜禽寄生虫虫卵，燕能抑制蚊蝇等昆虫的滋生；10%的水溶液黏膜冲洗或涂擦消毒，作用时间5分钟；原液（含有效碘5000毫克/升）浸泡洗手或注射部位涂擦消毒，作用时间3分钟。其他产品按说明书使用 |
| | 醛类复方消毒剂 | 常见的醛类复配形式有戊二醛与洗涤剂的复配，降低了毒性，增强了杀菌作用；戊二醛与过氧化氢的复配，远高于戊二醛和过氧化氢的杀菌效果 | 如复方戊二醛消毒剂（应含戊二醛14%～16%），消毒厩舍或器械，按1:150倍稀释，喷洒每平方米面积用9毫升以上；涂刷物体表面，无孔材料每平方米面积用100毫升，有孔材料每平方米面积用300毫升。其他产品按说明书使用 |
| | 醇类复方消毒剂 | 醇类常用的复配形式中以次氯酸钠与醇的复配为最多，用50%甲醇溶液和浓度2000毫克/升有效氯的次氯酸钠溶液复配，其杀菌作用高于甲醇和次氯酸钠水溶液。乙醇与氯己定复配的产品很多，也可与醛类复配，亦可与碘类复配等 | 按产品说明使用 |

## （三）消毒程序

### 1. 人员消毒

在猪场正门的入口处，建消毒室，内设6根紫外线灯管（四个墙角各安装一个，房顶吊两个）、消毒盆和消毒池。进场人员必须在此换鞋、更衣，照射15分钟后在消毒盆内用来苏尔消毒液洗手，然后再从盛有5%氢氧化钠溶液的消毒池中趟过进入生产区，每一栋舍的两头放消毒槽。进入猪舍的人员先踏消毒盆（池），再洗手后方可进入。病猪隔离人员和剖检人员操作前后都要进行严格消毒。消毒液可选用2%～5%氢氧化钠（火碱）、1%菌毒敌、1:300特威康等，药液每周更换1～2次，雨过天晴后立即更换，确保消毒效果。

### 2. 车辆消毒

大门口消毒池长度为汽车轮周长的2倍，深度为15～20厘米，宽度与大门口同宽。进入场门的车辆除要经过消毒池外，还必须对车身、车底盘进行高压喷雾消毒，消毒液可用2%过氧乙酸或灭毒威。严禁车辆（包括员工的摩托车、自行车）进入生产区。外界购猪车一律禁止入场。装猪车装猪前严格消毒，售猪后对使用过的装猪台、磅秤及时清理、冲洗、消毒。进入生产区的料车每周需彻底消毒1次。

### 3. 环境消毒

（1）环境清洁消毒　生产区的垃圾实行分类堆放，并定期收集；每逢周六进行环境清理、消毒和焚烧垃圾；整个场区每半个月要用2%～3%的氢氧化钠溶液喷洒消毒1次，不留死角；各栋舍内走道每5～7天用3%氢氧化钠钠溶液喷洒消毒1次。必要时可增加消毒次数或用对猪体无害的消毒药物带猪消毒。

（2）春秋两季的常规大消毒　这时气候温暖，适宜于各种病原体微生物的生长繁殖，是搞好消毒防疫的关键时期。要选用如下广谱消毒药：2%～4%氢氧化钠（苛性钠），10%～20%漂白粉乳剂，0.05%～0.5%过氧乙酸（过醋酸）以及增效二氧化氯溶液等。其用药量，每平方米地面用药液0.5～2千克，墙壁每平方米用药液0.5～1千克。

### 4. 空舍消毒

（1）清扫　首先对空舍的粪尿、污水、残料、垃圾和墙面、顶棚、水管等处的尘埃进行彻底清扫，并整理归纳舍内饲槽、用具，当发生疫情时，必须先消毒后清扫。

（2）浸润　对地面、猪栏、出粪口、食槽、粪尿沟、风扇匣、护仔箱进行低压喷洒，并确保充分浸润，浸润时间不少于30分钟，但时间不能过长，以免不利于干燥、浪费水且不好洗刷。

（3）冲刷　使用高压冲洗机，由上至下彻底冲洗屋顶、墙壁、栏架、网床、地面、粪尿沟等。要用刷子刷洗藏污纳垢的缝隙，尤其是食槽、护仔箱壁的下端，冲刷不要留死角。

（4）消毒　晾干后，选用广谱高效消毒剂，消毒舍内所有表面、设备和用具，必要时可选用2%～3%的氢氧化钠（火碱）进行喷雾消毒。30～60分钟后低压冲洗，晾干后用另一种广谱高效消毒药（0.3%好利安）喷雾消毒。

（5）复原　恢复原来栏舍内的布置，并检查维修，做好进猪前的充分准备，并进行第2次消毒。

（6）猪舍的熏蒸消毒　对封闭猪舍冲刷干净、晾干后，最好进行熏蒸消毒。用福尔马林、高锰酸钾熏蒸。方法是熏蒸前封闭所有缝隙、孔洞，计算房间容积，称量好药品；按照福尔马林∶高锰酸钾∶水=2∶1∶1比例配制，福尔马林用量一般为14～42毫升/立方米；容器应大于甲醛溶液加水后容积的3～4倍；放药时一定要把甲醛溶液倒入盛高锰酸钾的容器内，室温最好不低于24℃，相对湿度在70%～80%；先从猪舍一头逐点倒入，倒入后迅速离开，把门封严，24小时后打开门窗通风；无刺激味后再用消毒剂喷雾消毒1次。

（7）进猪　进猪前1天再喷雾消毒。

### 5. 带猪消毒

带猪喷雾消毒法是对猪体和猪舍内空间同时进行消毒的一种方法，是预防疾病或在猪群已发病的紧急情况下，对传染性疾病进行紧急控制的一种实用而有效的方法。带猪喷雾消毒应选择毒性、刺激性和腐蚀性小的消毒剂。例如过氧化剂，0.3%过氧乙酸溶液30毫升/立方米；0.015%二氧化氯溶液240～60毫升/立方米；含氯制剂二氯异氰尿酸盐，浓度为0.005%～0.01%，260～80毫升/立方米。各类猪只的消毒应用频率：夏季每周消毒2次，春、秋季每周消毒1次，冬季2周消毒1次。在疫情期间，产房每天消毒1次，保育舍可隔天1次，成年猪舍每周消毒2～3次，消毒时不仅限于猪的体表，还包括整个舍的所有空间。带猪喷雾消毒时，所用药剂的体积以做到猪体体表或地面基本湿润为准（通常100平方米舍内10升消毒液即可）。应将喷雾器的喷头高举空中，喷嘴向上，让雾料从空中缓慢地下降，雾粒直径控制在80～120微米，压力为0.2～0.3千克/平方厘米。注意不宜选用刺激性大的药物。

### 6. 处理病、死猪及场地的消毒

猪场一经发现病猪，要及时隔离治疗；对于处理的病、死猪，要在指定的隔离地点烧毁或深埋，绝不允许在场内随意处理或解剖病、死猪。对病猪走过或停留的地方，应清除粪便和垃圾，然后铲除其表土，再用2％～4％氢氧化钠溶液进行彻底消毒，用量按1升/平方米左右进行。

### 7. 特定消毒

猪转群或部分调动（母猪配种除外）时必须将道路和需用的车辆、用具，在用前、用后分别喷雾消毒。参加人员需换上洁净的工作服和胶鞋，并经过紫外线照射15分钟；接产母猪有临产征兆时，就要将产床、栏架及猪的臀部及乳房洗刷干净，并用1/600的百毒杀或0.1％高锰酸钾溶液消毒。仔猪产出后要用消毒过的纱布擦净口腔黏液。正确实施断脐并用碘酊消毒断端；在断尾、剪耳、剪牙、注射等前后，都要对器械和术部进行严格消毒。消毒可用碘伏或70％的酒精棉；手术消毒时手术部首先要用清水洗净擦干，然后涂以3％的碘酊，待干后再用70％～75％的酒精消毒，待酒精干后方可实施手术，术后创口涂3％碘酊；阉割时，手术部位要用70％～75％酒精消毒，待干燥后方可实施阉割，结束后刀口处再涂以3％碘酊；器械消毒时手术刀、手术剪、缝合针、缝合线可用煮沸消毒，也可用70％～75％的酒精消毒，注射器用完后里外冲刷干净，然后煮沸消毒。医疗器械每天必须消毒一遍；发生传染病或传染病平息后，要强化消毒，药液浓度加大，消毒次数增加。

### 8. 兽医防疫人员出入猪舍消毒

兽医防疫人员出入猪舍必须在消毒池内进行鞋底消毒，在消毒盆内洗手消毒。出舍时要在消毒盆内洗手消毒；兽医防疫人员在一栋猪舍工作完毕后，要用消毒液浸泡的纱布擦洗注射器和提药盒的周围。

### 9. 污水和粪便消毒

猪场产生的大量粪便和污水，含有大量的病原菌，而以病猪粪尿更甚，更应对其进行严格消毒。对于猪的粪便，可用发酵池法和堆积法消毒；对污水可用含氯25%的漂白粉消毒，用量为每立方米中加入6克漂白粉，如水质较差可加入8克。

### 10. 饲料袋消毒

每月清洗并浸泡消毒1次。

### 11. 兽医器械及用品消毒

兽医诊疗室是养殖场的一个重要场所，在此进行疾病的诊断、病畜的处理等。兽医诊疗室内有一些医疗器具。兽医诊疗室的消毒包括诊疗室的消毒和医疗器具消毒两个方面。兽医诊疗室的消毒包括诊断室、注射室、手术室、处置室和治疗室的消毒以及兽医人员的消毒，其消毒必须是经常性的和常规性的，如诊室内空气消毒和空气净化可以采用过滤、紫外线照射（诊室内安装紫外线灯，每立方米2～3瓦）、熏蒸等方法；诊室内的地面、墙壁、顶棚可用0.3%～0.5%的过氧乙酸溶液或5%的氢氧化钠溶液喷洒消毒；兽医诊疗室的废弃物和污水也要处理消毒，废弃物和污水数量少时，可与粪便一起堆积生物发酵消毒处理；如果量大时，使用化学消毒剂（如15%～20%的漂白粉搅拌，作用3～5小时消毒处理）消毒。

兽医诊疗器械及用品是直接与畜禽接触的物品。用前和用后都必须按要求进行严格的消毒。根据器械及用品的种类和使用范围不同，其消毒方法和要求也不一样。一般对进入畜禽体内或与黏膜接触的诊疗器械，如手术器械、注射器及针头、胃导管、导尿管等，必须经过严格的消毒灭菌；对不进入动物组织内也不与黏膜接触的器具，一般要求去除细菌的繁殖体及亲脂类病毒。各种诊疗器械及用品的消毒方法见表7-3。

表7-3　各种诊疗器械及用品的消毒方法

| 消毒对象 | 消毒药物及方法 |
|---|---|
| 体温计 | 先用1%过氧乙酸溶液浸泡5分钟，然后放入1%过氧乙酸溶液中浸泡30分钟 |
| 注射器 | 0.2%过氧乙酸溶液浸泡30分钟，清洗，煮沸或高压蒸汽灭菌。注意：针头用肥皂水煮沸消毒15分钟后，洗净，消毒后备用；煮沸时间从水沸腾时算起，消毒物应全部浸入水内 |
| 各种塑料接管 | 将各种接管分类浸入0.2%过氧乙酸溶液中，浸泡30分钟后用清水冲净；接管用肥皂水刷洗，清水冲净，烘干后分类高压灭菌 |
| 药杯、换药碗（搪瓷类） | 将药杯用清水冲净残留药液，然后浸泡在1:1000新洁尔灭溶液中1小时；将换药碗用肥皂水煮沸消毒15分钟；然后将药杯与换药碗分别用清水刷洗冲净后，煮沸消毒15分钟或高压灭菌（如药杯为玻璃类或塑料类，可用0.2%过氧乙酸浸泡2次，每次30分钟后清洗烘干）。注意：药杯与换药碗不能放在同一容器内煮沸或浸泡；若用后的换药碗染有各种药液颜色，应煮沸消毒后用去污粉擦净、清洗，擦干后再浸泡；冲洗药杯内残留药液下来的水须经处理后再弃去 |
| 托盘、方盘、弯盘（搪瓷类） | 将其分别浸泡在1%漂白粉清液中1小时；再用肥皂水刷洗、清水冲净后备用；漂白粉清液每2周更换1次，夏季每周更换1次 |
| 污物敷料桶 | 将桶内污物倒出后，用0.2%过氧乙酸溶液喷雾消毒，放置30分钟；用碱水或肥皂水将桶刷洗干净，用清水洗净后备用。注意：污物敷料桶每周消毒1次；桶内倒出的污物、敷料须消毒处理后回收或焚烧处理 |
| 污染的镊子、止血钳等金属器材 | 放入1%肥皂水中煮沸消毒15分钟，用清水将其冲净后，再煮沸15分钟或高压灭菌后备用 |
| 锋利器械（刀片及剪刀、镊子、钳子等） | 浸泡在1:1000新洁尔灭水溶液中1小时，再用肥皂水刷洗，清水冲净，揩干后浸泡于1:1000新洁尔灭溶液的消毒盒中备用。注意：被脓、血污染的镊子、钳子或锐利器械应先用清水刷洗干净，再进行消毒；洗刷下的脓、血水按每1000毫升加入过氧乙酸原液10毫升计算（即1%浓度），消毒30分钟后才能弃掉；器械使用前，应用0.85%灭菌生理盐水淋洗 |

续表

| 消毒对象 | 消毒药物及方法 |
|---|---|
| 开口器 | 将开口器浸入1%过氧乙酸溶液中，30分钟后用清水冲洗；再用肥皂水刷洗，清水冲净，擦干后，煮沸15分钟或高压灭菌。注意：应全部浸入消毒液中 |
| 硅胶管 | 将硅胶管拆去针头，浸泡在0.2%过氧乙酸溶液中，30分钟后用清水冲净；再用肥皂水冲洗管腔后，用清水冲洗，擦干。注意：拆下的针头按注射器针头消毒处理 |
| 手套 | 将手套浸泡在0.2%过氧乙酸溶液中，30分钟后用清水冲洗；再将手套用肥皂水清洗，清水漂净后晾干。注意：手套应浸没于过氧乙酸溶液中，不能浮于药液表面 |
| 橡皮管、投药瓶 | 用浸有0.2%过氧乙酸的抹布擦洗物件表面；用肥皂水对其刷洗、清水冲净后备用 |
| 导尿管、肛管、胃导管等 | 将物件分类浸入1%过氧乙酸溶液中，浸泡30分钟后用清水冲洗；再将上述物品用肥皂水刷洗，清水冲净后，分类煮沸15分钟或高压灭菌后备用。注意：物件上的胶布痕迹可用乙醚或乙醇擦除 |
| 输液、输血皮管 | 将皮管针头拆去后，用清水冲洗皮管残留液体，再浸泡在清水中；再将皮管用肥皂水反复揉搓、清水冲净，擦干后，高压灭菌备用。拆下的针头按注射针头消毒处理 |
| 手术衣、帽、口罩等 | 将其分别浸泡在0.2%过氧乙酸溶液中30分钟，用清水冲洗；肥皂水搓洗，清水洗净晒干，高压灭菌备用。注意：口罩应与其他物品分开洗涤 |
| 创巾、敷料等 | 污染血液的，先放在冷水或5%氨水内浸泡数小时，然后在肥皂水中搓洗，最后用清水漂净；污染碘酊的，用2%硫代硫酸钠溶液浸泡1小时，清水漂洗、拧干，浸于0.5%氨水中，再用清水漂净；经清洗后的创巾、敷料分包，高压灭菌备用。被传染性物质污染时，应先消毒、后洗涤、再灭菌 |
| 运输车辆、其他工具车或小推车 | 每月定期用去污粉或肥皂粉将推车擦洗干净；污染的工具车类，应及时用浸有0.2%过氧乙酸的抹布擦洗；30分钟后再用清水冲净。推车等工具车应经常保持整洁，清洁与污染的车辆应互相分开 |

## 四、猪场的免疫接种

目前，传染性疾病仍是我国养猪业的主要威胁，而免疫接种仍是预防传染病的有效手段。免疫接种通常是使用疫苗和菌苗等生物制剂作为抗原接种于猪体内，激发抗体产生特异性免疫力。

（一）常用的生物制品

猪常用的生物制品见表7-4。

表7-4　猪常用的生物制品

| 名称 | 作用 | 使用和保存方法 |
|------|------|----------------|
| 猪瘟兔化弱毒疫苗 | 猪瘟预防接种；4天后产生免疫力，免疫期9个月 | 每头猪臀部或耳根肌内注射1毫升；保存温度4℃，避免阳光照射 |
| 猪瘟兔化毒疫牛体反应苗 | 猪瘟预防接种；4天后产生免疫力，免疫期1年 | 每头猪股内、臀部或耳根肌内或皮下注射1毫升；4℃保存不超过6个月，−20℃保存不超过1年。避免阳光照射 |
| 猪瘟、猪肺疫、猪丹毒三联苗 | 猪瘟、猪肺疫、猪丹毒的预防接种；猪瘟免疫期1年，猪丹毒和猪肺疫为6个月 | 按规定剂量用生理盐水稀释后，每头肌内注射1毫升。−15℃保存期为12个月，0～8℃为6个月 |
| 猪伪狂犬病弱毒苗 | 猪伪狂犬病预防和紧急接种。免疫后6天能产生坚强的免疫力，免疫期1年 | 按规定剂量用生理盐水稀释后，每头肌内注射1毫升。−20℃保存期为1.5年，0～8℃为半年，10～15℃为15天 |
| 猪细小病毒氢氧化铝胶疫苗 | 细小病毒病的预防。免疫期1年 | 母猪每次配种前2～4周内颈部肌内注射2毫升。避免冻结和阳光照射，4～8℃有效期为6个月 |
| 猪传染性萎缩性鼻炎油佐剂二联灭活疫苗 | 预防支气管败血波氏杆菌和产毒性多杀性巴氏杆菌感染引起的萎缩性鼻炎。免疫期6个月 | 母猪产前4周接种，颈部皮下注射2毫升，新引进的后备母猪立即注射1毫升。4℃保存1年，室温保存1个月 |
| 猪传染性胃肠炎、猪轮状病毒二联弱毒疫苗 | 预防猪传染性胃肠炎、猪轮状病毒性腹泻。免疫期为一胎次 | 用生理盐水稀释，母猪于分娩前5～6周肌内注射1毫升。4℃的阴暗处保存1年，其他注意事项可参见说明 |
| 猪传染性胃肠炎与猪流行性腹泻二联灭活疫苗 | 预防猪传染性胃肠炎和猪流行性腹泻两种病毒引起的腹泻。接种后15天开始产生免疫力，免疫期为6个月 | 一般于产前20～30天后海穴注射接种4毫升。避免高温和阳光照射，2～8℃保存，不可冻结，保存期1年 |

续表

| 名称 | 作用 | 使用和保存方法 |
|---|---|---|
| 口蹄疫疫苗 | 预防口蹄疫病毒引发的相关疾病。免疫期2个月 | 每头猪2毫升，2周后再免疫1次。疫苗在2～8℃保存，不可冻结，保存期1年 |
| 猪气喘病弱毒冻干活菌苗 | 预防猪气喘病。免疫期1年 | 种猪、后备猪每年春、秋各1次免疫，仔猪15日龄至断奶首次免疫，3～4月龄种猪二次免疫。胸腔注射，4毫升/头 |
| 猪链球菌氢氧化铝胶菌苗 | 预防链球菌病。免疫期6个月 | 60日龄首次免疫，以后每年春、秋免疫1次，3毫升/头 |
| 传染性胸膜肺炎灭活油佐剂苗 | 预防传染性胸膜肺炎 | 2～3月龄猪间隔2周2次接种 |
| 猪肺疫弱毒冻干苗 | 预防猪肺疫。免疫期6个月 | 仔猪70日龄首次免疫，1头份/头；成年猪每年春、秋各免疫1次 |
| 繁殖呼吸道综合征冻干苗 | 预防繁殖呼吸道综合征 | 3周龄仔猪初次接种，种母猪配种前2周再次接种。大猪2毫升/头，小猪1毫升/头 |
| 抗猪瘟血清 | 猪瘟的紧急预防和治疗，注射后立即起效。必要时12～24小时再注射1次，免役期为14天 | 采用皮下或静脉注射，预防剂量为1毫升/千克体重，治疗加倍。本制品在2～15℃条件下保存3年 |

## （二）猪群的免疫参考程序

猪群的免疫参考程序见表7-5～表7-8。

表7-5　商品猪的免疫参考程序

| 免疫时间 | 使用疫苗 | 免疫剂量和方式 |
|---|---|---|
| 1日龄 | 猪瘟弱毒疫苗[①] | 1头份肌内注射 |
| 7日龄 | 猪喘气病灭活疫苗[②] | 1头份胸腔注射 |
| 20日龄 | 猪瘟弱毒疫苗 | 2头份肌内注射 |
| 21日龄 | 猪喘气病灭活疫苗[②] | 1头份胸腔注射 |
| 23～25日龄 | 高致病性猪蓝耳病灭活疫苗 | 1头份肌内注射 |
| | 猪传染性胸膜肺炎灭活疫苗[②] | 1头份肌内注射 |
| | 链球菌Ⅱ型灭活疫苗[②] | 1头份肌内注射 |

续表

| 免疫时间 | 使用疫苗 | 免疫剂量和方式 |
|---|---|---|
| 28～35日龄 | 口蹄疫灭活疫苗 | 1头份肌内注射 |
| | 猪丹毒疫苗、猪肺疫疫苗或猪丹毒、猪肺疫二联苗[2] | 1头份肌内注射 |
| | 仔猪副伤寒弱毒疫苗[2] | 1头份肌内注射 |
| | 传染性萎缩性鼻炎灭活疫苗[2] | 1头份颈部皮下注射 |
| 55日龄 | 猪伪狂犬基因缺失弱毒疫苗 | 1头份肌内注射 |
| | 传染性萎缩性鼻炎灭活疫苗[2] | 1头份颈部皮下注射 |
| 60日龄 | 口蹄疫灭活疫苗 | 2头份肌内注射 |
| | 猪瘟弱毒疫苗 | 2头份肌内注射 |
| 70日龄 | 猪丹毒疫苗、猪肺疫疫苗或猪丹毒、猪肺疫二联苗[2] | 2头份肌内注射 |

① 在母猪带毒严重、垂直感染引发哺乳仔猪猪瘟的猪场实施。

② 根据本地疫病流行情况可选择进行免疫。

注：猪瘟弱毒疫苗建议使用脾淋疫苗。

表7-6　种母猪的免疫参考程序

| 免疫时间 | 使用疫苗 | 免疫剂量和方式 |
|---|---|---|
| 每隔4～6个月 | 口蹄疫灭活疫苗 | 2头份肌内注射 |
| 初产母猪配种前 | 猪瘟弱毒疫苗 | 2头份肌内注射 |
| | 高致病性猪蓝耳病灭活疫苗 | 1头份肌内注射 |
| | 猪细小病毒灭活疫苗 | 1头份颈部肌内注射 |
| | 猪伪狂犬基因缺失弱毒疫苗 | 1头份肌内注射 |
| 经产母猪配种前 | 猪瘟弱毒疫苗 | 2头份肌内注射 |
| | 高致病性猪蓝耳病灭活疫苗 | 1头份肌内注射 |
| 产前4～6周 | 猪伪狂犬基因缺失弱毒疫苗 | 1头份肌内注射 |
| | 大肠杆菌双价基因工程苗[1] | 1头份肌内注射 |
| | 猪传染性胃肠炎、流行性腹泻二联苗[1] | 1头份后海穴注射 |

① 根据本地疫病流行情况可选择进行免疫。

注：1.种猪70日龄前免疫程序同商品猪。

2.乙型脑炎流行或受威胁地区，每年3～5月（蚊虫出现前1～2月），使用乙型脑炎疫苗，间隔1个月免疫2次。

3.猪瘟弱毒疫苗建议使用脾淋疫苗。

表7-7　种公猪的免疫参考程序

| 免疫时间 | 使 用 疫 苗 | 免疫剂量和方式 |
|---|---|---|
| 每隔4～6个月 | 口蹄疫灭活疫苗 | 2头份肌内注射 |
| 每隔6个月 | 猪瘟弱毒疫苗 | 2头份肌内注射 |
| | 高致病性猪蓝耳病灭活疫苗 | 1头份肌内注射 |
| | 猪伪狂犬基因缺失弱毒疫苗 | 1头份肌内注射 |

注：1.种猪70日龄前免疫程序同商品猪。

2.乙型脑炎流行或受威胁地区，每年3～5月（蚊虫出现前1～2月），使用乙型脑炎疫苗，间隔1个月免疫2次。

3.猪瘟弱毒疫苗建议使用脾淋疫苗。

表7-8　猪群的免疫参考程序

| 阶段 | 免疫时间 | 疫苗种类 | 免疫剂量和方式 | 备注 |
|---|---|---|---|---|
| 仔猪 | 15日龄 | 猪喘气病灭活苗或弱毒苗 | 1头份，胸腔注射 | |
| | 20日龄 | 猪瘟活细胞苗 | 2头份，肌内注射 | |
| | 30日龄 | 仔猪副伤寒弱毒苗 | 1头份，肌内注射 | |
| | 60日龄 | 猪喘气病灭活苗或弱毒苗 | 1头份，胸腔注射 | |
| | | 猪瘟、猪肺疫、猪丹毒三联苗 | 2头份，肌内注射 | |
| 后备种猪 | 6月龄到配种前1个月 | 猪细小病毒弱毒疫苗 | 1头份，肌内注射 | |
| | 母猪配种前1周 | 猪瘟、猪肺疫、猪丹毒三联苗 | 2头份，肌内注射 | 2次/年 |
| 繁殖种公猪、母猪 | 公猪每年4月份、10月份 | 猪喘气病灭活苗或弱毒苗 | 2头份，肌内注射 | 2次/年 |
| | 母猪配种前1个月 | 仔猪乙型脑炎弱毒苗 | 1头份，肌内注射 | 建议 |
| | 产前40天、15天 | 大肠杆菌三价灭活苗 | 1头份，肌内注射 | 建议 |
| | 产前40天 | 猪伪狂犬病灭活苗 | 1头份，肌内注射 | 建议 |

注：商品猪群按70日龄前的免疫程序进行。

## （三）疫苗接种前后的注意事项

### 1. 疫苗使用前要检查

使用前要检查药品的名称、厂家、批号、有效期、物理性状、储存条件等是否与说明书相符。仔细查阅使用说明书与瓶签是否相符，明确装置、稀释液、每头剂量、使用方法及有关注意事项，并严格遵守，以免影响效果。对过期、无批号、油乳剂破乳、失真空及颜色异常或不明来源的疫苗禁止使用。

**2. 免疫操作要规范**

① 预防注射过程应严格消毒，注射器、针头应洗净煮沸15～30分钟备用，每注射一栏猪更换一枚针头，防止传染。吸药时，绝不能用已给动物注射过的针头吸取，可用一个灭菌针头，插在瓶塞上不拔出、裹以挤干的酒精棉花专供吸药用，吸出的药液不应再回注瓶内。

② 液体在使用前应充分摇匀，每次吸苗前再充分振摇。冻干苗加稀释液后应轻轻振摇匀。

③ 要根据猪的大小和注射剂量多少，选用相应的针管和针头。针管可用10毫升或20毫升的金属注射器或连续注射器，针头可用38～44毫米12号的；新生仔猪猪瘟可用2毫升或5毫升的注射器，针头长为20毫米的9号针头。注射时要一猪一个针头，要一猪一标记，以免漏注；注射器刻度要清晰，不滑杆、不漏液；注射的剂量要准确，不漏注、不白注；进针要稳，拔针宜速，不得打"飞针"，以确保苗液真正足量地注射于肌内。

④ 接种部位以5％碘酊消毒为宜，以免影响疫苗活性。免疫弱毒菌苗前后7天不得使用抗生素和磺胺类等抗菌抑菌药物。

⑤ 注意猪的保定，保育舍、育肥舍的猪，可用焊接的铁栏挡在墙角处等相对稳定后再注射。哺乳仔猪和保育仔猪需要抓逮时，要注意轻抓轻放。避免过分驱赶，以减缓应激。

⑥ 注射部位要准确。肌内注射部位，有颈部、臀部和后服内侧等供选择，皮下注射在耳后或股内侧皮下疏松结缔组织部位。避免注射到脂肪组织内。交巢穴和胸腔注射时更需选准注射部位。

⑦ 接种时间应安排在猪群喂料前空腹时进行，高温季节应在早晚注射。

⑧ 注射时动作要快捷、熟练，做到"稳、准、足"，避免飞针、针折、苗洒。苗量不足的立即补注。

⑨ 怀孕母猪免疫操作要小心谨慎，产前15天内和怀孕前期尽

量减少使用各种疫苗。

⑩ 疫苗不得混用（标记允许混用的除外），一般两种疫苗接种时间，至少间隔5～7天。

⑪ 失效、作废的疫苗，用过的疫苗瓶，稀释后的剩余疫苗等，必须妥善处理。处理方式包括用消毒剂浸泡、煮沸、烧毁、深埋等。

### 3. 免疫前后细管理

① 免疫前的3～5天可以使用抗应激药物、免疫增强保护剂，以提高免疫效果。

② 在使用活病毒苗时，用苗前后严禁使用抗病毒药物；用活菌苗时，防疫前后10天内不能使用抗生素、磺胺类等抗菌、抑菌药物及激素类。

③ 及时认真填写免疫接种记录，包括疫苗名称、免疫日期、舍别、猪别、日龄、免疫头数、免疫剂量、疫苗性质、生产厂家、有效期、批号、接种人等。每批疫苗最好存放1～2瓶，以备出现问题时查询。

④ 有的疫苗接种后能引起过敏反应，需详细观察1～2日，尤其接种后2小时内更应严密监视，遇有过敏反应者，注射肾上腺素或地塞米松等抗过敏解救药。

⑤ 有的猪有的疫苗打过后应激反应较大，表现采食量降低，甚至不吃或体温升高，应饮用电解质水或口服补液盐或熬制的中药液。尤其是保育舍仔猪免疫接种后采取以上措施能减缓应激。

⑥ 接种疫苗后，活苗经7～14天、灭活苗经14～21天才能使机体获得免疫保护，这期间要加强饲养管理，尽量减少应激因素，加强环境控制，防止饲料霉变，搞好清洁卫生，避免强毒感染。

⑦ 如果发生严重反应或怀疑疫苗有问题而引起死亡，尽快向生产厂家反应或冷藏包装同批次的制品2瓶寄回厂家，以便查找原因。

## 五、药物防治

猪群保健就是在猪容易发病的几个关键时期，提前用药物预防，降低猪场的发病率。这比发病后再治，既省钱省力，又避免影响猪的生长或生产，收到事半功倍的效果。药物保健要大力提倡使用细胞因子产品、中药制剂、微生态制剂及酶类制剂等，尽可能少用抗生素类药物，以避免耐药性、药物残留及不良反应的发生，影响动物性食品的质量，危害公共卫生安全。

（一）药物保健方案

### 1. 哺乳仔猪的药物保健方案

哺乳仔猪的药物保健方案见表7-9。

表7-9　哺乳仔猪的药物保健方案

| 时间 | 保健方案 |
| --- | --- |
| 仔猪出生后1～4日龄 | 1日龄、4日龄每头各肌内注射排疫肽（高免疫球蛋白）1次，每次每头0.25毫升；或者肌内注射倍康肽（猪白细胞介素-4，大连三仪动物药品公司研发），每次每头0.25毫升，可增强免疫力，提高抗病力。1～3日龄，每天口服畜禽生命宝（蜡样芽孢杆菌活菌）1次，每次每头0.5毫升；或于仔猪出生后，吃初乳之前用吐痢宝（嗜酸乳杆菌口服液，大连三仪动物药品公司研发），每头喷嘴1毫升，出生后20～24小时，每头再喷嘴2毫升 |
| | 仔猪出生后，吃初乳之前，每头口服庆大霉素6万国际单位，8日龄时再口服8万国际单位 |
| | 1日龄，每头肌内注射长效土霉素0.5毫升；仔猪2日龄，用伪狂犬病双基因缺失活疫苗滴鼻，每个鼻孔0.5毫升 |
| | 仔猪3日龄时，每头肌内注射牲血素1毫升及0.1%亚硒酸钠-维生素E注射液0.5毫升；或者肌内注射铁制剂1毫升，可防止缺铁性贫血、缺硒及预防腹泻的发生 |
| 仔猪7日龄 | 7日龄，每头肌内注射长效土霉素0.5毫升 |
| | 补料开食，可于1吨饲料中添加金维肽C211或益生肽C211（乳猪专用微生态制剂）500克，饲喂10天，可促进消化机能，调节菌群平衡，提高饲料吸收、利用率，促进生长，增强免疫力，提高抗病力，改善饲养生态环境 |
| 21日龄 | 每头肌内注射长效土霉素0.5毫升 |
| 仔猪断奶前3天 | 每头肌内注射转移因子或倍健（免疫核糖核酸）0.25毫升，可有效地防止断奶时可能发生的断奶应激、营养应激、饲料应激及环境应激等 |

续表

| 时间 | 保健方案 |
|---|---|
| 仔猪断奶前后各7天 | 1000千克饲料中添加喘速治（泰乐菌素、强力霉素、微囊包被的干扰素、排疫肽）500克，加黄芪多糖粉500克，溶菌酶100克，或氟康王（氟苯尼考，微囊包被的细胞因子）400克，加黄芪多糖粉500克，溶菌酶100克，连续饲喂14天；或于1吨饲料中添加80%支原净120克，强力霉素150克，阿莫西林200克，黄芪多糖粉500克，连续饲喂14天。可有效地预防断奶应激诱发断奶后仔猪可能发生的多种疫病。或饮水加药，饮用电解质多维、葡萄糖、黄芪多糖加溶菌酶，饮用12天 |

**2. 保育仔猪的药物保健**

由于当前保育仔猪发病多表现为多种病原混合感染与继发感染，使病情复杂化。因此，进行药物保健时要侧重提高其机体的免疫力和抗病力，做到抗病毒与抗细菌和抗应激同时并举，方可收到良好的预防效果。

① 上述哺乳仔猪断奶前后的药物预防方案可延续于保育期间实施，并能获得良好的预防效果。

② 于1吨饲料中添加猪用抗菌肽（抗菌活性肽，大连三仪动物药品公司研发）500克，加板蓝根粉600克，防风300克，连续饲喂12天。

③ 于1吨饲料中添加6%替米考星1000克、强力霉素200克、黄芪多糖粉500克、溶菌酶120克，连续饲喂7天。

④ 保育仔猪转群前口服丙硫咪唑，每千克体重10～20毫克，驱除体内寄生虫1次。

**3. 育肥猪的药物保健**

① 于1吨饲料中添加氟康王（含氟苯尼考和微囊包被的细胞因子）800克、黄芪多糖粉600克、溶菌酶140克，连续饲喂12天。

② 于1吨饲料中添加利高霉素800克、阿莫西林200克、板蓝根粉600克、溶菌酶140克，连续饲喂12天。

③ 于1吨饲料中添加氟康王800克、强力霉素300克、黄芪多糖粉600克，连续饲喂12天。

④ 于1吨饲料中添加土霉素粉600克、黄芪2000克、板蓝根2000克、防风300克、甘草200克，连续饲喂12天。

⑤ 育肥中期于1吨饲料中添加2克阿维菌素或伊维菌素，连喂7天，间隔10天后再喂7天，驱虫1次。

⑥ 药物保健每月进行1次，每次12天，育肥猪出栏前30天停止加药；在药物保健的间隔时间内可在饲料中加益生肽C231或维泰C231（产酶芽孢杆菌、肠球菌、乳酸菌及促生长因子等），每吨饲料中加200克，可连续饲喂。

**4. 后备母猪的药物保健**

① 后备母猪在整个饲养过程中常见多发的疫病与育肥猪基本相同，因此，后备母猪平时的药物保健可每月进行1次，每次12天，其保健方案可参照育肥猪的药物保健方案实施。

② 后备母猪配种前30天驱虫1次，用"通灭"或"全灭"，每33千克体重肌内注射1毫升。

③ 配种前25天开始进行药物保健，有利于净化后备母猪体内的病原体，确保初配受胎率高、妊娠期母猪健康和胎儿正常发育生长。可于1吨饲料中添加喘速治600克、黄芪多糖粉600克、板蓝根粉600克、溶菌酶140克，连续饲喂12天。

**5. 生产母猪的药物保健**

母猪妊娠期间尽可能少用或短时间内应用化学药物进行保健。如使用生物工程制剂（细胞因子产品）及其某些中药制剂可能比较安全，不会出现上述问题。

① 于1吨饲料中添加抗菌肽（抗菌活性肽，大连二仪动物药品公司研发）500克，加黄芪多糖粉600克、溶菌酶140克，连续饲喂7天，每月1次即可。

② 母猪产前、产后各7天，于1吨饲料中添加喘速治600克或者氟康王500克，加黄芪多糖粉600克、板蓝根粉600克，连续饲喂14天；也可于1吨饲料中加氟康王800克、强力霉素280克、黄芪多糖粉600克、溶菌酶140克，连续饲喂14天；也可于1吨饲料中加滕骏加康（含免疫增强剂）500克、强力霉素300克，连续饲喂14天。

生产母猪产前与产后进行药物保健后，临产时其他药物可免用。药物保健净化了母猪体内的病原体，母猪产仔后很少发生子宫内膜炎、阴道炎及乳腺炎，乳水充足，产下的仔猪健康，成活率高。

### 6. 种公猪的药物保健

种公猪每月连续5天在饲料中按每吨料添加150克环丙沙星。

### （二）寄生虫病的用药方案

目前猪场常见的内寄生虫主要为肠道线虫（如蛔虫、结节虫、兰氏类圆线虫和鞭虫等），外寄生虫主要为疥螨、血虱等。防控方案见表7-10。

表7-10 寄生虫病的防控方案

| 类型 | 方案 |
|---|---|
| 仔猪 | 每吨饲料中加伊维速克粉1千克混匀，连续用药7～10天；或仔猪断奶转群时注射长效伊维速克注射液（颈部皮下注射或肌内注射）1次 |
| 中猪 | 每吨饲料中加伊维速克粉1.5千克混匀，连续用药7～10天；或架子猪进栏当日注射长效伊维速克注射液（颈部皮下注射或肌内注射）1次 |
| 母猪 | 每吨饲料中加伊维速克3千克混匀，连续用药7～10天，或待产母猪分娩前7～14天注射1次长效伊维速克注射液（颈部皮下注射或肌内注射） |
| 公猪 | 种公猪每年至少注射两次长效伊维速克注射液（颈部皮下注射或肌内注射） |

## 六、疫病扑灭措施

### （一）隔离

当猪群发生传染病时，应尽快作出诊断，明确传染病性质，立即采取隔离措施。一旦病性确定，对假定健康猪可进行紧急预防接种。隔离开的猪群要专人饲养，用具要专用，人员不要互相串门。根据该种传染病潜伏期的长短，经一定时间观察不再发病后，再经过消毒后可解除隔离。

### （二）封锁

在发生及流行某些危害性大的烈性传染病时，应立即报告当地政府主管部门，划定疫区范围进行封锁。封锁应根据该疫病流行情况和流行规律，按"早、快、严、小"的原则进行。封锁是针对传染源、传播途径、易感动物群三个环节采取相应措施。

（三）紧急预防和治疗

一旦发生传染病，在查清疫病性质之后，除按传染病控制原则进行诸如检疫、隔离、封锁、消毒等处理外，对疑似病猪及假定健康猪可采用紧急预防接种，预防接种可应用疫苗，也可应用抗血清。

（四）淘汰病畜

淘汰病畜，也是控制和扑灭疫病的重要措施之一。

## 第三节　常见猪病防治

## 一、瘦肉型猪的传染病防治

（一）猪瘟

猪瘟（HC）俗称"烂肠瘟"，是由猪瘟病毒引起的一种急性、热性、接触性传染病。

【病原】猪瘟病毒属于黄病毒科瘟病毒属，单股RNA病毒。在自然干燥过程中病毒迅速死亡，在腐败尸体中存活2～3天。被猪瘟病毒污染的环境，如保持干燥，经1～3周失去传染性。冰冻条件下，猪瘟病毒的毒力可保持数日。-25℃保持1年以上。在冷冻病猪肉中，病毒可存活数周至数月。腌制或熏制的病猪肉中，病毒可存活半年以上。腐败易使病毒失活，如血液及尸体中的病毒，由于腐败作用，2～3天失活。病猪的粪尿在堆积发酵后，数日失去传染力。含病毒的组织和血液，加0.5％石碳酸与50％甘油后，在室温下可保存数周，病毒仍然存活，很适用于病料的送检。

猪瘟病毒对消毒药的抵抗力较强。对污染圈舍、用具、食槽等最有效的消毒剂是2%～4%烧碱、5%～10%漂白粉、0.1%过氧乙酸、1:200强力消毒灵、1:200菌毒灭Ⅱ型等。在寒冷的冬季，为防止烧碱溶液结冰，可加入5%食盐。

【流行病学】不同年龄、品种、性别的猪均易感。一年四季都可发生。病猪是主要传染源，病毒存在于各器官组织、粪、尿和分泌物中，易感猪采食了被病毒污染的饲料、饮水，接触了病猪和猪肉，以及污染的设备用具，或吸入含有大量病毒的飞沫和尘埃后，都可感染发病。此外，畜禽、鼠类、鸟类和昆虫也能机械性带毒，促使本病的发生和流行；发生过猪瘟场地上的蚯蚓、病猪体内的肺丝虫均含有猪瘟病毒，也会引起感染。处于潜伏期和康复期的猪，虽无临床症状，但可排毒，这是最危险的传染源，要注意隔离防范。流行特点是先有一头至数头猪发病，经1周左右，大批猪随后发病。

【临床症状】潜伏期一般为7～9天，最长21天，最短2天。

**1. 最急性型**

最急性型少见，常发生在流行初期。病猪无明显的临床症状，突然死亡。病程稍长的，体温升高到41～42℃，食欲废绝，精神委顿，眼和鼻黏膜潮红、皮肤发紫、出血，极度衰弱，病程1～2天。

**2. 急性型**

急性型是常见的一种类型。病猪食欲减少，精神沉郁，常挤卧在一起或钻入垫草中。行走缓慢无力，步态不稳。眼结膜潮红，眼角有多量黏脓性分泌物，有时将上、下睑粘在一起。鼻孔流出黏脓性分泌物。耳后、四肢、腹下、会阴等处的皮肤，有大小不等、数量不一的紫红色斑点，指压不褪色。公猪包皮积尿，挤压时，流出白色、浑浊、恶臭的尿液。粪便恶臭，附有或混有黏液和血液。体温40.5～41.5℃。幼猪出现磨牙、站立不稳、阵发性痉挛等神经紊乱症状。病程1～2周。后期卧地不起，勉强站立时，后肢软弱无力，步态跟跄，常并发肺炎和肠炎。

**3. 慢性型**

慢性型病程1个月以上。病猪食欲时好时坏，体温时高时低，便秘与腹泻交替发生，皮肤有出血斑或坏死斑点。全身衰弱无力，消瘦贫血，行走无力，个别猪逐渐康复。

非典型猪瘟是近年来国内外发生较普遍的一种猪瘟病型，据报道，这种类型的猪瘟是由低毒力的猪瘟病毒引起的。其主要临床特征是缺乏典型猪瘟的临床表现，病猪体温微热或中热，大多在腹下有轻度的淤血或四肢发绀。有的自愈后出现干耳和干尾，甚至皮肤出现干性坏疽而脱落。这种类型的猪瘟病程1～2个月不等，甚至更长。有的猪有肺部感染和神经症状，新生仔猪常引起大量死亡。自愈猪变为侏儒猪或僵猪。

【病理变化】最急性型常无明显病变，仅能看到肾、淋巴结、浆膜、黏膜的小出血点。

急性型死亡的病猪，主要呈现典型的败血症变化。全身淋巴结肿大，呈紫红色，切面周边出血，或红白相间，呈现大理石样病变。肾脏不肿大，土黄色，被膜下散在数量不等的小出血点。膀胱黏膜有针尖大小出血点。脾脏不肿大，边缘有暗紫色的出血性梗死，有时可见脾脏被膜上有小米粒至绿豆大小紫红色凸出物。皮肤、喉头黏膜、心外膜、肠浆膜等有大小不一、数量不等的出血斑点。盲肠、结肠黏膜出血，形成纽扣状溃疡。

慢性型，除具有急性型的剖检病变之外，较典型的病变是回盲口、盲肠和结肠的黏膜上形成大小不一的圆形纽扣状溃疡。该溃疡呈同心圆轮状纤维素性坏死，突出于肠黏膜表面，褐色或黑色，中央凹陷。

【防治】

**1. 预防措施**

（1）加强隔离消毒　坚持自繁自养，减少猪只流动，防止疫病发生。如需从外单位引入种猪时，应从健康无病的猪场引进。在场外隔离1个月以上，并进行猪瘟疫苗注射，经观察确实无病，才可混入原猪群饲养；对污染猪舍、运动场和用具进行彻底清洗消毒。清洗、消毒处理后的病猪圈，须空15天后，才能放入健康猪饲养。

（2）切实做好预防接种工作　在本病流行的猪场和地区可实行以下免疫方法。

① 超前免疫。在仔猪出生后及未吃初乳之前，肌内注射2头份(300个免疫剂量)猪瘟兔化弱毒疫苗，1～1.5小时后，再让仔猪吃母乳。35日龄前后强化免疫4头份，免疫期可达1年以上。

② 大剂量免疫。种公猪每年春秋2次免疫，每头每次肌内注射4头份（600个免疫剂量）猪瘟兔化弱毒疫苗。仔猪离乳后，给母猪肌内注射4～6头份猪瘟兔化弱毒疫苗。仔猪在25～30日龄时肌内注射2头份猪瘟兔化弱毒疫苗，60～65日龄时肌内注射4头份猪瘟兔化弱毒疫苗。

在无猪瘟流行的地区，可按常规的春秋两季防疫注射和2～4头份剂量进行，要做到头头注射，个个免疫，并做好春秋季未注射猪的补针工作。

**2. 发病后措施**

（1）紧急接种　对疫区、疫场未发病的猪只，用4头份猪瘟兔化弱毒疫苗进行紧急接种，5～7天产生免疫力。经验证明，采取紧急接种的方法，能有效地制止新的病猪出现，缩短流行过程，减少经济损失，是防止猪瘟流行的切实可行的积极措施。

（2）治疗　常用于优良的种猪或温和型猪瘟。

① 抗猪瘟高免疫血清，1毫升/千克体重，肌内注射或静脉注射。

② 苗源抗猪瘟血清，2～3毫升/千克体重，肌内注射或静脉注射。

③ 猪瘟兔化弱毒疫苗20～50头份，分2～3点肌内注射，2天1次，注射2次。卡那霉素，20毫克/千克体重，每天1次。该方法对35千克以上的病猪有一定疗效。

湖北省天门市根瘟灵研究所研制的中草药制剂"根瘟灵"注射液，有清热解毒、消炎、抗病毒、增强免疫力的功效，对早、中期和慢性猪瘟有效，但在使用该药时，严禁使用安乃近、地塞米松、氢化可的松等肾上腺皮质激素类药物，以防影响疗效。

（3）死猪和病猪肉的处理　对病死的猪应深埋，不许乱扔。急宰猪应在指定地点进行，病猪肉须彻底煮熟后方可利用；对污染的废物、带毒的废水应采取深埋、消毒等措施；工作人员要严格消毒，防止疫情扩散。

（二）口蹄疫

口蹄疫是由口蹄疫病毒引起的，主要侵害偶蹄兽的一种急性接触性传染病。猪、牛、羊等均易感染。传染性强，传播速度很快，不易控制和消灭，国际兽疫局（OIE）将本病列为A类传染病之首。

【病原】口蹄疫病毒属于微小RNA病毒科的鼻病毒属，共有7个主要的抗原性血清型。每一类型又分若干亚型，各型之间的抗原性不同，不同型之间不能交叉免疫，但症状和病变基本一致。本病毒对外界环境的抵抗力很强，广泛存在于病畜的组织中，特别是水疱液中含量最高。

【流行病学】本病主要传染源是病畜和带毒动物。病畜的各种分泌物和排泄物，特别是水疱破裂以后流出的液体都含有病毒，这些病毒污染环境，再感染健康动物。传播性强，动物长途运输，大风天气，病毒可跳跃式向远处传播。主要途径为损伤的皮肤、黏膜和呼吸道。如皮肤、黏膜感染，病毒先在侵入部位的表皮和真皮细胞内复制，使上皮细胞发生水疱变性和坏死，以后细胞间隙出现浆液性渗出物，从而形成一个或多个水疱，称为原发性水疱液，病毒在其中大量复制，并侵入血流，出现病毒血症，导致体温升高等全身症状。

最危险的传播媒介是病猪肉及其制品，还有泔水，其次是被病毒污染的饲养管理用具和运输工具。传播性强，流行猛烈，常呈流行性发生。多发生于冬春季，到夏季往往自然平息。

【临床症状】潜伏期1～2天，病猪以蹄部水疱为主要特征，病初体温升高至40～41℃，精神不振，食欲减退或不食，蹄冠、趾间出现发红、微热、敏感等症状，不久形成黄豆大、蚕豆大的水疱，水疱破裂后表面形成出血烂斑，引起蹄壳脱落。患肢不能着地，常卧地不起。病猪乳房也常见到斑，尤其是哺乳母猪，乳头上的皮肤病灶较为常见。其他部位皮肤上的病变少见。有时流产、出现乳腺炎及慢性蹄变形。吃奶仔猪的口蹄疫，通常突然发病，角弓反张，口吐白沫，倒地四肢划动，尖叫后突然死亡。病程稍长者可见到口腔、鼻镜上水疱和糜烂，病死率可达60%～80%。

【病理变化】主要在皮肤型黏膜（唇、舌、颊、胯、前消化道黏膜、呼吸道黏膜）及毛少皮肤（口角、鼻盘、乳房、蹄缘、蹄间隙）出现水疱。口蹄疫水疱液初期半透明，淡黄色，后由于局部上皮细胞变性、崩解、白细胞渗出而变成浑浊的灰色。水疱发生糜烂，大量水疱液向外排出，轻者可修复，局部上皮细胞再生或结缔组织增生形成疤痕，如严重或继发感染，病变可深层发展，形成溃疡。有的恶性病例主要损伤心肌和骨骼肌，如心肌变性、局灶性坏死，坏死的心肌呈条纹状灰黄色，质软而脆，与正常心肌形成红黄相间的纹理，称为"虎斑心"。镜下见心肌纤维肿大，有的出现变性、坏死、断裂，进一步溶解、钙化。间质充血，水肿淋巴细胞增生或浸润，导致以坏死为主的急性坏死灶性心肌炎。

小提示：口腔黏膜、蹄部及乳房皮肤发生水疱和溃烂为临床特征。特征性的病理变化是在毛少的皮肤（口角、乳房、蹄缘、蹄间隙）和皮肤型黏膜（唇、舌、颊、颚、龈）出现水疱，心脏、骨骼肌变性、坏死和炎症反应。

【防治】

**1. 预防措施**

（1）严格隔离消毒 严禁从疫区（场）买猪以及肉制品，不得使用未经煮开的洗肉水、泔水喂猪。非本场生产人员不得进入猪场和猪舍，生产人员进入要消毒；猪舍及其环境定期进行消毒。

（2）提高机体抵抗力 加强饲养管理，保持适宜的环境条件，改善环境卫生，增强猪体的抵抗力。

（3）预防接种 可用与当地流行的相同病毒型、亚型的弱毒疫苗或灭活疫苗进行免疫接种。

**2. 发病后措施**

① 发现本病后，应迅速报告疫情，划定疫点、疫区，及时严格封锁。病畜及同群畜应隔离急宰。同时，对病畜舍及受污染的场所、用具等彻底消毒，对受威胁区的易感畜进行紧急预防接种，在最后一头病畜痊愈或屠宰后14天内，未再出现新的病例，经大消毒后可解除封锁。

② 疫点严格消毒，猪舍、场地和用具等彻底消毒。粪便堆积发酵处理，或用5％氨水消毒。

③ 治疗。口腔用0.1％的高锰酸钾或食醋洗漱局部，然后在糜烂面上涂以1％～2％的明矾或碘酊甘油，也可用冰硼散。蹄部可用3％紫药水或来苏尔洗涤，擦干后涂松馏油或鱼石脂软膏等，再用绷带包扎。乳房可用肥皂水或2％～3％硼酸水洗涤，然后涂以青霉素软膏等，定期将奶挤出，以防发生乳腺炎；恶性口蹄疫病猪可试用康复猪血清进行防治，效果良好。

（三）猪传染性胃肠炎

猪传染性胃肠炎(TGE)是猪的一种急性、高度接触性肠道传染病。

【病原】病原是猪传染性胃肠炎病毒，属冠状病毒属，单股RNA病毒。目前，本病病毒只有一个血清型。急性期，病猪的全部脏器均含有病毒，但很快消失。病毒在病猪小肠黏膜、肠内容物和肠系膜淋巴结中存活时间较长。

此病毒对外界环境的抵抗力不强，干燥、温热、阳光、紫外线均可将其杀死。一般的消毒剂，如烧碱、福尔马林、来苏尔、菌毒敌、菌毒灭和敌菲特等都能使病毒失活。

【流行病学】本病世界各国均有发生。只有猪感染发病，其他动物均不感染。断奶猪、育肥猪及成年猪都可感染发病，但症状轻微，能自然康复。10日龄以内的哺乳仔猪病死率最高（60％以上），其他仔猪随日龄的增长死亡率逐步下降。

病猪和康复后带毒猪是本病的主要传染源。传染途径主要是消化道，即通过食入含有病毒的饲料和饮水而传染。在湿度大、猪只比较集中的封闭式猪舍中，也可通过空气和飞沫经呼吸道传染。本病在新疫区呈流行性发生，老疫区呈地方性流行。人、车辆和动物等也可成为机械性传播媒介。发病季节一般是12月至翌年4月，炎热的夏季则很少发生。

【临床症状】潜伏期一般16～18小时，短的18小时，长的72

小时。

### 1. 哺乳仔猪

突然发生呕吐，接着发生剧烈水样腹泻，呕吐一般发生在哺乳之后。腹泻物呈乳白色或黄绿色，带有未消化的小块凝乳块，气味腥臭。在发病后期，由于脱水，粪便呈糊状，体重迅速减轻，体温下降，常于发病后2～7天死亡，耐过仔猪被毛粗糙、皮肤淡白、生长缓慢。5日龄以内的仔猪，病死率为100%。

### 2. 育肥猪

发病率接近100%，突然发生水样腹泻，食欲大减或绝食，行走无力，粪便呈灰色或灰褐色，含有少量未消化的食物。在腹泻初期，可出现呕吐。在发病期间，脱水和失重明显。病程5～7天。

### 3. 母猪

母猪常与仔猪一起发病。哺乳母猪发病后，体温轻度升高，泌乳停止，呕吐，食欲不振，腹泻，衰弱，脱水。妊娠母猪似有一定抵抗力，发病率低，且腹泻轻微，一般不会导致流产。病程3～5天。

### 4. 成猪

感染后常不发病。部分猪呈现轻度水样腹泻或一过性软便，脱水和失重不明显。

小提示：严重腹泻、呕吐、脱水为临床特征。10日龄以内的哺乳仔猪病死亡率高达60%～100%，5周龄以上的死亡率很低，成年猪一般不会死亡。

【病理变化】病死仔猪脱水明显。胃内充满凝乳块，胃底部黏膜轻度充血。肠管扩张，肠壁变薄，弹性降低，小肠内充满白色或黄绿色水样液体，肠黏膜轻度充血，肠系膜淋巴结肿胀，肠系膜血管扩张、充血，肠系膜淋巴管内缺少乳白色乳糜。其他脏器病变不明显。

【防治】

### 1. 预防措施

（1）做好隔离卫生　在本病的发病季节，严格控制从外单位引进种猪，以防止将病原带入；并认真做好科学管理和严格的消毒工作，防止人员、动物和用具传播本病；实行"全进全出"制，妥善安排产仔时间和严格隔离病猪等。

（2）免疫接种　猪传染性胃肠炎弱毒疫苗，或传染性胃肠和猪流行性腹泻二联疫苗。怀孕母猪产前45天和15天，肌肉和鼻腔内分别接种1毫升，使母猪产生足够的免疫力和让哺乳仔猪由母乳获得被动免疫。也可在仔猪出生后，每头口服1毫升，使其产生主动免疫。

（3）口服高免血清或康复猪的抗凝全血　新生仔猪未哺乳前口服高免血清或康复猪的抗凝全血，每天1次，每次5～10毫升，连用3天。

**2. 发病后措施**

对发病仔猪对症治疗，可减少死亡，促进早日康复。

① 保持仔猪舍温暖、干燥。

② 防止脱水，口服或自由饮服补液盐(葡萄糖25.0克，氧化钠4.5克，氯化钾0.05克，碳酸氢钠2.0克，柠檬酸0.3克，醋酸钾0.2克，温水1000毫升)，也可腹腔注射加入适量地塞米松、维生素C的葡萄糖氯化钠溶液或平衡液（葡萄糖氯化钠溶液500毫升，11.2%乳酸钠40毫升，5%氯化钙4毫升，10%氯化钾2.5毫升）。

③ 防止继发感染，可选用庆大霉素、恩诺沙星、环丙沙星、氯霉素等抗菌药物，内服、肌内注射或静脉注射。

（四）猪流行性腹泻

猪流行性腹泻（PED）是由猪流行性腹泻病毒引起的一种急性肠道传染病。目前世界各地许多国家都有本病流行。

【病原】猪流行性腹泻病毒属于冠状病毒科冠状病毒属，与猪传染性胃肠炎病毒、猪血球凝集性脑脊髓炎病毒、新生犊牛腹泻病毒、犬肠道冠状病毒、猫传染性腹膜炎病毒无抗原关系。与猪传染性胃肠炎病毒进行交叉中和试验，猪体交互保护试验、ELISA试验等，都证明本病毒与猪传染性胃肠炎病毒没有共同的抗原性。病毒对外界环境和消毒药抵抗力不强，一般消毒药都可将它杀死。

【流行病学】病猪是主要传染源，在肠绒毛上皮和肠系膜淋巴结内存在的病毒，随粪便排出，污染周围环境和饲养用具，以散播传染。本病主要经消化道传染，但有人报道本病还可经呼吸道传染，并可由呼吸道分泌物排出病毒。

各种年龄猪对病毒都很敏感，均能感染发病。哺乳仔猪、断奶仔猪和育肥猪感染发病率100%，成年母猪为15%～90%。本病多发生于冬季，夏季极为少见。我国多在12月至翌年2月发生流行。

【临床症状】临床表现与典型的猪传染性胃肠炎十分相似。人工口服感染，潜伏期1～2日，在自然流行中，可能更长。哺乳仔猪一旦感染，症状明显，表现呕吐、腹泻、脱水、运动僵硬等症状，呕吐多发生于哺乳和吃食之后，体温正常或稍偏高，人工接种仔猪后12～20小时出现腹泻，呕吐于接种病毒后12～80小时出现。脱水见于接种病毒后20～30小时，最晚见于90小时。腹泻开始时排黄色黏稠便，以后变成水样便并混杂有黄白色的凝乳块，腹泻最严重时（腹泻10小时左右）排出的几乎全部为水样粪便。同时，患猪常伴有精神沉郁、厌食、消瘦、衰竭和脱水。

症状的轻重与年龄大小有关，年龄越小，症状越重。1周以内的哺乳仔猪常于腹泻后2～4日脱水死亡，病死率约50%。新生仔猪感染本病死亡率更高。断奶猪、育成猪症状较轻，腹泻持续4～7日，逐渐恢复正常。成年猪症状轻，有的仅发生呕吐、厌食和一过性腹泻。

【病理变化】尸体消瘦脱水，皮下干燥，胃内有多量黄白色的乳凝块。小肠病变具有示病性特征，通常肠管膨满扩张、充满黄色液体，肠壁变薄，肠系膜充血，肠系膜淋巴结水肿。镜下小肠绒毛缩短，上皮细胞核浓缩、破碎。至腹泻12小时，绒毛变得最短，绒毛长度与隐窝深度的比值由正常7:1降为3:1。

【防治】

**1. 预防措施**

① 平时特别是冬季要加强防疫工作，防止本病传入，禁止从病区购入仔猪，防止狗、猫等进入猪场，应严格执行进出猪场的消毒制度。

② 应用猪流行性腹泻和传染性胃肠炎二联苗免疫接种。妊娠母猪于产前30日接种3毫升，仔猪10～25千克接种1毫升，25～50千克接种3毫升，接种后15日产生免疫力，免疫期母猪为1年，其他猪6个月。

**2. 发病后措施**

① 一旦发生本病，应立即封锁，限制人员参观，严格消毒猪舍用具、车轮及通道。将未感染的预产期20日以内的怀孕母猪和哺乳母猪连同仔猪隔离到安全地区饲养。紧急接种中国农科院哈尔滨兽医研究所研制的猪腹泻氢氧化铝灭活苗。

② 干扰疗法。对发病母猪可用猪干扰素、白细胞介素、转移因子治疗，还可大剂量猪瘟疫苗肌内注射，3天2次。

③ 对症疗法。对症治疗可以降低仔猪死亡率，促进康复。病猪群饮用口服盐溶液（常用处方氯化钠3.5克、氯化钾1.5克、碳酸氢钠2.5克、葡萄糖20克、水1000毫升）。猪舍应保持清洁、干燥。对2～5周龄病猪可用抗生素治疗，防止继发感染。可试用康复母猪抗凝血或高免血清口服，1毫升/千克体重，连用3日，对新生仔猪有一定的治疗和预防作用。

（五）猪水疱病

猪水疱病（SVD）是由猪水疱病病毒引起的一种急性传染病。

【病原】猪水疱病病毒属小RNA病毒科，肠道病毒属。对乙醚和酸稳定，在污染的猪舍内可存活8周以上，在病猪粪便内12～17℃储存130日，病猪腌肉3个月仍可分离出病毒，在低温下可保存2年以上；本病毒不耐热，60℃30分钟和80℃1分钟即可灭活。

本病毒对消毒药抵抗力较强，常用消毒药在常规浓度下短时间内不能杀死本病毒。pH值在2～12.5都不能使病毒灭活。常用的消毒药如0.5%农福、0.5%菌毒敌、5%氨水、0.5%的次氯酸钠等均有良好消毒效果。

【流行病学】本病一年四季均可发生。在猪群高度密集、调运频繁的猪场，传播较快，发病率亦高，可达70%～80%，但死亡率很低，在密度小、地面干燥、阳光充足、分散饲养的情况下，很少引起流行。

各种年龄、品种的猪均可感染发病，而其他动物不发病，人类有一定的感受性；发病猪是主要传染源，病猪与健康猪同居24～45小时，即可在健康猪鼻黏膜、咽、直肠检出病毒，经3日可在血清中出现病毒。在病毒血症阶段，各脏器均含有病毒，带毒的时间，鼻黏膜7～10日，口腔7～8日，咽8～12日，淋巴结和脊髓15日以上；病毒主要经破损的皮肤、消化道、呼吸道侵入猪体，感染主要是通过接触、饲喂含病毒而未经消毒的泔水和屠宰下脚料、牲畜交易、运输工具（被污染的车辆）。被病毒污染的饲料、垫草、运动场、用具及饲养员等往往造成本病的传播，据报道，本病可通过深部呼吸道传播，气管注射发病率高，经鼻需大量才能感染。所以认为通过空气传播的可能性不大。

【临床症状】潜伏期，自然感染一般为2～5日，有的延至7～8日或更长，人工感染最早为36小时。临床上一般将本病分为典型、轻型和隐性型三种。

### 1. 典型

典型水疱病特征性的水疱常见于主趾和附趾的蹄冠上。有一部分猪体温升高至40～42℃，上皮苍白肿胀，在蹄冠和蹄踵的角质与皮肤结合处首先见到。在36～48小时，水疱明显凸出，由黄豆至蚕豆大小不等，里面充满水疱液，继而水疱融合，很快发生破裂，形成溃疡，真皮暴露形成鲜红颜色，病变常环绕蹄冠皮肤的蹄壳，导致蹄壳裂开，严重时蹄壳可脱落。病猪疼痛剧烈，跛行明显，严重病例，由于继发细菌感染，局部化脓，导致病猪卧地不起或呈犬坐姿势。严重者用膝部爬行，食欲减退，精神沉郁。水疱有时也见于鼻盘、舌、唇和母猪的乳头上。仔猪多数病例在鼻盘上发生水疱。一般情况下，如无并发其他疾病不易引起死亡，病猪康复较快，病愈后2周，创面可痊愈，如蹄壳脱落，则相当长的时间才能恢复。初生仔猪发生本病可引起死亡。有的病猪偶可出现中枢神经系统紊乱症状，表现为前冲、转圈、用鼻摩擦或用牙齿咬用具、眼球转圈，个别出现强直性痉挛。

### 2. 轻型

轻型只有少数猪发生，只在蹄部发生一两个水疱，全身症状轻微，传播缓慢，并且恢复很快，一般不易察觉。

### 3. 隐性型

隐性型不表现任何临床症状，但血清学检查，有滴度相当高的中和抗体，能产生坚强的免疫力，这种猪可能排出病毒，对易感猪有很大的危险性，所以应引起重视。

小提示：临床特征是在蹄部、口腔、鼻部、母猪的乳头周围产生水疱。SVD在临床上与口蹄疫、水疱性口炎、水疱疹极为相似，但牛、羊等家畜不发生本病。

【病理变化】本病的肉眼病变主要在蹄部，约有10％的病猪口腔、鼻端亦有病变，但口部水疱通常比蹄部出现晚。病理剖检通常内脏器官无明显病变，仅见局部淋巴结出血和偶见心内膜有条纹状出血。

【防治】

（1）控制本病的重要措施是防止将病带到非疫区 不从疫区调入猪只和猪肉产品。运猪和饲料的交通工具应彻底消毒。屠宰的下脚料和泔水等要经煮沸后方可喂猪，猪舍内应保持清洁、干燥，平时加强饲养管理，减少应激，加强猪只的抗病力。

（2）加强检疫、隔离、封锁制度 检疫时应做到两看（看食欲和跛行）、三查（查蹄、口、体温），隔离应至少7日未发现本病，方可并入或调出，发现病猪就地处理，对其同群猪同时注射高免血清，并上报、封锁疫区。封锁期限一般以最后一头病猪恢复后20日才能解除，解除前应彻底消毒1次。

（3）免疫接种 我国目前制成的猪水疱病BEI灭活疫苗，效检平均保护率达96.15％。免疫期5个月以上。对受威胁区和疫区定期预防能产生良好效果，对发病猪群，可采用猪水疱病高免血清预防接种，剂量为0.1～0.3毫升/千克体重，保护率达90％以上。免疫期1个月。在商品猪中应用，可控制疫情，减少发病，避免大的损失。

（六）猪轮状病毒感染

猪轮状病毒感染是一种主要对仔猪的急性肠道传染病。

【病原】轮状病毒属呼肠孤病毒科轮状病毒属。本病毒对理化因素有较强的抵抗力。在室温能保存7个月。加热60℃30分钟存活；但63℃30分钟则被灭活。pH值3～9稳定。能耐超声波振荡和脂溶剂。0.01％碘、1％次氯酸钠和70％酒精可使病毒丧失感染力。

【流行病学】本病的易感宿主很多，其中以犊牛、仔猪、初生婴儿的轮状病毒病最常见。轮状病毒有一定的交叉感染性，人的轮状病毒能引起猴、仔猪和羔羊感染发病，犊牛和鹿的轮状病毒能感染仔猪。可见，轮状病毒可以从人或一种动物传给另一种动物，只要病毒在人或一种动物中持续存在，就可造成本病在自然界中长期传播。这也许是本病普遍存在的重要因素。

患病的人、病畜和隐性患畜是本病的传染源。病毒主要存在于消化道内，随粪便排到外界环境，污染饲料、饮水、垫草和土壤等。经消化道途径传染易感家畜。本病传播迅速，呈地方性流行。多发生在晚秋、冬季和早春。应激因素（特别是寒冷、潮湿）、不良的卫生条件、喂不全价饲料和其他疾病的袭击等，对疾病的严重程度和病死率均有很大影响。

【临床症状】潜伏期12～24小时。在疫区由于大多数成年猪都已感染过而获得了免疫，所以得病的多是8周龄以内的仔猪，发病率50％～80％。病初精神委顿，食欲减退，不愿走动，常有呕吐。迅速发生腹泻，粪便水样或糊状，色黄白或暗黑。腹泻越久，脱水越明显，严重的脱水常见于腹泻开始后的3～7天，体重可减轻30％。症状轻重取决于发病日龄和环境条件，特别是环境温度下降和继发大肠杆菌病，常使症状严重和病死率增高。一般常规饲养的仔猪出生头几天，由于缺乏母源抗体的保护，感染发病症状重，病死率可高达100％；如果有母源抗体保护，则1周龄的仔猪一般不易感染发病。10～21日龄哺乳仔猪症状轻，腹泻1～2天即迅速痊愈，病死率低，3～8周龄或断乳2天的仔猪，病死率一般10％～30％，严重时可达50%。

【病理变化】病变主要限于消化道，特别是小肠。肠壁非常薄，半透明，含有大量水分、絮状物及黄色或灰黑色液体。有时小肠广泛性出血，小肠绒毛短缩扁平，肠系膜淋巴结肿大。

小提示：特征是腹泻和脱水，成年猪常呈隐性经过，仔猪的感染率和死亡率均较高。

【防治】

### 1. 预防措施

加强饲养管理，认真执行兽医防疫措施，增强母猪及仔猪的抵抗力。在疫区，对经产母猪的新生仔猪应及早饲喂初乳，接受母源抗体的保护，以免受感染或减轻症状。

### 2. 发病后措施

本病无特效药物，发病后采取辅助措施。

① 发现病猪应立即隔离到清洁、干燥和温暖的猪舍，加强护理，减少应激，避免密度过大。对环境、用具等进行消毒。并停止哺乳，配置口服补液盐（配方为葡萄糖43.2克、氯化钠9.2克、甘氨酸6.6克、柠檬酸0.52克、柠檬酸钾0.13克、无水磷酸钾4.35克，溶于2升水中）自饮，每千克体重30～40毫升，每日2次，同时内服收敛剂，如次硝酸铋或鞣酸蛋白。使用抗生素或磺胺类药物以防继发感染。见脱水和酸中毒时，可静脉注射或腹腔注射5％葡萄糖盐水和5％碳酸氢钠溶液。

② 新生仔猪口服抗血清还能得到保护。

### （七）猪痘

猪痘是由猪痘病毒和痘菌病毒感染引起的一种传染病。猪痘病毒只对猪有致病性，主要发生于4～6周龄仔猪，成年猪有抵抗力。猪痘主要通过接触感染。

【病原】猪痘是猪痘病毒（这种病毒仅能使猪发病，只能在猪源组织细胞内生长繁殖，并在细胞核内形成空泡和包涵体）和痘苗病毒（能使猪和其他多种动物感染，能在鸡胚绒毛尿囊、牛、绵羊及人等胚胎细胞内增殖，并在被感染的细胞胞浆内形成包涵体）引起的。两种病毒均属痘病毒科，脊椎动物痘病毒亚科猪痘病毒属。本病毒抵抗力不强，58℃下5分钟灭活，直射阳光或紫外线中迅速灭活。对碱和大多数常用消毒药均较敏感。但能耐干燥，在干燥的痂皮中能存活6～8周。

【流行病学】猪痘病毒只能使猪感染发病，不感染其他动物。多发生于4～6周龄仔猪及断奶仔猪，成年猪有抵抗力。由猪痘病毒感染引起的猪痘，各种年龄的猪均可感染发病，常呈地方性流行。猪痘病毒极少发生接触感染，主要由猪虱传播，其他昆虫如蚊、蝇等也可传播。

【临床症状】潜伏期4～7天。发病后，病猪体温升高，精神食欲不振，鼻、眼有分泌物。痘疹主要发生于躯干的下腹部、肢内侧、背部或体侧部等处。痘疹开始为深红色的硬结节，凸出于皮肤表面，略呈半球状，表面平整，见不到形成水疱即转为脓疱，并很快结成棕黄色痂块，脱落后遗留白色瘢痕而痊愈，病程10～15天。本病多为良性经过，病死率不高，如饲养管理不当或有继发感染，常使病死率增高，特别是幼龄仔猪。

【病理变化】猪痘病变多发生于猪的无毛或毛少部位的皮肤上，如腹部、胸侧、四肢内侧、眼睑、吻突、面额等。典型的痘疹呈圆形、半球状突出于皮肤表面（直径可达1厘米），痘疹坚硬，表面平整，红色或乳白色，周围有红晕，以后坏死，中央干燥呈黄褐色，稍下陷，最后形成痂皮，痂皮脱落后，可遗留白色瘢痕。

【防治】

**1. 预防措施**

搞好环境卫生，消灭猪虱、蚊和蝇等；新购入的猪要隔离观察1～2周，防止带入传染源；科学饲养管理，增强猪体抵抗力。

**2. 发病后措施**

发现病猪要及时隔离治疗，可试用康复猪血清或痊愈血治疗。康复猪可获得坚强的免疫力。

（八）猪痢疾

猪痢疾(SD)是由猪痢疾密螺旋体引起的黏液性出血性下痢病（又称为血痢、黏液性出血性下痢等）。主要发生于保育猪和育肥猪，尤其对育肥猪的危害性大。

【病原】本病的主要病原体是猪痢疾密螺旋体。该病原体为革兰阴性、耐氧的厌氧螺旋体。该病原体可产生溶血素和内毒素，这两种毒素可能在病变的发生过程起作用。猪痢疾密螺旋体对外界的抵抗力不强，在土壤中可存活18天，粪便中61天，阳光直射可很快杀死，一般消毒药均可将其杀死，其中复合酚和过氧乙酸效果最佳。

【流行病学】在自然条件下，本病只发生于猪，各种年龄的猪均可感染，但以7～12周龄的小猪发生较多。一般发病率为75%，病死率为5%～25%，有时断奶仔猪的发病率和病死率都较高。病猪和带菌猪是主要传染源。病猪和带菌猪由粪便排出大量病原体，污染周围环境、饲料、饮水、各种用具等，经消化道传染于健康猪。本病康复猪的带菌率很高，而且带菌时间长达数月；猪痢疾的流行常是由于引进带菌猪所致，本病的流行经过比较缓慢，持续时间较长，往往开始有几头发病，以后逐渐蔓延，在较大猪群中流行常常拖延几个月之久，很难根除。本病流行无明显季节性，一年四季均有发病。

【临床症状】潜伏期，3～60天以上，自然感染多为7～14天。主要症状是下痢，开始为水样下痢或黄色软粪，随后粪便带有血液和黏液，腥臭。本病在暴发的最初1～2周多为急性经过，死亡率较高，3～4周后逐渐转为亚急性或慢性，在天气突变和应激条件下，粪便中有多量黏液和坏死组织碎片，并常带有暗褐色血液。本病致死率低，但病程较长，病猪进行性消瘦，生长发育迟滞，对养猪生产的影响很大。

【病理变化】病变一般局限于大肠。肠系膜水肿、充血；结肠和盲肠的肠壁水肿，黏膜肿胀、出血，表面覆盖黏液和带血的纤维蛋白，肠内容物稀薄，并混有黏液、血液和脱落组织碎片。重症病例，黏膜坏死，形成麸皮样的假膜或纤维蛋白膜，剥去假膜可见浅表糜烂面。病变可能出现在大肠的某一段，也可能弥散整个大肠。其他脏器无明显病变。

小提示：特征为大肠黏膜发生卡他性出血性炎症，或纤维素性坏死性炎症。

【防治】

**1. 预防措施**

① 坚持自繁自养的原则，如需引进新种猪，应从无猪痢疾病史的猪场引种，并实行严格隔离检疫，观察 1～2 月，确定健康方可入群。平时加强卫生管理和防疫消毒工作。

② 药物净化。据报道，应用痢菌净等药物进行药物净化，成功地从患病猪群中根除了猪痢疾。其方法是，饲料中添加0.006%的痢菌净，全场猪只连续饲喂4～10周；不吃料的乳猪，用0.5%痢菌净溶液，按0.25毫升/千克体重，每天灌服1次。同时还必须做到搞好猪舍内、外的环境卫生，经常清扫、消毒，场区的所有房舍都应清扫、消毒和熏蒸，猪舍内要带猪消毒，工作人员的衣服、鞋帽，以及所有用具都要定期消毒，消毒药可选用1%～2%克辽林（臭药水），或0.1%～0.2%过氧乙酸，每周至少2次消毒。全场粪便应无害化处理，并且还应做好灭鼠工作。在服药和停药后3个月内不得引进和出售种猪。在停药后3～6月内，不使用任何抗菌药物，也不出现新发病例，并且此后，断奶仔猪的肛试样品经培养，猪痢疾密螺旋体均为阴性，则表明本病药物净化成功。

**2. 发病后措施**

当猪场发生本病时，应及时隔离消毒，积极治疗，对同群病猪或同舍的猪群实行药物防治。应用痢菌净治疗效果较好，其用量为0.5%注射液、0.5毫升/千克体重，肌内注射，或2.5～5.0毫克/千克体重，灌服，每日2次，3～5天为1疗程。其次选用土霉素、氯霉素、痢特灵、链霉素、庆大霉素等也有一定效果。治疗少数或散发性病猪可通过灌服或注射给药，大群治疗或预防可在饲料中添加痢菌净0.006%～0.01%，连喂1～2月。本病流行时间长，带菌猪不断排菌，消除症状的病猪还可能复发；药物防治一般只能做到减少发病和死亡，难以彻底消灭。根除本病可考虑建立健康猪群，逐步替代原有猪群。

饲料中加入赛地卡霉素0.0075％，连续饲喂15天；或原始霉素0.0022％，连续饲喂27～43天；或林可霉素0.01％，连续饲喂14～21天，都有较好的防治效果。

（九）猪丹毒

猪丹毒是猪的一种急性、败血性传染病（俗称"打火印"）。

【病原】猪丹毒杆菌是极纤细的小杆菌，革兰染色阳性。猪丹猪抗原的血清型已被公认的有22个。从琼脂培养基的菌落上分为光滑型和粗糙型两种，前者毒力较强，后者毒力弱。该菌对外环境的抵抗力较强，病猪的肝和脾4℃存放159天，仍有毒力。病死猪尸体掩埋后7～10天，病菌仍然不死。在阳光下，能够存活10天之久。可在腌肉和熏制的病猪肉内存活4个月。本菌对热的抵抗力不强，70℃加热5分钟可被杀灭，煮沸后很快死亡。被病菌污染的粪尿及垫草，堆沤发酵15天，可将病菌杀死。猪丹毒杆菌对消毒药很敏感，如1％漂白粉、1％烧碱、10％石灰乳、0.5％～1％复合酚，均可在5～15分钟内将其杀灭。

【流行病学】不同年龄的猪均有易感性，但以3～6月龄的猪发病率最高，3月龄以下和6月龄以上的猪很少发病。猪丹毒的流行有明显的季节性，一般说来，多发生在气候温暖的初夏和晚秋季节。华北和华中地区6～9月为流行季节，华南地区以9～12月发病率最高。病猪、临床康复猪和健康带菌猪为传染源。病原体随粪、尿、唾液和鼻液等排出体外，污染土壤、圈舍、饲料、饮水等，主要经消化道感染，也可由皮肤伤口感染。健康带菌猪在机体抵抗力下降时，可发生内源性感染。黑花蚊、厩蝇和虱也是本病的传染媒介。

【临床症状】人工感染的潜伏期为3～5天，最短的1天，最长的7天。

### 1. 急性型（败血型）

急性型最为常见。在流行初期，往往有几头无任何症状而突然死亡，其他猪相继发病。病猪体温升至42℃以上，食欲大减或绝食，寒战，喜卧，行走不稳，关节僵硬，站立时背腰拱起。结膜潮红，眼睛清亮有神，很少有分泌物。发病初期粪便干燥，后期可能发生腹泻。发病1～2日后，皮肤上出现紫红斑，尤以耳、颈、背、腿外侧多见，其大小和形状不一，指压时红色消失，指去复原。如不及时治疗，往往在2～3天内死亡。病死率80%～90%。

### 2. 亚急性型（疹块型）

亚急性型通常取良性经过，以皮肤上出现疹块为特征。体温41℃左右，发病后2～3天，在背、胸、颈、腹侧、耳后和四肢皮肤上，出现深红、黑紫色大小不等的疹块，形状有方形、菱形、圆形或不规则形，也有融合成一大片的。发生疹块的部位稍凸起，与周围皮肤界限明显，很像烙印，故有"打火印"之称。随着疹块的出现，体温下降，病情减轻。10天左右，疹块逐渐消退，形成干痂，痂脱痊愈。

### 3. 慢性型

慢性型多由急性型转变而来。常见的有关节炎、心内膜炎和皮肤坏死三种类型。皮肤坏死型一般单独发生，而关节炎型和心内膜炎型往往在一头猪上同时出现。

皮肤坏死常发生在背、肩、耳及尾部，局部皮肤变黑，干硬如皮革样，逐渐与新生组织分离、脱落，形成瘢痕组织，有时可见病猪耳或尾整个坏死脱落；关节炎常发生于腕关节和跗关节，受害关节肿胀、疼痛、增温，行走时，步态僵硬、跛行；心内膜炎型主要表现呼吸困难，心跳加快，听诊有心内杂音。强迫运动或驱赶跑动时，往往突然倒地死亡。

【病理变化】急性型皮肤上有大片的弥漫性充血，俗称"大红袍"。脾高度肿大，呈紫红色。肾瘀血肿大，呈暗红色，皮质部有出血点。全身淋巴结充血肿大，呈紫红色，切面多汁，有小出血点。心包积液，心外膜和心内膜有出血点。肺瘀血，水肿。胃及十二指肠黏膜水肿，有小出血点。亚急性型可见皮肤有典型的疹块病变，尤以白猪更明显。但内脏的败血症病变比急性型轻。慢性型的特征是房室瓣（多见于二尖瓣）上出现菜花样的赘生物及关节肿大，关节液增多，关节腔内有大量浆液纤维素性渗出液蓄积。

小提示：急性型和亚急性型以发热和皮肤上出现紫色疹块为特征，慢性型主要表现为非化脓性关节炎和疣状心内膜炎的症状。

【防治】

### 1. 预防措施

（1）提高猪体抗病力　有些健康猪的体内有猪丹毒杆菌，机体抵抗能力降低时，引起发病。因此，加强饲养管理，喂给全价日粮，保持猪圈清洁卫生，定期消毒，则是预防本病的重要措施之一。

（2）免疫接种

① 猪丹毒氢氧化铝甲醛菌苗。10千克以上的猪，一律皮下注射5毫升，注射21天后产生免疫力，免疫期为6个月。每年春、秋两季各接种1次。该菌苗用量大，免疫期短，目前已少用。

② 猪丹毒弱毒菌苗。使用时，用20%氢氧化铝生理盐水稀释，大小猪一律皮下注射1毫升。注射菌苗后7天产生免疫力，免疫期9个月。弱毒菌苗注射量小，产生免疫力快，免疫期长，但稀释后的菌苗必须在6小时内用完，以防菌体死亡，影响免疫效果。

③ 猪丹毒GC系弱毒菌苗。皮下注射7亿个菌，注苗后7天产生免疫力，免疫期为5个月以上；口服14亿个菌，服后9天产生免疫力，免疫9个月。本苗安全、性能稳定、免疫原性好。

④ 猪瘟、猪丹毒、猪肺疫三联冻干苗。每头皮下注射2毫升，对猪瘟、猪丹毒、猪肺疫的免疫期分别为10个月、9个月、6个月。三联疫苗用量小，使用方便。

### 2. 发病后措施

① 隔离病猪，早期确诊，加强消毒；饲料加入抗生素，如0.04%～0.06%的土霉素或四环素或0.01%～0.02%的强力霉素，连喂5天。

② 治疗。

a. 青霉素。4万～8万单位/千克体重，肌注或静注，每天2次，连续用2～3天，有很好的效果。

b. 10%磺胺嘧啶钠或10%磺胺二甲嘧啶注射液。0.8～1毫升/千克，静注或肌注，每天1～2次，连用2～3天。本方与三甲氧苄氨嘧啶（TMP）配合应用，疗效更好。

c. 10%特效米先注射液。0.2～0.3毫升/千克体重，肌注，药效在猪体内可维持4天，一般一次痊愈。

d. 抗猪丹毒血清。疗效好，但价格贵。仔猪5～40毫升，中猪30～50毫升，大猪 50～70毫升，皮下或静脉注射。抗血清与抗生素同时应用，疗效增强。

用药同时，还必须注意解热、纠正水和电解质失衡以及合理的饲养管理，只有这样，才能获得较好的治疗效果。

（十）猪梭菌性肠炎

猪梭菌性肠炎(CEP)是由C型魏氏梭菌引起的初生仔猪急性传染病（又称仔猪红痢病或猪传染性坏死性肠炎）。

【病原】病原体为C型魏氏梭菌，又叫产气荚膜杆菌，两端钝圆，革兰染色阳性。该菌广泛存在于人畜的肠道内和土壤中，母猪将其随粪便排出体外，污染地面、圈舍、垫草、运动场等。新生仔猪从外界环境中将该菌的芽孢吞入，病菌在肠内繁殖，产生强烈的外毒素，从而使动物发病、死亡。梭菌繁殖体的抵抗力并不强，一般消毒药均可将其杀灭，但芽孢对热、干燥、消毒药的抵抗力显著增强。被本菌污染的圈舍最好用火焰喷灯、3%～5%烧碱或10%～20%漂白粉消毒。

【流行病学】本病主要发生于1～3日龄初生仔猪，1周龄以上仔猪很少发病。任何品种的初生仔猪都易感，一年四季都可发生。本菌的芽孢对外界环境的抵抗力很强，一旦侵入猪群后，常年年发生。同猪场，有的全窝仔猪发病，有的一窝中有几头发病。近年来发现，育肥猪和种猪也有散发的。

【临床症状】本病潜伏期很短，仔猪生后数小时至24小时就可突然发病。最急性型，不见拉稀即突然死亡。病程稍长的，可见精神沉郁，被毛无光，皮肤苍白，不吃奶，行走摇晃，排出红色糊状粪便，并混有坏死组织碎片和小气泡，气味恶臭，最后摇头，倒地抽搐，多在出生后第3天死亡。育肥猪和种猪表现发病急，病程短，往往喂料正常2～3小时后不明原因地死于圈中。

【病理变化】尸体苍白，腹水呈淡红色。特征性病变在空肠，有时扩展到回肠，肠管呈鲜红色或深红色，肠腔内充满混有气泡的红黄色或暗红色内容物，肠黏膜弥漫性出血，肠系膜淋巴结严重出血，病程稍长者，肠黏膜坏死，出现假膜。肠浆膜下和肠系膜内有数量不等的弥散性粟状的小气泡。心内外膜、肾被膜下、膀胱黏膜有小点出血。

小提示：特征是排出血样稀粪，发病急、病程短，病死率几乎100%。

【防治】

1. 预防措施

（1）保持猪舍、产房和分娩母猪体表的清洁　一旦发生本病，要认真做好消毒工作，最好用火焰喷灯和5%烧碱进行彻底消毒。待产母猪进产房前，进行全身清洗消毒。

（2）免疫接种　怀孕母猪产前30天和15天各肌注C型魏氏梭菌福尔马林氢氧化铝类毒素10毫升。该苗能使母猪产生坚强的免疫力，使初生仔猪免患仔猪红痢病。

（3）被动免疫　用育肥猪或淘汰母猪，经多次免疫后，采血分离血清，对受该病威胁的初生仔猪于出生后逐头肌注1～2毫升，可防止仔猪发病。

（4）药物预防　仔猪出生后用常规剂量的苯唑青霉素、氨苄青霉素、青霉素和链霉素或氟哌酸内服，每天1～2次，连用2～3天，有一定的预防效果。

2. 发病后措施

本病尚无特效药物治疗，发病后用高免血清与苯唑青霉素和氟哌酸或甲硝唑配合应用，对发病初期仔猪有一定效果。

（十一）霉形体肺炎

猪霉形体肺炎是猪的一种慢性呼吸道传染病（我国又称"气喘病"，国外称猪地方流行性肺炎）。本病呈慢性过程，集约化猪场发病率高达70％以上。虽然病死率很低，但严重影响猪体生长发育，造成饲料浪费，给养猪业带来极大危害。

【病原】病原体为猪肺炎霉形体。病原体存在于病猪的呼吸道内，随咳嗽、喷嚏排出体外，污染周围环境。该病原体对温热、阳光抵抗力差，在外环境中存活时间不超过36小时。常用的消毒剂，如威力碘、甲醛、百毒杀、菌毒敌等都能将其杀灭。

【流行病学】本病只感染猪，不同年龄、性别、品种和用途的猪均能感染发病，但以哺乳仔猪和刚断奶的仔猪发病率和病死率较高，其次为怀孕后期母猪和哺乳母猪，其他猪多为隐性感染。一年四季均可发生，但以气候多变的冬、春季节多发。新发病的猪场，常为暴发性流行，病情严重，病死率较高。在老疫区，多数呈慢性经过，或中、大猪呈隐性感染，唯有仔猪发病率较高。遇到气候骤变、突换饲料、饲料质量不良和卫生条件不好时，部分隐性猪可出现明显的临床症状。

病猪是主要传染源。特别是隐性带菌病猪，是最危险的传染源。病猪在临床症状消失之后1年，仍可带菌排毒。病原体存在于病猪的呼吸道内，随病猪咳嗽、喷嚏的飞沫排出体外。当病猪与健康猪直接接触时，由呼吸道吸入后感染发病。因此，在通风不良和比较拥挤的猪舍内，很易相互传染。

【临床症状】潜伏期一般为11～16天，最短3～5天，最长30天以上。主要症状是咳嗽和气喘。

1. 急性型

尤以哺乳仔猪、刚断奶仔猪、怀孕后期母猪和哺乳母猪多见。突然发病，呼吸加快，可达60～120次/分以上，口、鼻流出黏液，张口喘气，呈犬坐姿势和腹式呼吸。咳嗽低沉，次数少，偶尔发生痉挛性咳嗽。精神沉郁，食欲减少，体温一般不高。病程7～10天，病死率较高。

### 2.慢性型

病猪长期咳嗽，尤以清晨、夜晚、运动或吃食时最易诱发。初为单咳，严重时出现阵发性咳嗽。咳嗽时，头下垂，伸颈拱背，直到把分泌物咳出为止。后期，气喘加重，病猪精神不振，采食减少，消瘦贫血，不愿走动，甚至张口喘气。这些症状可随饲料管理的好坏减轻或加重。病程2～3个月，甚至半年以上。病死率不高，但影响生长发育，并易继发链球菌、大肠杆菌、肺炎球菌、棒状菌、巴氏杆菌等细菌感染，使病情恶化，甚至引起死亡。

【病理变化】本病的特征性病变是两侧肺的尖叶、心叶和膈叶前下缘，发生对称性胰样实变。实变区大小不一，呈淡红色或灰红色，随着病程的延长，病变部分逐渐变成灰白色或灰黄色。发病初期，外观如胰脏样，质地如肝脏，切面湿润，按压时，从小支气管流出黏液性浑浊的灰白色液体。后期，病变部的颜色转为灰红色或灰白色，切面坚实，小支气管断端凸起，从中流出白色泡沫状的液体。病变区与周围正常肺组织界限明显，病灶周围组织气肿，其他部分肺组织有不同程度的淤血和水肿。肺门和纵隔淋巴结极度肿大，切面外翻，呈白色脑髓样。

并发细菌感染时，可出现胸膜炎、肺炎、肺脓肿、坏死性肺炎等病理变化。

【防治】

### 1.预防措施

（1）自繁自养，防止由外单位引进病猪　不少教训表明，健康猪群发生猪喘气病，多数是从外地买进慢性或隐性病猪引起的。因此，进行品种调换、良种推广和必须从外单位引进种猪时，应该认真了解猪源所在地区或该猪场有无本病流行，如有疫情，坚决不要买回。即使表面健康的猪，购入后也须隔离饲养，观察1～2个月；或进行X射线检查、血清学检查，确无本病时，方可混群饲养。

（2）加强饲养管理，保持圈舍清洁、干燥　最好饲喂全价日粮，如无此条件，在饲料调配时，要尽量多样化，注意青绿饲料和矿物质饲料的供给。猪圈要保持清洁、干燥、通风、温暖，避免过度拥挤，并定期做好消毒和驱虫工作。

（3）免疫接种 中国兽药监察所研制成功的猪气喘病兔化弱毒冻干苗，对猪安全，攻毒保护率79%，免疫期8个月；江苏省农科院牧医研究所研制的猪气喘病168株弱毒菌苗，对杂交猪安全，攻毒保护率84%，免疫期6个月。这两种疫苗只适用于疫场（区），都必须注入胸腔内（右侧倒数第6肋间至肩胛骨后缘为注射部位），才能产生免疫效果，但免疫力产生缓慢，一般在60天后，才能抵御强毒的攻击。适用于15日龄以上的猪只和妊娠2月龄以内的母猪接种。体质瘦弱和喘气者不宜注射。注射前15天和注射后2个月禁用土霉素和卡那霉素，以防止免疫失败。

**2. 发病后措施**

（1）尽早隔离病猪 通过听，即在清晨、夜间、喂食及跑动时，注意猪有无咳嗽发生；查，即在猪只安静状态下，观察呼吸次数和腹部扇动情况有无异常；剖检，即剖检死亡病猪，看其肺部有无典型的喘气病病变等，尽早发现和隔离。

（2）果断处理 查出的病猪要果断淘汰，或隔离后，由专人饲管，防止病猪与健康猪接触，以切断传染链，防止本病蔓延。

（3）加强饲养管理 可在饲料中酌情添加土霉素下脚料或土霉素、林可霉素下脚料或林可霉素，促进病猪和隐性感染猪尽早康复。

（4）药物治疗

① 枝原净（泰莫林）。预防量50毫克/千克体重，治疗量加倍，拌料饲喂，连喂2周；或在50千克饮水中加入45%枝原净9克，早晚各1次，连续饮用2周。据报道，该方预防率100%，治愈率91%。混饲或混饮时，禁与莫能霉素、盐霉素配合应用。

② 泰乐菌素。饲料中添加0.006%～0.01%，连续饲喂2周，与等量的甲氧苄氨嘧啶（TMP）配合应用，可提高疗效。

③ 林可霉素（洁霉素）。50毫克/千克体重，每天注射1次，连用5天，一般可获得满意效果。该方具有疗效高、副作用低的优点。

④ 卡那霉素或猪喘平注射液。4万～6万国际单位/千克体重，肌注，每日1次，连用5天为1疗程。该方与维生素$B_6$、地寒米松和维生素$K_3$配合应用，疗效提高。

⑤ 土霉素。40毫克/千克体重，TMP10毫克/千克体重，混饲，每天2次，连用5～7天；土霉素盐酸盐，40～60毫克/千克体重，用4%硼砂溶液或0.25%普鲁卡因溶液或5%氧化镁溶液稀释后，肌注，每天1次，5～7天为1疗程；20%～25%土霉素碱油剂，每次1～5毫升，深部肌内注射，3天1次，连用6次为1疗程。

上述疗法都有一定的效果，配合应用时，疗效增强。在治疗时，尽量减轻应激反应，防止按压病猪胸部，以防窒息死亡。

（十二）猪接触传染性胸膜肺炎

猪接触传染性胸膜肺炎（又称猪嗜血杆菌胸膜肺炎）是猪的一种呼吸道传染病。本病具有高度的传染性，最急性和急性型发病率和病死率都在50%以上，因此给养猪业造成了严重的经济损失。

【病原】本病病原为胸膜肺炎放线杆菌，又称胸膜肺炎嗜血杆菌。革兰染色阴性。本菌的抵抗力不强，易被一般的消毒药杀死。

【流行病学】不同年龄的猪均易感，但以4～5月龄的发病死亡较多。发病季节多在10～12月和6～7月。病猪和带菌猪是本病的传染源。病原菌主要存在于带菌猪或慢性病猪的呼吸道黏膜内，通过咳嗽、喷嚏和空气飞沫传播，因此在集约化猪场最易发生接触性感染。初次发病猪群，其发病率和病死率很高。经过一段时间，病情逐渐缓和，病死率显著下降。气候突变和卫生环境条件不好时，可促使本病发生。

【临床症状】人工感染的潜伏期为1～7天。

急性型发病突然，体温升高至41.5℃左右，精神沉郁，食欲废绝，呼吸迫促，张口伸舌，呈站立或犬坐姿势，口、鼻流出泡沫样分泌物，耳、鼻及四肢皮肤发绀，如不及时治疗，常于1～2天窒息死亡。若开始发病时症状较缓和，能耐过4天以上，则可逐渐康复或转为慢性。慢性型病猪体温时高时低，生长发育迟缓，出现间歇性咳嗽，尤其是在气候突变、圈舍空气污浊，以及早晨或夜晚，咳嗽更为明显。

【病理变化】急性病例，胸腔内液体呈淡红色，两侧肺广泛性充血、出血，部分肺叶干变，胸膜表面有广泛性纤维蛋白附着，气管和支气管内有大量的血样液体和纤维蛋白凝块。慢性病例，肺组织内有绿豆大黄色坏死灶或小脓肿，壁层胸膜和脏层胸膜粘连，脏层胸膜与心包粘连。

小提示：特征为出血性坏死性肺炎和纤维素性胸膜炎。

【防治】

### 1. 预防措施

（1）严格检疫　本病的隐性感染率较高，在引进种猪时，要注意隔离观察和检疫，防止引入带菌猪。

（2）药物预防　淘汰病猪和血清学检查呈阳性的猪。血清学阴性的猪只，饲料中添加抗菌药物进行预防，常用的有洁霉素0.012%，连喂2周；或磺胺二甲嘧啶（SM2）0.03%，配合甲氧苄氨嘧啶（TMP）0.006%，连喂5～7天；或土霉素0.06%、TMP0.004%，连喂1～2周，同时注意改善环境卫生，消除应激因素，定期进行消毒。以后引进新猪或猪只混群前，都须用药物预防5～7天。

（3）疫苗　国外已有商品化的灭活苗和弱毒菌苗。灭活苗为多价油佐剂灭活苗，在8～10周龄注射1次，可获得免疫力。弱毒菌苗系单价苗，接种后抵抗同一血清型菌株的感染。

### 2. 发病后措施

对本病比较有效的药物有氨苄青霉素、氟苯尼考、羧苄青霉素、卡那霉素环丙沙星和恩诺沙星等。氨苄青霉素50毫克/千克体重，肌注或静注，每天2次。羧苄青霉素100毫克/千克体重，静注或肌注，每天2次。卡那霉素50毫克/千克体重，肌注或静注，每天1次。0.1%～0.2%环丙沙星饮水。恩诺沙星0.006%～0.008%，拌料。上述药物连用3～7天，若配合对症治疗，一般有较好的效果。

（十三）猪链球菌病

猪链球菌病是由C、D、E及L群链球菌引起猪的多种疾病的总称。

【病原】链球菌属于链球菌属，为革兰阳性，在组织涂片中可见荚膜，不形成芽孢。本菌的致病力取决于产生毒素和酶的活力。该菌对高温及一般消毒药抵抗力不强，在50℃2小时、60℃30分钟可灭活，但在组织或脓汁中的菌体，在干燥条件下可存活数周。

【流行病学】仔猪和成年猪对链球菌病均有易感性，其中新生仔猪、哺乳仔猪的发病率及死亡率最高，架子猪和成年猪发病较少。该病无明显的季节性，常呈地方性流行，多表现为急性败血症型，短期内可波及全群，如不治疗和预防，则发病率和死亡率极高。在新疫区，流行期一般持续2～3周，高峰期1周左右。在老疫区，多呈散发性。

存于病猪和带菌猪鼻腔、扁桃体、颌窦和乳腺等处的链球菌是主要的传染源。伤口和呼吸道是主要的传播途径，新生仔猪通过脐带伤口感染。由于本菌耐酸，故病猪肉可经泔水传染。用病料或该菌培养物给猪皮下、肌内、静脉和腹腔注射，皮肤划痕以及滴鼻、喷雾等途径均能引发本病。

【临床症状】由于猪链球菌病群和感染途径的不同，其致病力差异较大，因此，其临床症状和潜伏期差异较大，一般潜伏期为1～3天，最短4小时，长者可达6天以上。根据病程可将猪链球菌分为以下几种类型。

**1. 最急性型**

最急性型无前期症状而突然死亡。

**2. 急性型**

急性型又可分以下几种临床类型。

（1）败血型　病猪体温突然升高达41℃以上，呈稽留热；厌食，精神沉郁，喜卧，步态跛行，不愿活动，呼吸加快，流浆液性鼻液；腹下四肢下端及耳呈紫红色，并有出血斑点；眼结膜充血并有出血斑点，流泪；便秘或腹泻带血，尿呈黄色或血尿。如果有多发性关节炎，则表现为跛行，常在 1 ～ 2 天内死亡。

（2）脑膜脑炎型　大多数病例首先表现厌食，精神沉郁，皮肤发红，发热，共济失调，麻痹和肢体出现划水动作，角弓反张，口吐白沫，震颤和全身骚动等。当人接近或触及躯体时，病猪发出尖叫或抽搐，最后衰竭或麻痹死亡。

（3）胸膜肺炎型　少数病例表现肺炎或胸膜炎型。病猪呼吸急促，咳嗽，呈犬坐姿势，最后窒息死亡。

### 3. 慢性型

该病例可由急性转化而来或为独立的病型，又可分为以下几种临床类型。

（1）关节炎型　常见于四肢关节。发炎关节肿痛，呈高度跛行，行走困难或卧地不起。触诊局部多有波动感，少数变硬，皮肤增厚。有的无变化但有痛感。

（2）化脓性淋巴结炎型　主要发生于刚断乳至出栏的育肥猪。以颌下淋巴结最为常见，咽部、耳下及颈部等淋巴结也可受侵害，有单侧性的，也有双侧性的。淋巴结发炎肿胀，显著隆起，触诊坚实，有热痛。病猪全身不适，由于局部的压迫和疼痛，可影响采食、咀嚼、吞咽甚至呼吸，有的咳嗽和流鼻涕。随后发炎的淋巴结化脓成熟，肿胀中央变软，表面皮肤坏死，自行破溃流脓。脓带绿色，浓稠，无臭。一般不引起死亡。

（3）局部脓肿型　常见于肘或跗关节以下或咽喉部。浅层组织脓肿突出于体表，破溃后流出脓汁。深部脓肿触诊敏感或有波动，穿刺可见脓汁，有时出现跛行。

（4）心内膜炎型　该型生前诊断较为困难，表现精神沉郁、平卧，当受到触摸或惊吓时，表现疼痛不安，四肢皮肤发红或发绀，体表发冷。

（5）乳腺感染型　初期乳腺红肿，温度升高，泌乳减少，后期可出现脓乳或血乳，甚至泌乳停止。

（6）子宫炎型　病猪表现流产或死胎。

【病理变化】

**1. 急性败血型**

尸体皮肤发红，血液凝固不良。胸、腹下和四脚皮肤有紫斑或出血点。全身淋巴结肿大、出血，有的淋巴结切面坏死或化脓。黏膜、浆膜、皮下均有出血点。胸腔、腹腔、心包腔积液增多、浑浊，有的与脏器发生粘连。脾脏肿大呈红色或紫黑色，柔软易脆裂。肾脏肿大、充血和出血。胃和小肠黏膜有不同程度的充血和出血。

**2. 急性脑炎型**

脑和脑膜水肿和充血，脑脊髓液增多。脑切面可见到实质有明显的小出血点。部分病例在头、颈、背、胃壁、肠系膜及胆囊有胶样水肿。

**3. 急性胸膜肺炎型**

化脓性支气管肺炎，多见于尖叶、心叶和隔叶前下部。病部坚实，灰白、灰红和暗红的肺组织相互间杂，切面有脓样病灶，挤压后从细支气管内流出脓性分泌物。肺胸膜粗糙、增厚、与胸壁粘连。

**4. 慢性关节炎型**

患猪常见四肢关节肿大，关节皮下有胶冻样水肿，严重者关节周围化脓坏死，关节面粗糙，滑液浑浊呈淡黄色，有的伴有干酪样黄白色絮状物。

**5. 慢性淋巴结炎型**

常发生于颌下淋巴结，淋巴结肿大发热，切面有脓汁或坏死。

**6. 局部脓肿型**

脓肿主要在皮下组织内。初期红肿，化脓后有波动感，切开后有脓汁流出，严重时引起蜂窝织炎、脉管炎和局部坏死。

**7. 慢性心内膜炎型**

心瓣膜比正常增厚2～3倍，病灶为不同大小的黄色或白色赘生物。赘生物呈圆形，如粟粒大小，光滑坚硬，常常盖住受损瓣膜的整个表面。赘生物多见于二尖瓣、三尖瓣。

## 【防治】

### 1. 预防措施

（1）加强隔离、卫生和消毒　注意阉割、注射和新生仔猪的接生断脐消毒，防止感染。

（2）药物预防　在发病季节和流行地区，每吨饲料内加入土霉素400克、甲氧苄氨嘧啶（TMP）100克，连喂14天，有一定的预防效果。发病猪群应立即隔离病猪，并对污染的栏圈、场地和用具进行严格消毒。

（3）免疫接种　主要有氢氧化铝甲醛苗和明矾结晶紫菌苗两种疫苗，但其保护效果不太理想。

### 2. 发病后措施

猪链球菌病多为急性型或最急性型，故必须及早用药，并用足量。如分离到本病，最好进行药敏试验，选择最有效的抗菌药物。如未进行药敏试验，可选用对革兰阳性菌敏感的药物，如青霉素、先锋霉素、林可霉素、氨苄青霉素、金霉素、四环素、庆大霉素等。但对于已经出现脓肿的病猪，抗生素对其疗效不大，可采用外科手术进行治疗。

## 二、瘦肉型猪的寄生虫病防治

### （一）猪蛔虫病

猪蛔虫病是由蛔虫寄生于小肠引起的寄生虫病。主要侵害3～6月龄的幼猪，导致猪生长发育不良或停滞，甚至造成死亡。在卫生条件不好的猪场及营养不良的猪群中，感染率可达50%以上。

【病原】病原体为蛔科的猪蛔虫，是寄生于猪小肠中的一种大型线虫。猪蛔虫的发育不需要中间宿主，为土源性线虫。雌虫在猪的小肠内产卵，虫卵随猪的粪便排至外界环境中，在适宜温度(28～30℃)、湿度及氧气充足的条件下，经10天左右卵内形成幼虫，即发育为感染性虫卵。感染性虫卵被猪吞食后，在小肠中各种消化液的作用下，卵壳破裂，孵出幼虫，幼虫穿过肠壁进入血管，通过门静脉到达肝脏；或钻入肠系膜淋巴结，由腹腔进入肝脏，在肝脏中经蜕化发育后再经肝静脉进入心脏，经肺动脉到达肺脏，并穿过肺部毛细血管到达肺泡，再到支气管、气管，随黏液逆行到咽，经口腔、咽入消化道，边移行边发育，共经4次蜕化后，约历时2～2.5个月，最后在猪小肠中发育为成虫。成虫在猪小肠中逆肠蠕动方向作弓状弯曲运动，以黏膜表层物质或肠内容物为食物，在猪体内7～10个月后，即随粪便排出，如不继续感染，大约在12～15个月后，肠道中蛔虫即可被全部排出。

卵壳的特殊结构使其对外界不良环境有较强的抵抗力。如虫卵在疏松湿润的耕土中可生存2～5年；在2％福尔马林溶液中，虫卵不但自下而上而且还可下沉发育。10％漂白粉溶液、3％克辽林溶液、饱和硫酸铜溶液、2％氢氧化钠溶液等均不能将其杀死。在3％来苏尔溶液中经1周也仅有少数虫卵死亡。一般用60℃以上的3％～5％热碱水或20％～30％热草木灰可杀死虫卵。

【流行病学】本病流行很广，特别是饲养管理条件较差的猪场几乎每年都有发生。猪感染蛔虫主要是采食了被感染性虫卵污染的饲料及饮水，放牧时也可在野外感染。母猪的乳房容易沾染虫卵，使仔猪在吸乳时感染。

猪蛔虫的每条雌虫1天可产卵10万～20万个，产卵旺盛时可达100万～200万个，一生共产卵3000多万个，能严重污染圈舍。饲养管理不良、卫生条件较差、猪只过于拥挤、营养缺乏，特别是饲料中缺乏维生素及矿物质条件下，加重猪的感染和死亡。

【临床症状】猪蛔虫病的临床表现，随猪年龄的大小、体质的强弱、感染程度及蛔虫所处的发育阶段不同而有所不同，一般3～6月的仔猪症状明显，成年猪多为带虫者，无明显症状，却是本病的传染源。仔猪在感染初期有轻微的湿咳，体温升高到40℃左右，精神沉郁，呼吸及心跳加快，食欲不振，有异食癖，营养不良，消瘦贫血，被毛粗糙，或有全身性黄疸，有的生长发育受阻，变为僵猪。严重感染时，呼吸困难，急促而无规律，咳嗽声粗厉低沉，并有口渴、流涎、拉稀、呕吐，1～2周好转，或渐渐衰竭而死。

蛔虫过多而堵塞肠管时，病猪疝痛，有的可发生肠破裂死亡。胆道蛔虫病猪开始时拉稀，体温升高，食欲废绝，以后体温下降，卧地不起，腹痛，四肢乱蹬，多经6～8天死亡。

6月龄以上的猪在寄生数量不多时，若营养良好，症状不明显，但多数因胃肠机能遭到破坏，常有食欲不振、磨牙和生长缓慢等现象。

【防治】

### 1. 预防措施

在猪蛔虫病流行地区，每年春、秋两季，应对全群猪进行1次驱虫。特别是对于断奶后到6月龄的仔猪应进行1～3个月驱虫；保持圈舍清洁卫生，经常打扫，勤换垫草，铲去圈内表土，垫以新土；对饲槽、用具及圈舍定期（可每月1次）用20%～30%的热草木灰水或2%～4%的热火碱水喷洒杀虫；此外，对断奶后的仔猪应加强饲养管理，多喂富含维生素和微量元素的饲料，以促进生长，提高抗病力；对猪粪的无公害化处理也是预防本病的重要措施，应将清除的猪粪便、垫草运到离猪场较远的地方堆积发酵或挖坑沤肥，以杀死虫卵。

### 2. 发病后措施

（1）精制敌百虫　100毫克/千克体重，一头猪总量不超过10克，溶解后拌料饲喂，一次喂给，必要时隔2周再给1次。

（2）哌嗪化合物　常用的有枸橼酸哌嗪和磷酸哌嗪。每千克体重0.2～0.25克，用水化开，混入饲料内，让猪自由采食。兽用粗制二硫化碳派嗪，遇胃酸后分解为二硫化碳和派嗪，二者均有驱虫作用，效果较好，可按125～210毫克/千克体重口服。

（3）丙硫咪唑（抗蠕敏）　5～20毫克/千克体重，一次喂服，该药对其他线虫也有作用。

（4）左旋咪唑　4～6毫克/千克体重肌内注射，或8毫克/千克体重，一次口服。

（5）噻咪唑（驱虫净）　每千克体重15～20毫克，混入少量精料中一次喂给。也可用5%注射液，按每千克体重10毫克剂量皮下注射或肌内注射。

（二）猪疥螨病

猪疥螨病俗称疥癣、癞，是由疥螨虫寄生在猪皮肤内引起的一种慢性皮肤病，以剧烈瘙痒和皮肤增厚、龟裂为临床特性。本病是规模化养猪场中最常见的疾病之一。

【病原】猪疥螨虫体小，肉眼不易看见。在显微镜或放大镜下，虫体似龟形，色淡黄。成虫有四对足，后两对足不超过虫体后缘，故在背侧看不见。卵呈椭圆形。发育过程经过卵、幼虫、若虫和成虫四个阶段。疥螨钻入猪皮肤表皮层内挖凿隧道，并进行发育和繁殖。隧道中每隔一定距离便有小孔与外界相通，小孔为空气流通和幼虫进出的孔道。雌虫在隧道内产卵，每天产 1～2 个，一只雌虫一生可产卵 40～50 个。卵孵化出的幼虫有三对足，体长 0.11～0.14 毫米。幼虫由隧道小孔爬到皮肤表面，开凿小穴，并在里面蜕化，变成若虫，若虫钻入皮肤，形成浅窄的隧道，在里面蜕皮，变成成虫。疥螨的整个发育期为 8～22 天，雄虫于交配后不久死亡，雌虫可生存 4～5 周。

【流行病学】各种类型和不同年龄的猪都可感染本病，但 5 月龄以下的幼猪，由于皮肤细嫩，较适合螨虫寄生，所以发病率最高，症状严重。成猪感染后，症状轻微，常成为隐性带虫者和散播者。传染途径有两种：一是健康猪与病猪直接接触而感染；二是通过污染的圈舍、垫草、饲管用具等间接与健康猪接触而感染。圈舍阴暗潮湿、通风不良，以及猪只营养不良，为本病的诱因。发病季节为冬季和早春，炎热季节，阳光照射充足，圈舍干燥，不利于疥螨繁殖，患猪症状减轻或康复。

【临床症状】病变通常由头部开始。眼圈、耳内及耳根的皮肤变厚、粗糙，形成皱褶和龟裂，以后逐渐蔓延到颈部、背部、躯干两侧及四肢皮肤。主要症状是瘙痒，病猪在圈舍栏柱、墙角、食槽、圈门等处磨蹭，有时以后蹄搔擦患部，致使局部被毛脱落，皮肤擦伤、结痂和脱屑。病情严重的，全身大部分皮肤形成石棉瓦状皱褶，瘙痒剧烈，食欲减少，精神委顿，日渐消瘦，生长缓慢或停滞，甚至发生死亡。

【防治】

**1. 预防措施**

搞好猪舍卫生工作，经常保持清洁、干燥、通风。引进种猪时，要隔离观察1～2个月，防止引进病猪。

**2. 发病后措施**

（1）发现病猪及时隔离治疗，防止蔓延 病猪舍及饲养管理用具可用火焰喷灯、3%～5%烧碱、1:100菌毒灭Ⅱ型或3%～5%克辽林彻底消毒。

（2）治疗

① 1%害获灭注射液 为美国默沙东药厂生产的高效、广谱驱虫药，尤其适用于疥螨病的治疗。主要成分为伊维菌素。皮下注射，0.02毫克/千克，内服0.3毫克/千克体重。

② 阿福丁注射液，又称7051驱虫素或虫克星注射液，主要成分为国内合成的高效、广谱驱虫药阿维菌素（Avermectin），皮下注射0.2毫克/千克体重，内服0.3～0.5毫克/千克体重。

③ 双甲脒乳油，又名特敌克，加水配成500毫克/千克（0.05%），药浴或喷雾。

④ 蝇毒磷，加水配成250～500毫克/千克（0.025%～0.05%），药浴或喷雾。

⑤ 5%溴氰菊酯乳油，加水配成50～80毫克/千克（0.005%～0.008%），药浴或喷雾。

注意：后三种药物有较好的杀螨作用，但对卵无效。为了彻底杀灭猪皮肤内和外界环境中的疥螨，每隔7～10天，药浴或喷雾1次，连用3～5次，并注意杀灭外界环境中的疥螨。前两种药物与后三种药物配合应用，集约化猪场中的疥螨有希望得以净化。对于局部疥螨病的治疗，可用5%敌百虫棉籽油或废机油涂擦患部，每日1次，也有一定效果。

（三）猪附红细胞体病

猪附红细胞体病（"红皮病"）是由猪附红细胞体寄生在猪红细胞而引起的一种人畜共患传染病。近年来，我国附红细胞体病的发生不断增多，一年四季均有发生，有的地区呈蔓延趋势，暴发流行，给养猪业带来了一定的损失。

【病原】本病病原是猪附红细胞体。属于立克次氏体。为一种典型的原核细胞型微生物，形态为环形、球形、椭圆形、杆状、月牙状、逗点状和串珠状等不同形状，外表大都光滑整齐，无鞭毛和荚膜，革兰染色阴性，一般不易着色。

附红细胞体侵入动物体后，在红细胞内生长繁殖，播散到全身组织和器官，引发一系列病理变化。主要有红细胞崩解破坏、红细胞膜的通透性增大导致膜凹陷和空洞，进而溶解，形成贫血、黄疸。

附红细胞体有严格的寄生性，寄生于红细胞、血浆或骨髓中，不能用人工培养基培养。应用二分裂（横分裂）萌芽法在红细胞内增殖，呈圆形或多种形态，有两种核酸（DNA和RNA）。发病后期的病原体多附着在红细胞表面，使红细胞失去球形，边缘不齐，呈芒刺状、齿轮状或不规则多边形。

附红细胞体对苯胺色素易于着色，革兰染色呈阴性，姬母萨染色呈紫红色，瑞氏染色为淡蓝色。在红细胞上以二分裂方式进行裂殖。对干燥和化学药物的抵抗力不强，0.5%石炭酸于37℃经3小时可将其杀死，一般常用浓度的消毒药在几分钟内可将其杀死。但对低温冷冻的抵抗力较强，5℃可存活15天，冰冻凝固的血液中可存活31天，冻干保存可存活数年之久。

【流行病学】本病主要发生于温暖季节，夏、秋季发病较多，冬、春季相对较少。我国最早见于广东、广西、上海、浙江、江苏等地，随后蔓延至河南、山东、河北等地以及新疆和东北地区。

本病多具有自然源性，有较强的流行性，当饲养管理不良、机体抵抗力下降、恶劣环境或其他疾病发生时，易引发规模性流行，且存在复发性，一般病后有稳定的免疫力。本病的传播途径至今还不明确，但一般认为传播途径有昆虫传播（节肢动物，如蚊、虱、蟆、蜱等吸血昆虫是主要的传播媒介，夏、秋季多发的原因普遍认为与蚊子的传播有关）、血源传播（被本病污染的针头、打耳钳、手术器械等都可传播）、垂直传播（经患病母猪的胎盘感染给下一代）、消化道传播（被附红细胞体污染的饲料、血粉和胎儿附属物等均可经消化道感染）。

猪为本病的唯一宿主，不同品种、年龄的猪均易感染，其中以20～25千克重的育肥猪和后备猪易感性最高。在流行区内，猪血中的附红细胞体的检出率很高，大多数幼龄猪在夏季感染，成为不表现症状的隐性感染者。在入冬后遇到应激因素（如气温骤降、过度拥挤、换料过快等），附红细胞体就会在体内大量繁殖而发病。隐性感染和耐过猪的血液中均含有猪附红细胞体。因此，该病一旦侵入猪场就很难清除。

【临床症状】

### 1. 仔猪

最早出现的症状是发热，体温可达40℃以上，持续不退，发抖，聚堆；精神沉郁、食欲不振；胸、耳后、腹部的皮肤发红，尤其是耳后部出现紫红色斑块；严重者呼吸困难、咳嗽、步态不稳。随着病情的发展，病猪可能出现皮肤苍白、黄疸，病后数天死亡。自然恢复的猪表现贫血，生长受阻，形成僵猪。

### 2. 母猪

通常在进入产房后3～4天或产后表现出来。症状分为急性和慢性两种。急性感染的症状有厌食、发热，厌食可长达13天之久。发热通常发生在分娩前的母猪，持续至分娩后；往往伴有背部毛孔渗血。有时母猪乳房以及阴部出现水肿。妊娠后期容易发生流产且产后死胎增多；产后母猪容易发生乳腺炎和泌乳障碍综合征。慢性感染母猪易衰弱、黏膜苍白、黄疸、不发情或延迟发情、屡配不孕等，严重时会发生死亡。

### 3. 公猪

患病公猪的性欲、精液质量和配种受胎率都下降，精液呈灰白色，精子密度下降至20%～30%，约为0.6亿～0.8亿个/毫升。

### 4. 育肥猪

患病猪发热、贫血、黄疸、消瘦，生长缓慢。初期皮肤发红，后期可视黏膜苍白；鬐甲部顺毛孔有暗红色的出血点；耳缘卷曲、淤血；呼吸困难，心音亢进，出现寒战、抽搐。

【病理变化】可见主要病理变化为贫血和黄疸。有的病例全身皮肤黄染且有大小不等的紫色出血或出血斑，全身肌肉变淡，脂肪黄染，四肢末梢、耳尖及腹下出现大面积紫色斑块，有的患猪全身红紫。有的病例皮肤及黏膜苍白。血液稀薄如水，颜色变淡，凝固不良，血细胞压积显著降低；肝脏肿大，呈黄棕色；全身淋巴结肿大，质地柔软，切面有灰白色坏死灶或出血斑；脾脏肿大、变软，边缘有点状出血；胆囊内充满浓稠的胆汁；肾脏肿大，有出血点；心脏扩张、苍白、柔软，心外膜和心脏冠状沟脂肪出血、黄染，心包腔积有淡红色液体。严重感染者，肺脏发生间质性水肿，长骨骨髓增生，脑充血、出血、水肿。

小提示：主要特征是发热、贫血和黄疸。

【防治】

### 1. 预防措施

目前本病没有疫苗预防，故本病的预防应采取综合性措施。在夏、秋季，应着重灭蚊和驱蚊，可用灭蚊灵或除虫菊酯等在傍晚驱杀猪舍内的吸血昆虫。驱除猪体内、外寄生虫，有利于预防附红细胞体病。在进行阉割、断尾、剪牙时，注意器械消毒；在注射时应注意更换针头，减少人为传播机会；平时加强饲料管理，让猪吃饱喝足，多运动，增强体质；天热时降低饲养密度；天气突变时，可在饲料中投喂多维素加土霉素或强力霉素、阿散酸（注意阿散酸毒性大，使用时切不可随意提高剂量，以防猪只中毒，并且注意治疗期间供给猪只充足饮水。如有猪只出现酒醉样中毒症状，应立即停药，并口服或腹腔注射10%葡萄糖和维生素C）等进行预防。

### 2. 发病后措施

（1）发病初期的治疗 贝尼尔5～7毫克/千克体重，深部肌内注射，每天1次，连用3天；或长效土霉素肌内注射，每天1次，连用3天。

（2）发病严重的猪群 贝尼尔和长效土霉素深部肌内注射，也可肌内注射附红一针（主要成分咪唑苯脲），每天1次，连用3天。对贫血严重的猪群补充铁剂、维生素C、维生素$B_{12}$和肌苷。大量临床试验证明，这是治疗猪附红细胞体病最有效的处方。

## 三、瘦肉型猪的其他疾病防治

### （一）消化不良

猪的消化不良是由胃肠黏膜表层轻度发炎，消化系统分泌、消化、吸收机能减退所致。本病以食欲减少或废绝、吸收不良为特征。

【病因】本病大多数是由于饲养管理不当所致。如饲喂条件突然改变，饲料过热过冷，时饥时饱或喂食过多，饲料过于粗硬、冰冻、霉变、混有泥沙或毒物，饮水不洁等，均可使胃肠道消化功能紊乱，胃肠黏膜表层发炎而引发本病。此外，某些传染病、寄生虫病、中毒病等也常继发消化不良。

【临床症状】病猪食欲减退，精神不振，粪便干小，有时拉稀，粪便内混有未充分消化的食物，有时呕吐，舌苔厚，口臭，喜饮清水。慢性消化不良往往便秘、腹泻交替发生，食量少，瘦弱，贫血，生长缓慢，有的出现异嗜。

【防治】

#### 1.加强饲养管理

注意饲料搭配，定时定量饲喂，每天喂给适量的食盐及多维素；猪舍保持清洁干燥，冬季注意保暖。

#### 2.发病后措施

病猪少喂或停喂1～2天，或改喂易消化的饲料，同时结合药物治疗。

① 病猪粪便干燥时，可用硫酸钠（镁）或人工盐30～80克，或植物油100毫升，鱼石脂2～3克或来苏尔2～4毫升，加水适量，

1次胃管投服。

② 病猪久泻不止或剧泻时，必须消炎止泻。磺胺脒每千克体重0.1～0.2克（首倍量），次硝酸铋12片分3次内服。也可用黄连素0.2～0.5克，1次内服，每日2次。对于脱水的患畜应及时补液以维持体液平衡。

③ 病猪粪便无大变化时，可直接调整胃肠功能。应用健胃剂，如酵母片（0.3克/片）或大黄苏打片（含大黄0.15克/片）10～20片，混饲或胃管投服，每天2次。仔猪可用乳酶生、胃蛋白酶各2～5克，稀盐酸2毫升，水200毫升，混合后分2次内服。病猪较多时，可取人工盐3.5千克，焦三仙1千克（研末），混匀，每头每次5～15克，拌料饲喂，便秘时加倍，仔猪酌减。

（二）肺炎

肺炎是物理化学因素或生物学因子刺激肺组织而引起的炎症。可分为小叶性肺炎、大叶性肺炎和异物性肺炎。猪以小叶性肺炎较为常见。

【病因】小叶性肺炎和大叶性肺炎，主要因为饲养管理不善，猪舍脏污，阴暗潮湿，天气严寒，冷风侵袭及肺炎双球菌、链球菌等侵入猪体所致。此外，某些传染病（如猪流感、猪肺疫）及寄生虫病（如猪肺丝虫、猪蛔虫等）也可继发本病。

异物性肺炎（坏死性肺炎）多因投药方法不当，将药投入气管和肺内而引起。

【临床症状】猪患小叶性肺炎和大叶性肺炎时，体温可升高到40℃以上（小叶性为弛张热，大叶性为稽留热），食欲降低或不食，精神不振，结膜潮红，咳嗽，呼吸困难，心跳加快，粪干，寒战，喜钻草垛，鼻腔流黏液或脓性鼻液，胸部听诊有捻发音和呼吸音。大叶性肺炎有时可见铁锈色鼻液。异物性肺炎，除病因明显外，病久常发生肺坏疽，流出灰褐色鼻液，并有恶臭味。

【防治】

1. 科学饲养管理

加强饲养管理，防止受寒感冒，保持圈舍空气流通，搞好环境卫生，避免机械性、化学性气味刺激。同时供给营养丰富的饲料，给予适当运动和光照，以增强猪体抵抗力。

**2. 发病后措施**

对病猪主要是消炎，配合祛痰止咳，制止渗出和促进炎性渗出物的吸收。

（1）抗菌消炎　常用抗生素或磺胺类药物，如青霉素每千克体重4万单位、链霉素每千克体重1万单位混合肌内注射，或20%磺胺嘧啶注射液10～20毫升，肌内注射，1日2次。也可选用诺氟沙星、氧氟沙星、卡那霉素、土霉素、庆大霉素等。有条件的最好采取鼻液进行药敏试验，以筛选敏感抗生素。

（2）祛痰止咳　分泌物不多，且频发咳嗽时，可用止咳剂，如咳必清、复方甘草合剂、磷酸可待因等。分泌物黏稠，咳出困难时，用祛痰剂，如氯化铵及碳酸氢钠各1～2克，1日2次内服，连用2～3天。同时强心补液，用10%安钠咖2～5毫升、10%樟脑磺胺酸钠2～10毫升，上、下午交替肌内注射，25%葡萄糖注射液200～300毫升、25%维生素C 2～5毫升、葡萄糖生理盐水300毫升混合静脉注射。体温高者用30%安乃近2～10毫升或安痛定5～10毫升，肌内注射，必要时肌内注射地塞米松注射液2～5毫升。制止渗出，可用10%葡萄糖酸钙20～50毫升静脉注射，隔日1次。

（三）钙磷缺乏症

钙磷缺乏症是由饲料中钙和磷缺乏或者钙磷比例失调所致。幼龄猪表现为佝偻病，成年猪则形成骨软病。临床上以消化紊乱、异嗜癖、跛行、骨骼弯曲变形为特征。

【病因】饲料中钙磷缺乏或比例失调；饲料或动物体内维生素D缺乏，钙磷在肠道中不能充分吸收；胃肠道疾病、寄生虫病或肝、肾疾病影响钙、磷和维生素D的吸收利用；猪的生长速度快、矿物质元素和维生素缺乏以及管理不当，也可促使本病发生。

【临床症状】先天性佝偻病的仔猪生下来即颜面骨肿大，硬腭突出，四肢肿大而不能屈曲。后天性佝偻病发病缓慢，早期呈现食欲减退，消化不良，精神不振，喜食泥土和异物，不愿站立和运动，逐渐发展为关节肿痛敏感，骨骼变形。仔猪常以腕关节站立或以腕关节爬行，后肢以跗关节着地，逐渐出现凹背、X形腿，颜面骨膨隆，采食咀嚼困难，肋骨与肋软骨结合处肿大，压之有痛感。

母猪的骨软症多见于怀孕后期和泌乳过多时，病初表现为异嗜症。随后出现运动障碍、腰腿僵硬、拱背站立、运步强拘、跛行，经常卧地不动或匍匐姿势。后期则出现膝关节、腕关节、跗关节肿大变粗，尾椎骨移位变软；肋骨与肋软骨结合部呈串珠状；头部肿大，骨端变粗，易发生骨折和肌位附着部撕脱。

骨骼变形、跛行是本病特征。佝偻病发生于幼龄猪，骨软病发生于成年猪；在两眼内角连线中点稍偏下缘处，用锥子进行骨骼穿刺，骨质硬度降低，容易穿入；必要时结合血液学检查、X射线检查以及饲料分析以帮助确诊。本病应注意与生产瘫痪、外伤性截瘫、风湿病、硒缺乏症等鉴别诊断。

【防治】

### 1. 保证日粮营养充足平衡

保证日粮中钙、磷充足和平衡，供给充足的维生素D。平时多喂豆科青绿饲料、骨粉、蛋壳粉、蚌壳粉等，让猪有适当运动和日光照射。

### 2. 发病后措施

对于发病仔猪，可用维丁胶性钙注射液，按每千克体重0.2毫克，隔日1次肌内注射；维生素A-维生素D注射液2～3毫升，肌内注射，隔日1次。成年猪可用10%葡萄糖酸钙100毫升，静脉注射，每日1次，连用3日；20%磷酸二氢钠注射液30～50毫升，一次静脉注射，酵母麸皮（1.5～2千克麸皮加60～70克酵母粉煮后过滤），每日分次喂给；也可用磷酸钙4～5克，每日2次拌料喂给。

（四）异食癖

异食癖多因代谢机能紊乱、味觉异常所致。表现为到处舔食、啃咬，嗜食平常所不吃的东西。多发生在冬季和早春舍饲的猪群，怀孕初期或产后断奶的母猪多见。

【病因】饲料中缺乏某些矿物质和微量元素，如锌、铜、钴、锰、钙、铁、硫及维生素缺乏；饲料中缺乏某些蛋白质和氨基酸；佝偻病、骨软症、慢性胃肠炎、寄生虫病、狂犬病；饲喂过多精料或酸性饲料等。

【临床症状】临床上多呈慢性经过。病初食欲稍减，咀嚼无力，常便秘，渐渐消瘦，患猪舔食墙壁、啃食槽、砖头瓦块、沙石、被粪便污染的垫草、杂物。仔猪还可互相啃咬尾巴、耳朵；母猪常常流产、吞食胎衣或小猪。有时因吞食异物而引起胃肠疾病。个别患猪贫血、衰弱，最后甚至衰竭死亡。

【防治】应根据病史、临床症状、治疗性诊断、病理学检查、实验室检查、饲料成分分析等，针对病因，进行有效的治疗。平时多喂青绿饲料，让猪只接触新鲜泥土；饲料中加入适量食盐、碳酸钠、骨粉、小苏打、人工盐等；或用硫酸铜和氯化钴配合使用；或用新鲜的鱼肝油肌内注射，成猪4～6毫升，仔猪1～3毫升，分2～5个点注射，隔3～5天注射1次。

（五）猪锌缺乏症（猪应答性皮病、角化不全）

锌为必需的微量元素，存在于所有组织中，特别是骨、牙、肌肉和皮肤，在皮肤内主要是在毛发中。锌是许多重要的金属酶的组成成分，还是许多其他酶的辅因子。锌也是调节免疫和炎性应答的重要元素。然而，缺锌造成的特定的组织酶活性的变化与缺锌综合征的临床表现之间的关系，尚未清楚了解。

【病因】原因不是单纯性缺锌，而是饲料中锌的吸收受到影响，如叶酸、高浓度钙、低浓度游离脂肪酸的存在，肠道菌群改变，以及细菌与病毒性肠道病原体等均可影响锌的获得。缺锌可能诱发维生素A缺乏，从而对食欲和食物利用发生不利影响。

【临床症状和病理变化】本病发生于2～4月龄仔猪。食欲降低，消化机能减弱，腹泻，贫血，生长发育停滞。皮肤角化不全或角化过度。最初在下腹部与大腿内侧皮肤上有红斑，逐渐发展为丘疹，并被灰褐色、干燥、粗糙、厚5～7厘米的鳞壳所覆盖。这些区域易继发细菌感染，常导致脓皮病和皮下脓肿形成。病变部粗糙、对称，多发于四肢下部、眼周围、耳、鼻面、阴囊与尾。母猪产仔减少，公猪精液质量下降。

根据日粮中缺锌和高钙的情况，结合病猪生长停滞、皮肤有特征性角化不全、骨骼发育异常、生殖机能障碍等特点，可做出诊断。另外，可根据仔猪血清锌浓度和血清碱性磷酸酶活性降低、血清白蛋白下降等进行确诊。

【防治】

**1. 预防措施**

为保证日粮有足够的锌，要适当限制钙的含量，一般钙、锌之比为100:1，当猪日粮中钙达0.4%～0.6%时，锌要达50～60毫克/千克才能满足其营养需要。

**2. 发病后措施**

要调整日粮结构，添加足够的锌，日粮高钙的要将钙降低。肌内注射碳酸锌，每千克体重2～4毫克，每天1次，10天为1个疗程，一般1个疗程即可见效。内服硫酸锌0.2～0.5克/头，对皮肤角化不全的，在数日后可见效，数周后可痊愈。也可于日粮中加入0.02%的硫酸锌、碳酸锌、氧化锌。对皮肤病变可涂擦10%氧化锌软膏。

（六）猪黄脂

猪黄脂病俗称为"黄膘"（宰后猪肉存在这种黄色脂肪组织），是由于猪长期多量饲喂变质的鱼粉、鱼脂、鱼碎块、过期鱼罐头、蚕蛹等而引起的脂肪组织变黄的一种代谢性疾病。

【病因】长期过量饲喂变质的鱼脂、鱼碎块和过期鱼罐头等含多量不饱和脂肪酸和脂肪酸甘油酯的饲料，如鱼体脂肪酸约80%为不饱和脂肪酸，可导致抗酸色素在脂肪组织中沉积，从而造成黄脂病。

【临床症状】黄脂病生前无特征性临床症状。主要症状为被毛粗糙，倦怠，衰竭，黏膜苍白，食欲下降，生长发育缓慢，通常眼有分泌物，有些饲喂大量变质鱼块的猪，可发生突然死亡。

【病理变化】身体脂肪呈柠檬黄色，黄脂具有鱼腥臭；肝脏呈黄褐色，有脂肪变性；肾脏呈灰红色，切面髓质呈浅绿色；胃肠黏膜充血；骨骼肌和心肌灰白（与白肌病相似），质脆；淋巴结肿胀，水肿，有散在小出血点。

【防治】调整口粮，应除去含有过多不饱和脂肪酸甘油酯的饲料，或减少其喂量，限制在10%以内，并加喂含维生素E的米糠、野菜、青饲料等饲料。必要时每天用500～700毫克维生素E添加到病猪口粮中，可以防治。但要除去沉积在脂肪里的色素，需经较长的时间。

### （七）食盐中毒

食盐是动物饲料中不可缺少的成分，可促进食欲，帮助消化，保证机体水盐代谢平衡。但若摄入过量，特别是限制饮水时，则可引起食盐中毒。本病各种动物都可发生，猪较常见。

【病因】饲料中添加食盐过量或搅拌不匀，利用含盐残渣废水不善以及限制饮水等。

【临床症状和病理变化】病猪初期，食欲减退或废绝，便秘或下痢。接着，出现呕吐和明显的神经症状，病猪表现兴奋不安，口吐白沫，四肢痉挛，来回转圈或前冲后退，病重病例出现癫痫状痉挛，隔一定时间发作1次，发作时呈角弓反张或侧弓反张姿势，甚至仰翻倒地，四肢游泳状划动，最后四肢麻痹，昏迷死亡。病程一般1～4天。

一般无特征性病理变化，仅见软脑膜显著充血，脑回变平，脑实质偶有出血。胃肠黏膜呈现充血、出血、水肿，有时伴发纤维素性肠炎，常有胃溃疡。慢性中毒时，胃肠病变多不明显，主要病变在脑，表现为大脑皮层的软化、坏死。

【防治】

### 1. 供给充足的饮水

日粮中含盐量不应超过0.5%，并混合均匀。利用含盐残渣废水时，必须适当限量，并配合其他饲料。

**2. 发病后措施**

① 发病后，立即停喂含盐饲料和饮水，改喂稀糊状饲料，口渴应多次少量饮水；急性中毒猪，用1%硫酸铜50～100毫升，促进胃肠内未吸收的食盐泻下，并保护胃肠黏膜。

② 对症治疗。静脉注射25%山梨醇液或50%高渗葡萄糖液50～100毫升或10%葡萄糖酸钙液5～10毫升，降低颅内压；静脉注射5%硫酸镁注射液20～40毫升或25%盐酸氯丙嗪2～5毫升，缓解兴奋和痉挛发作；心衰时可皮下注入安钠咖、强尔心等；消除肠道炎症用复方樟脑叮20～50毫升、淀粉100克、黄连素片5～20片（0.1克/片），水适量内服。

**（八）黄曲霉毒素中毒**

黄曲霉毒素中毒是由黄曲霉毒素引起的中毒症，以损害肝脏，甚至诱发原发性肝癌为特征。黄曲霉毒素能引起多种动物中毒，但易感性有差异，猪较为易感。

【病因】饲喂霉变的饲料。

【临床症状和病理变化】仔猪对黄曲霉毒素很敏感，一般在饲喂霉玉米之后3～5天发病，表现食欲消失，精神沉郁，可视黏膜苍白、黄染，后肢无力，行走摇晃。严重时，卧地不起，几天内即死亡。育成猪多为慢性中毒，表现食欲减退、异食癖，逐渐消瘦，后期有神经症状与黄疸。

急性病例突出病变是急性中毒性肝炎和全身黄疸。肝肿大，淡黄或黄褐色，表面有出血，实质脆弱；肝细胞变性坏死，间质内有淋巴细胞浸润。胆囊肿大，充满胆汁。全身的新膜、浆膜和皮下肌肉有出血和淤血斑。胃肠轮膜出血、水肿，肠内容物棕红色。肾肿大，苍白色，有时见点状出血。全身淋巴结水肿、出血，切面呈大理石样病变。肺淤血、水肿。心包积液，心内、外膜常有出血。脂肪组织黄染。脑膜充血、水肿，脑实质有点状出血。亚急性和慢性中毒病例，主要是肝硬变。肝实质变硬、呈棕黄色或棕色，俗称

"黄肝病"，肝细胞呈严重的脂肪变性与颗粒变性，间质结缔组织和胆管增生，形成不规则的假小叶，并有很多再生肝细胞结节。病程长的母猪可出现肝癌。

【防治】

**1. 预防措施**

防止饲料霉变，引起饲料霉变的因素主要是温度与相对湿度，因此，饲料应充分晒干，切勿雨淋、受潮，并置阴凉、干燥、通风处储存；可在饲料中添加防霉剂以防霉变。

霉变饲料不宜饲喂，但其中的毒素除去后仍可饲喂。常用的去毒方法如下。

① 连续水洗法。将饲料粉碎后，用清水反复浸泡漂洗多次，至浸泡的水呈无色时可供饲用。此法简单易行，成本低，费时少。

② 化学去毒法。最常用的是碱处理法，用5%～8%石灰水浸泡霉败饲料3～5小时后，再用清水淘净，晒干便可饲喂；每千克饲料拌入125克的农用氨水，混匀后倒入缸内，封口3～5天，去毒效果达90%以上，饲喂前应挥发掉残余的氨气。

③ 物理吸收法。常用的吸附剂有活性炭、白陶土、高岭土、沸石等，特别是沸石可牢固地吸附黄曲霉毒素，从而阻止黄曲霉毒素经胃肠道吸收。猪饲料中添加0.5%沸石或霉可吸、霉净剂等，不仅能吸附毒素，而且还可促进猪生长发育。

**2. 发病后措施**

本病尚无特效疗法。发现猪中毒时，应立即停喂霉败饲料，改喂富含碳水化合物的青绿饲料和高蛋白饲料。同时，根据临床症状，采取相应的支持和对症治疗。

**（九）酒糟中毒**

酒糟是酿酒业在蒸馏提酒后的残渣，因含有蛋白质和脂肪，还可促进食欲和消化，历来用作家畜饲料，但利用不当可引起中毒。

【病因】长期饲喂或突然改喂大量酒糟，有时可引起酒糟中毒。

【临床症状和病理变化】急性中毒猪表现兴奋不安，食欲减退或废绝，初便秘后腹泻，呼吸困难，心动急速，步态不稳或卧地不起，四肢麻痹，最后因呼吸中枢麻痹而死亡。慢性中毒一般呈现消化不良，黏膜黄染，往往发生皮疹和皮炎。由于机体内进入大量酸性产物，使得矿物质供给不足，可导致缺钙而出现骨质脆弱。

病猪皮肤发红，眼结膜潮红、出血，皮下组织干燥，血管扩张充血，伴有点状出血。咽喉黏膜潮红、肿胀。胃内充满具酒糟酸臭味的内容物，胃黏膜充血、肿胀，被覆厚层积液，轮膜面有点状、线状或斑状出血。肠系膜与肠浆膜的血管扩张充血，散发点状出血。小肠黏膜潮红、肿胀，被覆多量黏液，并呈现弥漫性点状出血或片状出血。大肠与直肠黏膜亦肿胀，散发点状出血。肠系膜淋巴结肿胀、充血及出血。肺脏淤血、水肿，伴有轻度出血。心脏扩张，心腔充满凝固不全的血液，心内膜、心外膜出血。心肌实质变性。肝脏和肾脏淤血及实质变性。脾脏轻度肿胀伴发淤血与出血。软脑膜和脑实质充血和轻度出血。慢性中毒病例，常常呈现肝硬变。

【防治】

### 1. 预防措施

（1）控制酒糟用量　酒糟的饲喂量不宜超过日粮的20％～30％（参考日粮配方：玉米20％、酒糟25％、菜籽饼10％、碎米18％、麸皮25％、钙粉1.5％、食盐0.5％，每天饲喂2～3千克，1日喂3～4次）；妊娠母猪不喂或少喂。

（2）保证酒糟新鲜　酒糟应尽可能新鲜喂给，力争在短时间内喂完。如果暂时用不完，可将酒糟压紧在缸中或地窖中，上面覆盖薄膜，储存时间不宜过久，也可用作青贮。酒糟生产量大时，也可采取晒干或烘干的方法，储存备用。

（3）避免饲喂发霉酸败酒糟　对轻度酸败的酒糟，可在酒糟中加入0.1％～1％石灰水，浸泡20～30分钟，以中和其酸类物质。严重酸败和霉变的酒糟应予废弃。

### 2. 发病后措施

无特效解毒疗法，发病后立即停喂酒糟。可用1％碳酸氢钠液

1000～2000毫升内服或灌肠，同时内服泻剂以促进毒物排出。对胃肠炎严重的应消炎或用黏膜保护剂。静脉注射葡萄糖液、生理盐水、维生素C、10％葡萄糖酸钙、肌苷和肝泰乐等有良好效果。兴奋不安时可用镇静剂，如水合氯醛、溴化钙。重病例应注意维护心、肺功能，可肌内注射10％～20％安钠咖5～10毫升。

# 第八章

## 瘦肉型猪猪场的经营管理

### 第一节　经营管理的概念、意义及内容

#### 一、经营管理的概念

经营是经营者在国家各项法律法规、政策方针的规范指导下，利用自身资金、设备、技术等条件，在追求用最少的人、财、物消耗取得最多的物质产出和最大的经济效益的前提下，合理确定生产方向与经营目标，有效地组织生产、销售等活动。管理是经营者为实现经营目标，合理组织各项经济活动，这里不仅包括生产力和生产关系两个方面的问题，还包括经营生产方向、生产计划、生产目标如何落实，以及人、财、物的组织协调等方面的具体问题。经营和管理之间有着密切的联系，有了经营才需要管理；经营目标需要借助于管理才能实现，离开了管理，经营活动就会混乱，甚至中断。经营的使命在于宏观决策，管理的使命在于如何实现经营目标，是为实现经营目标服务的，两者相辅相成，不能分开。

## 二、经营管理的意义

### （一）有利于实现决策的科学化

通过对市场的调研和信息的综合分析和预测，可以正确地把握经营方向、规模、猪群结构、生产数量，使产品既符合市场需要，又获得最高的价格，取得最大的利润。否则，把握不好市场，遇上市场价格低谷，即使生产水平再高，生产手段再先进，也可能出现亏损。

### （二）有利于有效组织产品生产

根据猪场和市场情况，合理地制订生产计划，并组织生产计划的落实。根据生产计划科学安排人力、物力、财力和猪群结构、周转、出栏等，不断提高产品产量和质量。

### （三）有利于充分调动劳动者积极性

人是第一生产要素。任何优良品种、先进设备和生产技术都要靠人来饲养、操作和实施。在经营管理上通过明确责任制，制订合理的产品标准和劳动定额，建立合理的奖惩制度和竞争机制并进行严格考核，可以充分调动猪场员工的积极因素，使猪场员工的聪明才智得以最大限度的发挥。

### （四）有利于提高生产效益

通过正确的预测、决策和计划，有效地组织产品生产，可以在一定的资源投入基础上生产出最多的适销对路的产品；加强记录管理，不断总结分析，探索、掌握生产和市场规律，提高生产技术水平；根据记录资料，注重进行成本核算和盈利核算，找出影响成本的主要因素，采取措施降低生产成本。产品产量的增加，产品成本的降低，必然会显著提高瘦肉型猪养殖效益和生产水平。

## 三、经营管理内容

猪场经营管理的内容比较广泛，包括猪场生产经营活动的全过程。其主要内容有市场调查、分析和营销、经营预测和决策、生产计划的制订和落实、生产技术管理、产品成本和经营成果的分析。本章重点介绍生产计划的制订和落实、生产技术管理、产品成本和经营成果的分析等内容。

## 第二节　猪场生产计划管理

　　计划管理就是根据猪场情况和市场预测合理制订生产技术，并落到实处。制订计划就是对养猪场的投入、产出及其经济效益做出科学的预见和安排，计划是决策目标的具体化，经营计划分为长期计划、年度计划、阶段计划等。

### 一、编制计划的方法

　　养猪业计划编制的常用方法是平衡法，是通过对指导计划任务和完成计划任务所必须具备的条件进行分析、比较，以求得两者的相互平衡。畜牧业企业在编制计划的过程中，重点要做好草原（土地）、劳力、机具、饲草饲料、资金、产销等平衡工作。利用平衡法编制计划主要是通过一系列的平衡表来实现的，平衡表的基本内容包括需要量、供应量、余缺三项。具体运算时一般采用下列平衡公式。

　　　　期初结存数＋本期计划增加数−本期需要数＝结余数

　　上式三部分，即供应量（期初结存数＋本期计划增加数）、需要量（本期需要数）和结余数构成平衡关系，进行分析比较，揭露矛盾，采取措施，调整计划指标，以实现平衡。

### 二、猪场主要生产计划

　　（一）配种分娩计划

　　配种分娩计划是养猪场实现猪的再生产的重要保证，是猪群周转的重要依据。其工作内容是依据猪的自然再生产特点，合理利用猪舍和生产设备，正确确定母猪的配种和分娩期。编制配种分娩计划应考虑气候条件、饲料供应、猪舍、生产设备与用具、市场情况、劳动力情况等因素。

（二）猪群周转计划

猪群周转计划是制订其他各项计划的基础，只有制订好周转计划，才能制订饲料计划、产品计划和引种计划。制订猪群周转计划，应综合考虑猪舍、设备、人力、成活率、猪群的淘汰和转群移舍时间、数量等，保证各猪群的增减和周转能够完成规定的生产任务，又最大限度地降低各种劳动消耗。

（三）饲料使用计划

饲料使用计划见表8-1。

表 8-1　饲料使用计划

| 项目 | | 头数 | 饲料消耗总量 | 能量饲料量 | 蛋白质饲料量 | 矿物质饲料量 | 添加剂饲料量 | 饲料支出 |
|---|---|---|---|---|---|---|---|---|
| 1月（31天） | 种公猪 | | | | | | | |
| | 种母猪 | | | | | | | |
| | 后备猪 | | | | | | | |
| | 哺乳仔猪 | | | | | | | |
| | 断奶仔猪 | | | | | | | |
| | 育成猪 | | | | | | | |
| | 育肥猪 | | | | | | | |
| 2月（28天） | 种公猪 | | | | | | | |
| | 种母猪 | | | | | | | |
| | 后备猪 | | | | | | | |
| | 哺乳仔猪 | | | | | | | |
| | 断奶仔猪 | | | | | | | |
| | 育成猪 | | | | | | | |
| | 育肥猪 | | | | | | | |
| 全年各类饲料合计 | | | | | | | | |
| 全年各类猪群饲料合计 | 种公猪需要量 | | | | | | | |
| | 种母猪需要量 | | | | | | | |
| | 哺乳猪需要量 | | | | | | | |
| | 断奶猪需要量 | | | | | | | |
| | 育成猪需要量 | | | | | | | |
| | 育肥猪需要量 | | | | | | | |

瘦肉型猪高效饲养技术

## （四）出栏计划

出栏计划见表8-2。

表8-2　出栏计划表

| 猪组 | 年内各月出栏头数 | | | | | | | | | | | | 总计/头 | 育肥期/天 | 活重/（千克/头） | 总重/千克 |
|---|---|---|---|---|---|---|---|---|---|---|---|---|---|---|---|---|
| | 1 | 2 | 3 | 4 | 5 | 6 | 7 | 8 | 9 | 10 | 11 | 12 | | | | |
| 育肥猪 | | | | | | | | | | | | | | | | |
| 淘汰育肥猪 | | | | | | | | | | | | | | | | |
| 总计 | | | | | | | | | | | | | | | | |

## （五）年财务收支计划

年财务收支计划见表8-3。

表8-3　年财务收支计划表

| 收入 | | 支出 | | 备注 |
|---|---|---|---|---|
| 项目 | 金额/元 | 项目 | 金额/元 | |
| 仔猪<br>肉猪<br>猪产品加工<br>粪肥<br>其他 | | 种（苗）猪费<br>饲料费<br>折旧费（建筑、设备）<br>燃料、药品费<br>基建费<br>设备购置维修费<br>水电费<br>管理费<br>其他费 | | |
| 合计 | | | | |

# 第三节　生产运行过程的经营管理

## 一、猪场管理制度

管理制度是规模猪场生产部门加强和巩固劳动纪律的基本方

法。规模猪场主要的劳动管理制度有岗位制、考勤制、基本劳动日制、作息制、质量检查制、安全生产制、技术操作规程等。猪场由于劳动对象的特殊性，特别应注意根据猪的生物学特性及不同生长发育阶段的消化吸收规律，建立合理的饲喂制度，做到定时、定量、定次数、定顺序，并应根据季节、年龄进行适当调整，以保证猪的正常消化吸收，避免造成饲料浪费。饲养人员必须严格遵守饲喂制度，不能随意经常变动。

制度管理是猪场做好劳动管理不可缺少的手段。主要包括考勤、劳动纪律、生产责任制、劳动保护、劳动定额、奖惩制度等。制度的建立，一是要符合猪场的劳动特点和生产实际；二是内容具体化，用词准确，简明扼要，质和量的概念必须明确；三是要经全场职工认真讨论通过，并经场领导批准后公布执行；四是必须具有严肃性，一经公布，全场干部职工必须认真执行，不搞特殊化；五是必须具备连续性，应长期坚持，并在生产中不断完整。

## 二、定额管理

定额是编制生产计划的基础。在编制计划的过程中，对人力、物力、财力的配备和消耗，产供销的平衡，经营效果的考核等计划指标，都是根据定额标准进行计算和研究确定的。只有合理的定额，才能制订出先进可靠的计划。如果没有定额，就不能合理地进行劳动力的配备和调度，物资的合理储备和利用，资金的利用和核算就没有根据，生产就不合理。定额是检验的标准，在一些计划指标的检查中，要借助定额来完成。在计划检查中，检查定额的完成情况，通过分析来发现计划中的薄弱环节。同时定额也是劳动报酬分配的依据，可以在很大程度上提高劳动生产率。

（一）定额的种类

定额的种类见表8-4。

表8-4　定额的种类

| 人员分配定额 | 完成一定任务应配备的生产人员、技术人员和服务人员标准 |
|---|---|
| 机械设备定额 | 完成一定生产任务所必需的机械、设备标准或固定资产利用程度的标准 |
| 物资储备定额 | 按正常生产需要的零配件、燃料、原材料和工具等物资的必需库存量 |
| 饲料储备定额 | 按生产需要来确定饲料的生产量，包括各种精饲料、粗饲料、矿物质及预混合饲料储备和供应量 |
| 产品定额 | 仔猪、育肥猪的数量和质量标准等 |
| 劳动定额 | 生产者在单位时间内完成符合质量标准的工作量，或完成单位产品或工作量所需要的工时消耗，又可称工时定额 |
| 财务定额 | 生产单位的各项资金限额和生产经营活动中的各项费用标准，包括资金占用定额、成本定额和费用定额等 |

（二）猪场的生产定额

**1. 人员配备定额**

如年出栏1万头商品瘦肉型猪的猪场，其人员配备可为管理人员1人（场长1人）、财务人员2人、技术人员3人（技术员1人，配种员1人，统计员或资料员1人）、生产人员14人，合计20人。

**2. 劳动定额**

劳动定额是在一定生产技术和组织条件下，为生产一定的合格产品或完成一定的工作量，所规定的必要劳动消耗量，是计算产量成本、劳动生产率等各项经济指标和编制生产、成本和劳动等计划的基础依据。养猪生产可以班组或猪舍为单位进行饲养管理。但是猪群种类不同所制订的劳动定额也有所不同。在制订劳动定额时应根据生产条件、职工技术状况和工作要求，并参照历年统计资料，综合分析确定。

**3. 饲料消耗定额**

猪群维持和生产产品需要从饲料中摄取营养物质。猪群种类不同，猪的年龄、性别不同，生长发育阶段不同及生产用途不同，其饲料的种类和需要量也不同。因此制订不同猪群的饲料消费定额所遵循的方法，首先应该查找其饲养标准中对各种营养成分的需要量，参照不同饲料的营养价值确定日粮的配给量；再以给定日粮配给作为基础，计算不同饲料在日粮中的占有量；最后再根据占有量和猪的年饲养日即可计算出年饲料的消耗定额。计算定额时应加上饲喂过程中的损耗量。饲料消耗定额是生产单位产量的产品所规定的饲料消费标准，是确定饲料需要量、合理利用饲料、节约饲料和实行经济核算的重要依据。

（三）成本定额

成本定额是猪场财务定额的组成部分，猪场成本分为两大块，即产品总成本和产品单位成本。成本定额通常指的是成本控制指标，主要是生产某种产品或某种作业所消耗的生产资料和所付劳动报酬的总和。成本项目包括工资和福利费、饲料费、燃料费和动力费、医药费、固定资产折旧费、固定资产修理费、低值易耗品费、其他直接费用和企业管理费等。

（四）定额的修订

修订定额是搞好计划的一项很重要的内容。定额是在一定条件下制订的，反映了一定时期的技术水平和管理水平。生产的客观条件不断发生变化，因此定额也应及时修订。在编制计划前，必须对定额进行一次全面的调查、整理、分析，对不符合新情况、新条件的定额进行修订，并补充齐全的定额和制订新的定额标准，使计划的编制有理有据。

## 三、制订工作程序

规定各类猪舍每天的工作内容，制订每周的工作程序，使饲养管理人员有规律地完成各项任务，见表8-5。

表8-5　猪舍周工作程序

| 日期 | 配种妊娠舍 | 分娩保育舍 | 生长育成舍 |
|---|---|---|---|
| 星期一 | 日常工作；清洁消毒；淘汰猪鉴定 | 日常工作；清洁消毒；断奶母猪淘汰猪鉴定 | 日常工作；清洁消毒；淘汰猪鉴定 |

| 日期 | 配种妊娠舍 | 分娩保育舍 | 生长育成舍 |
|------|-----------|-----------|-----------|
| 星期二 | 日常工作；更换消毒池消毒液；接受空怀母猪；整理空怀母猪 | 日常工作；更换消毒池消毒液；断奶母猪转出；空栏清洗消毒 | 日常工作；更换消毒池消毒液；空栏清洗消毒 |
| 星期三 | 日常工作；不发情、不妊娠母猪集中饲养；驱虫；免疫接种 | 日常工作；驱虫；免疫接种 | 日常工作；驱虫；免疫接种 |
| 星期四 | 日常工作；清洁消毒；调整猪群 | 日常工作；清洁消毒；仔猪去势；僵猪集中饲养 | 日常工作；清洁消毒；调整猪群 |
| 星期五 | 日常工作；更换消毒池消毒液；怀孕母猪转出 | 日常工作；更换消毒池消毒液；接受临产母猪，做好分娩准备 | 日常工作；更换消毒池消毒液；空栏冲洗消毒 |
| 星期六 | 日常工作；空栏冲洗消毒 | 日常工作；仔猪强弱分群；出生仔猪剪耳、断奶和补铁等 | 日常工作；出栏猪的鉴定 |
| 星期日 | 日常工作；妊娠诊断复查；设备检查维修；填写周报表 | 日常工作；清点仔猪数；设备检查维修；填写周报表 | 日常工作；存栏盘点；设备检查维修；填写周报表 |

## 四、记录管理

记录管理就是将猪场生产经营活动中的人、财、物等消耗情况及有关事情记录在案，并进行规范、计算和分析。猪场记录可以反映猪场生产经营活动的状况，是经济核算的基础和提高管理水平及效益的保证，猪场必须重视记录管理。

### （一）猪场记录的原则

#### 1. 及时准确

及时是根据不同记录的要求，在第一时间认真填写，不拖延、不积压，避免出现遗忘和虚假；准确是按照猪场当时的实际情况进行记录，既不夸大，也不缩小，实实在在。特别是一些数据要真实，不能虚构。如果记录不精确，将失去记录的真实可靠性，这样的记录也是毫无价值的。

### 2. 简洁完整

记录工作烦琐就不易持之以恒地去实行，所以设置的各种记录册和表格力求简明扼要，通俗易懂，便于记录；完整是记录要全面系统，最好设计成不同的记录册和表格，并且填写完全、工整，易于辨认。

### 3. 便于分析

记录的目的是分析猪场生产经营活动的情况，因此在设计表格时，要考虑记录下来的资料便于整理、归类和统计，为了便于与其他猪场的横向比较和本场过去的纵向比较，还应注意记录内容的可比性和稳定性。

### （二）猪场记录的内容

猪场记录的内容因猪场的经营方式与所需的资料而有所不同，一般应包括以下内容。

### 1. 生产记录

生产记录包括猪群生产情况记录（猪的品种、饲养数量、饲养日期、死亡淘汰、产品产量等）、饲料记录［将每日不同猪群（以每栋、每栏或群为单位）所消耗的饲料按其种类、数量及单价等记载下来］、劳动记录（记载每天出勤情况、工作时数、工作类别以及完成的工作量、劳动报酬等）等。

### 2. 财务记录

财务记录包括收支记录（包括出售产品的时间、数量、价格、去向及各项支出情况）、资产记录（固定资产类，包括土地、建筑物、机器设备等的占用和消耗；库存物资类，包括饲料、兽药、在产品、产成品、易耗品、办公用品等的消耗数、库存数量及价值；现金及信用类，包括现金、存款、债券、股票、应付款、应收款等）等。

### 3. 饲养管理记录

饲养管理记录包括饲养管理程序及操作记录（饲喂程序、猪群的周转、环境控制等记录）、疾病防治记录（包括隔离消毒情况、免疫情况、发病情况、诊断及治疗情况、用药情况、驱虫情况等）。

### （三）猪场生产记录表格

记录表格是猪场第一手原始材料，是各种统计报表的基础，应认真填写和保管，不得间断和涂改。中小型猪场的生产记录表格主要有如下几种，见表8-6~表8-9。

表8-6　母猪产仔哺育登记表

猪舍栋号_____　　　　_____年____月____日

| 窝号 | 产仔日期 | 母猪号 | 母猪品种 | 与配公猪品种 | 与配公猪耳号 | 交配日期 | 怀孕日期 | 产次 | 产仔数公 | 产仔数母 | 产仔数计 | 存活数公 | 存活数母 | 存活数计 | 死胎数 | 备注 |
|---|---|---|---|---|---|---|---|---|---|---|---|---|---|---|---|---|
| | | | | | | | | | | | | | | | | |

负责人_____　　　　填表人_____

表8-7　配种登记表

猪舍栋号_____　　　　_____年____月____日

| 母猪号 | 母猪品种 | 与配公猪品种 | 与配公猪耳号 | 第1次配种时间 | 第2次配种时间 | 分娩时间 | 备注 |
|---|---|---|---|---|---|---|---|
| | | | | | | | |

负责人_____　　　　填表人_____

表8-8　猪只死亡登记表

猪舍栋号_____　　　　_____年____月____日

| 品种 | 耳号 | 性别 | 年龄 | 死亡猪只头数 | 死亡猪只体重/千克 | 死亡猪只时间 | 死亡猪只原因 | 备注 |
|---|---|---|---|---|---|---|---|---|
| | | | | | | | | |

负责人_____　　　　填表人_____

表8-9　种猪生长发育记录表

猪舍栋号＿＿＿＿＿＿　　　　＿＿＿＿年＿＿月＿＿日

| 测定时间 | | | 耳号 | 品种 | 性别 | 月龄 | 体重/千克 | 胸围/厘米 | 体高/厘米 | 平均膘厚/厘米 |
|---|---|---|---|---|---|---|---|---|---|---|
| 年 | 月 | 日 | | | | | | | | |
| | | | | | | | | | | |

负责人＿＿＿＿＿＿　　　　　　填表人＿＿＿＿＿＿

## （四）猪场的报表

为了及时了解猪场生产动态和完成任务的情况，及时总结经验与教训，在猪场内部建立健全各种报表十分重要。各类报表力求简明扼要，格式统一，单位一致，方便记录。常用的报表有以下几种，见表8-10、表8-11。

表8-10　猪群饲料消耗月报表或日报表

| 领料时间 | 料号 | 栋号 | 饲料消耗/千克 | | | 备注 |
|---|---|---|---|---|---|---|
| | | | 青料 | 精料 | 其他 | |
| | | | | | | |

填表人＿＿＿＿＿＿

表8-11　猪群变动月报表

| 群别 | 月初头数 | 增加 | | | | 合计 | 减少 | | | | | 合计 | 月末头数 | 备注 |
|---|---|---|---|---|---|---|---|---|---|---|---|---|---|---|
| | | 出生 | 调入 | 购入 | 转出 | | 转出 | 调出 | 出售 | 淘汰 | 死亡 | | | |
| 种公猪 | | | | | | | | | | | | | | |
| 种母猪 | | | | | | | | | | | | | | |
| 后备公猪 | | | | | | | | | | | | | | |
| 后备母猪 | | | | | | | | | | | | | | |
| 育肥猪 | | | | | | | | | | | | | | |
| 仔猪 | | | | | | | | | | | | | | |

填表人＿＿＿＿＿＿

## （五）猪场记录的分析

通过对猪场的记录进行整理、归类，可以进行分析。分析是通过一系列分析指标的计算来实现的。利用成活率、繁殖率、增重、饲料转化率等技术效果指标来分析生产资源的投入和产出产品数量的关系以及分析各种技术的有效性和先进性。利用经济效果指标分析生产单位的经营效果和盈利情况，为猪场的生产提供依据。

## 五、产品销售管理

猪场的产品销售管理包括销售市场调查、销售预测和决策、营销策略及计划的制订、促销措施的落实、市场的开拓、产品售后服务等等。市场营销需要研究消费者的需求状况及其变化趋势。在保证产品产量和质量并不断提高的前提下，利用各种机会、各种渠道刺激消费、推销产品：一是加强宣传、树立品牌；二是搞好销售网络；三是积极做好售后服务。

## 第四节 经济核算

## 一、资产核算

### （一）流动资产

流动资产是指可以在1年内或者超过1年的一个营业周期内变现或者运用的资产。流动资产是企业生产经营活动的主要资产。主要包括猪场的现金、存款、应收款及预付款、存货（原材料、在产品、产成品、低值易耗品）等。流动资产周转状况影响到产品的成本。加快流动资产周转措施如下。

#### 1. 有计划地采购

加强采购物资的计划性，防止盲目采购，合理地储备物资，避免积压资金，加强物资的保管，定期对库存物资进行清查，防止鼠害和霉烂变质。

## 2. 缩短生产周期

科学地组织生产过程，采用先进技术，尽可能缩短生产周期，节约使用各种材料和物资，减少在产品资金占用量。

## 3. 及时销售产品

产品及时销售可以缩短产成品的滞留时间，减少流动资金占用量。

## 4. 加快资金回收

及时清理债权债务，加速应收款的回收，减少成品资金和结算资金的占用量。

### （二）固定资产

固定资产是指使用年限在1年以上，单位价值在规定的标准以上，并且在使用中长期保持其实物形态的各项资产。猪场的固定资产主要包括建筑物、道路、基础猪以及其他与生产经营有关的设备、器具、工具等。

### 1. 固定资产的折旧

固定资产的长期使用中，在物质上要受到磨损，在价值上要发生损耗。固定资产的损耗，分为有形损耗和无形损耗两种。有形损耗是指固定资产由于使用或者由于自然力的作用，使固定资产物质上发生磨损。无形损耗是由于劳动生产率提高和科学技术进步而引起的固定资产价值的损失。固定资产在使用过程中，由于损耗而发生的价值转移，称为折旧，由于固定资产损耗而转移到产品中去的那部分价值叫折旧费或折旧额，用于固定资产的更新改造。

猪场提取固定资产折旧，一般采用平均年限法和工作量法。

（1）平均年限法　它是根据固定资产的使用年限，平均计算各个时期的折旧额，因此也称直线法。其计算公式为

固定资产年折旧额＝［原值－（预计残值－清理费用）］/固定资产预计使用年限

固定资产年折旧率＝（固定资产年折旧额/固定资产原值）×100％＝［（1－净残值率）/折旧年限］×100％

（2）工作量法　它是按照使用某项固定资产所提供的工作量，计算出单位工作量平均应计提折旧额后，再按各期使用固定资产所实际完成的工作量，计算应计提的折旧额。这种折旧计算方法，适用于一些机械等专用设备。其计算公式为

单位工作量（单位里程或每工作小时）折旧额＝（固定资产原值－预计净残值）/总工作量（总行驶里程或总工作小时）

**2. 提高固定资产利用效果的途径**

（1）适时、适量购置和建设固定资产　根据轻重缓急，合理购置和建设固定资产，把资金使用在经济效果最大而且在生产上迫切需要的项目上；购置和建造固定资产要量力而行，做到与单位的生产规模和财力相适应。

（2）注重固定资产的配套　注意加强设备的通用性和适用性，并注意各类固定资产务求配套完备，使固定资产能充分发挥效用。

（3）加强固定资产的管理　建立严格的使用、保养和管理制度，对不需用的固定资产应及时采取措施，以免浪费，注意提高机器设备的时间利用强度和它的生产能力的利用程度。

## 二、成本核算

企业为生产一定数量和种类的产品而发生的直接材料费用（包括直接用于产品生产的原材料、燃料动力费等）、直接人工费用（直接参加产品生产的工人工资以及福利费）和间接制造费用的总和构成产品成本。

（一）成本核算的意义

产品成本是一项综合性很强的经济指标，它反映了猪场的技术实力和经营状况。品种优良与否、饲料质量好坏、饲养技术水平高低、固定资产利用率的高低、人工耗费多少等，都可以通过产品成本反映出来。所以，猪场通过成本和费用核算，可发现成本升降的原因，降低成本费用耗费，提高产品的竞争能力和盈利能力。

（二）做好成本核算的基础工作

## 1.建立健全各项原始记录

原始记录是计算产品成本的依据，直接影响着产品成本计算的准确性。如原始记录不实，就不能正确反映生产耗费和生产成果。饲料、燃料动力的消耗，原材料、低值易耗品的领退，生产工时的耗用，畜禽变动，畜群周转，畜禽死亡淘汰，产出产品等都必须认真如实登记。

## 2.建立健全各项定额管理制度

猪场要制订各项生产要素的耗费标准（定额）。不管是饲料、燃料动力，还是费用工时、资金占用等，都要制订比较先进、切实可行的定额。定额的制订应建立在先进的基础上，对经过十分努力仍然达不到的定额标准或不需努力就很容易达到定额标准的定额，要及时进行修订。

## 3.加强财产物资的计量、验收、保管、收发和盘点制度

财产物资的实物核算是其价值核算的基础。做好各种物资的计量、收集和保管工作，是加强成本管理、正确计算产品成本的前提条件。

（三）猪场成本的构成项目

猪场成本的构成项目见表8-12。

**表8-12　猪场成本的构成项目**

| 序号 | 项目 | |
|---|---|---|
| 1 | 饲料费 | 指饲养过程中耗用的自产和外购的混合饲料和各种饲料原料。凡是购入的按买价加运费计算，自产饲料一般按生产成本（含种植成本和加工成本）进行计算 |
| 2 | 劳务费 | 从事养猪的生产管理劳动，包括饲养、清粪、防疫、转群、消毒、购物运输等所支付的工资、资金、补贴和福利等 |
| 3 | 种猪摊销费 | 饲养过程中应负担种猪的摊销费用 |
| 4 | 医疗费 | 指用于猪群的生物制剂、消毒剂及检疫费、化验费、专家咨询服务费等，但已包含在配合饲料中的药物及添加剂费用不必重复计算 |

| 序号 | 项目 | |
|------|------|------|
| 5 | 固定资产折旧维修费 | 指猪舍、栏具和专用机械设备等固定资产的基本折旧费及修理费。根据猪舍结构和设备质量、使用年限来计损。如是租用土地，应加上租金；如土地、猪舍等都是租用的，只计租金，不计折旧 |
| 6 | 燃料动力费 | 指饲料加工、猪舍保暖、排风、供水、供气等耗用的燃料和电力费用，这些费用按实际支出的数额计算 |
| 7 | 杂费 | 包括低值易耗品费用、保险费、通信费、交通费、搬运费等 |
| 8 | 利息 | 指对固定投资及流动资金1年中支付利息的总额 |
| 9 | 税金 | 指用于养猪生产的土地、建筑设备及生产销售等1年内应交的税金 |

成本的计算方法分为分群核算和混群核算。

（1）分群核算　分群核算的对象是每种畜的不同类别，如基本猪群、幼猪群、育肥猪群等，按畜群不同类别分别设置生产成本明细账户，分别归集生产费用和计算成本。

① 仔猪和育肥猪群成本计算。主产品是增重，副产品是粪肥和死淘猪的残值收入等。

增重单位成本=总成本/该群本期增重量=（全部的饲养费用-副产品价值）÷（该群期末存栏活重+本期销售和转出活重-期初存栏活重-本期购入和转入活重）

活重单位成本=（该群期初存栏成本+本期购入和转入成本+该群本期饲养费用-副产品价值）÷该群本期活重=（该群期初存栏成本+本期购入和转入成本+该群本期饲养费用-副产品价值）÷[该群期末存栏活重+本期销售或转出活重（不包括死猪重量）]

② 基本猪群成本核算。基本猪群包括基本母猪、种公猪和未断奶的仔猪。主产品是断奶仔猪，副产品是猪粪，在产品是未断奶仔猪。基本畜群的总饲养费用包括母猪、公猪、仔猪饲养费用和配种受精费用。本期发生的饲养费用和期初未断乳的仔猪成本应在产成品和期末在产品之间分配，分配办法是活重比例法，即

仔猪活重单位成本=（期初未断乳仔猪成本+本期基本猪群饲养费用–副产品价值）÷（本期断乳仔猪活重+期末未断乳仔猪活重）

③ 猪群饲养日成本核算。指每头猪饲养日平均成本。它是考核饲养费用水平和制订饲养费用计划的重要依据，应按不同的猪群分别计算。

某猪群饲养日成本=（该猪群本期饲养费用总额–副产品价值）÷该群本期饲养头日数

（2）混群核算　混群核算的对象是每类畜禽，如牛、羊、猪、鸡等，按畜禽种类设置生产成本明细账户归集生产费用和计算成本。资料不全的小型猪场常用。

畜禽类别生产总成本=期初在产品成本（存栏价值）+购入和调入畜禽价值+本期饲养费用–期末在产品价值（存栏价值）–出售自食转出畜禽价值–副产品价值

单位产品成本=生产总成本÷产品数量

## 三、盈利核算

盈利核算是对猪场的盈利进行观察、记录、计量、计算、分析和比较等工作的总称。所以盈利也称税前利润。盈利是企业在一定时期内的货币表现的最终经营成果，是考核企业生产经营好坏的一个重要经济指标。衡量盈利效果的经济指标有成本利润率、销售利润率、产值利润率以及资金利润率。

（一）成本利润率

指100元销售成本的盈利额，其计算公式为

成本利润率=（销售利润÷销售成本）×100%

（二）销售利润率

指100元销售收入可以获得的利润额，其计算公式为

销售利润率=（销售利润÷销售收入）×100%

（三）产值利润率

指100元产值能创造的利润额，其计算公式为

产值利润率＝（销售利润÷产值）×100%

（四）资金利润率

指100元资金所创造的利润，其计算公式为

资金利润率＝［销售利润÷流动资金占用额（流动资金占用额＋固定资金占用额）］×100%

小提示：提高猪场效益的措施，一是产品要适销对路；二是提高产品产量，如选择好的品种、保证猪群健康、创造好的环境、提供充足营养等，使猪的生产潜力充分发挥；三是要减少流动资金占有量和降低固定资产的折旧费；四是提高工作效率；五是降低饲料成本，如科学配制饲料，合理饲喂，减少饲料浪费等；六是适时出栏，一般杂交猪的适宜屠宰体重为90～100千克，培育的品种为75～85千克。

瘦肉型猪高效饲养技术

**参考文献**

REFERENCES

[1] 邓国华等.新编养猪实用技术.北京：中国农业出版社，2006.

[2] 魏刚才等.规模化猪场兽医手册.北京：化学工业出版社，2014.

[3] 王连纯.养猪与猪病防治.北京：中国农业大学出版社，2001.

[4] 蔡少阁.正说养猪.北京：中国农业出版社，2011.

[5] 梁永红.实用养猪大全.郑州：河南科学技术出版社，2008.

[6] 潘琦.科学养猪大全.第2版.合肥：安徽科学技术出版社，2009.